登字 035 号

工程建设标准规范分类汇编

砌体结构规范

本 社 编

*

中国建筑工业出版社出版、发行(北京西郊百万庄)

新 华 书 店 经 销

北京云浩印制厂印刷

*

开本:787×1092 毫米 1/16 印张:13 字数:310 千字

1997 年 12 月第一版 1999 年 2 月第二次印刷

印数:5001—6500 册 定价:**30.00** 元

ISBN 7-112-03311-X

TU·2553(8456)

(京)新

工程建设标准规范分类汇编

砌体结构规范

本 社 编

中国建筑工业出版社

出 版 说 明

随着我国基本建设的蓬勃发展和工程技术的不断进步，几年来国务院有关部委组织全国各方面专家陆续制订、修订并颁发了一批新标准、新规范、新规程。至今，现行的工程建设标准、规范、规程已达400多个。这些标准、规范、规程是人们在从事工程建设过程中通过总结、归纳、分析、提高形成的必须共同遵循的准则和规定，对提高工程建设科学管理水平，保证工程质量和工程安全，降低工程造价，缩短工期，节约建筑材料和能源，促进技术进步等方面有着显著的作用。

这些标准、规范、规程，绝大部分已由我社以单行本或汇编本公开出版，并作为强制性标准和推荐性标准在全国各地贯彻执行。标准、规范、规程单行本灵活、方便，但由于近几年出版单位不一，出版时间各异，加之专业分工越来越细，同一专业涉及的标准种类较多，专业读者很难及时购到、购齐。为了更加方便广大读者购买和使用，我社通过调查分析，并与标准、规范管理部门建设部标准定额研究所研究决定，现向广大工程技术人员推出工程建设标准规范分类汇编，计划36册，分两期出版。先期推出的工程建设标准规范分类汇编共16册，已于1996年6月出版发行，分别是：

《通用建筑结构设计标准》
《混凝土结构规范》
《预应力混凝土结构规范》
《建筑结构抗震规范》
《建筑工程施工及验收规范》
《安装工程施工及验收规范》
《建筑工程质量标准》
《安装工程质量标准》
《电气装置工程施工及验收规范》
《工程设计防火规范》
《电气设计规范》
《建筑施工安全技术规范》
《室外给水工程规范》
《室外排水工程规范》
《建筑给水排水工程规范》
《暖通空调规范》

这期推出的工程建设标准规范分类汇编共19册，分别是：

《土木建筑制图标准》
《民用建筑设计规范》

《工业建筑设计规范》
《建筑物理规范》
《土木建筑术语标准》
《地基与基础规范》
《砌体结构规范》
《钢木结构规范》
《特种结构与特殊施工技术规范》
《结构试验方法标准》
《工程勘察规范》
《测量规范》
《建筑防水工程技术规范》
《建筑材料应用技术规范》
《城镇燃气热力工程规范》
《城镇规划绿化与环境卫生规范》
《城市道路与桥梁设计规范》
《城市道路与桥梁施工验收规范》
《城市公共交通规范》

该类汇编分别将相近专业内容的标准、规范、规程汇编于一册，方便各种专业读者使用，也便于对照查阅；各册收编的均为现行的标准、规范、规程，大部分为近几年出版实施的，有很强的实用性；为了使读者更深刻地理解、掌握标准、规范、规程内容，该类汇编还收入了已公开出版过的有关条文说明；该类汇编单本定价，方便读者购买。该类汇编是广大工程设计、施工、科研、管理等有关人员必备的工具书。

尽管我们对已出版的现行工程建设标准规范作了精心的归纳、分类，但由于标准规范的不断修订和新标准、新规范的陆续颁布，有些标准规范暂时未能收入本次汇编中，不过今后我们将在该分类的基础上及时替换或增补新的标准规范。关于工程建设标准规范的出版、发行，我们诚恳地希望广大读者提出宝贵意见，便于今后不断改进标准规范的出版工作。

中国建筑工业出版社

目 录

1. 砌体结构设计规范(GBJ3—88) …… 1-1

第一章 总 则 …… 1-5
第二章 材 料 …… 1-5
第一节 材料强度等级 …… 1-5
第二节 砌体的计算指标 …… 1-5
第三章 基本设计规定 …… 1-9
第一节 设计原则 …… 1-9
第二节 房屋的静力计算规定 …… 1-10
第四章 无筋砌体构件的承载力计算 …… 1-12
第一节 受压构件 …… 1-12
第二节 局部受压 …… 1-13
第三节 轴心受拉构件 …… 1-16
第四节 受弯构件 …… 1-16
第五节 受剪构件 …… 1-16
第五章 构造要求 …… 1-17
第一节 墙、柱的允许高厚比 …… 1-17
第二节 一般构造要求 …… 1-18
第三节 防止墙体开裂的主要措施 …… 1-20
第六章 圈梁、过梁、墙梁、挑梁及筒拱 …… 1-21
第一节 圈梁 …… 1-21
第二节 过梁 …… 1-22
第三节 墙梁 …… 1-23
第四节 挑梁 …… 1-26
第五节 筒拱 …… 1-28
第七章 配筋砖砌体构件 …… 1-28
第一节 网状配筋砖砌体构件 …… 1-28
第二节 组合砖砌体构件 …… 1-29
附录一 石材的规格尺寸及其强度等级的确定方法 …… 1-32
附录二 各类砌体强度平均值的计算公式和强度标准值 …… 1-33
附录三 刚弹性方案房屋的静力计算方法 …… 1-36
附录四 上刚下柔多层房屋的静力计算方法 …… 1-36
附录五 影响系数 φ 和 φ_n …… 1-37
附录六 习用的非法定计量单位与法定计量单位的换算关系表 …… 1-41
附录七 本标准用词说明 …… 1-42
附加说明 …… 1-42

2. 中型砌块建筑设计与施工规程(JGJ5—80) …… 2-1

第一章 总则 …… 2-5
第二章 材料和砌体的计算指标 …… 2-5
第三章 静力计算 …… 2-6
第一节 砌块建筑的静力计算规定 …… 2-6
第二节 构件的计算规定 …… 2-9
第四章 构件的强度计算 …… 2-9
第一节 受压构件 …… 2-9

第二节　局部受压计算 …… 2－11
第三节　轴心受拉构件 …… 2－13
第四节　受弯构件 …… 2－13
第五节　受剪构件 …… 2－14
第六节　钢筋混凝土过梁 …… 2－14
第五章　一般构造要求 …… 2－14
第一节　墙、柱的允许高厚比 …… 2－14
第二节　一般构造要求 …… 2－15
第六章　抗震设计与构造要求 …… 2－17
第一节　抗震强度验算 …… 2－17
第二节　抗震构造要求 …… 2－19
第七章　施工和质量检验 …… 2－21
第一节　施工准备 …… 2－21
第二节　砌块砌筑 …… 2－21
第三节　安全技术 …… 2－22
第四节　冬、雨季施工 …… 2－22
第五节　砌体抹灰 …… 2－23
第六节　砌块质量标准 …… 2－23
第七节　砌体质量标准 …… 2－23
附录一　砌块强度的试验方法 …… 2－24
附录二　砌块强度近似计算值 …… 2－24
附录三　砌块砌体抗压强度的试验方法 …… 2－25
附录四　砌体水平灰缝抗剪强度的试验方法 …… 2－26
附录五　刚弹性方案单层单跨砌块建筑的静力计算方法 …… 2－26
附录六　具有少量镶砖的砌块墙体的计算 …… 2－27
附录七　中型砌块砌体抗剪强度验算 …… 2－29
参考资料一　砌块剪力墙结构抗弯强度验算 …… 2－29
参考资料二　砌块构造要求 …… 2－37

3. 设置钢筋混凝土构造柱多层砖房抗震技术规程 (JGJ/T13－94) …… 3－1

1　总　　则 …… 3－2
2　主要符号 …… 3－2
3　一般规定 …… 3－3
3.1　基本要求 …… 3－3
3.2　抗震结构体系 …… 3－4
4　地震作用和截面抗震验算 …… 3－5
4.1　地震作用计算 …… 3－5
4.2　抗震承载力验算 …… 3－5
5　构造措施 …… 3－7
5.1　构造柱 …… 3－7
5.2　水平配筋 …… 3－9
5.3　底层框架—抗震墙砖房 …… 3－9
5.4　复合夹心墙 …… 3－9
6　施工技术 …… 3－10
附录 A　墙段开孔影响系数 …… 3－12
附录 B　本规程用词说明 …… 3－12
附加说明 …… 3－13
附:条文说明 …… 3－13

4. 混凝土小型空心砌块建筑技术规程 (JGJ/T14－95) …… 4－1

1　总则 …… 4－2

2 术语、符号 …… 4-2
2.1 术语 …… 4-2
2.2 符号 …… 4-2
3 材料和砌体的计算指标 …… 4-4
4 静力设计 …… 4-5
4.1 基本设计规定 …… 4-5
4.2 受压构件承载能力计算 …… 4-6
4.3 局部受压承载能力计算 …… 4-6
4.4 墙、柱的允许高厚比 …… 4-8
4.5 一般构造要求 …… 4-9
4.6 墙体防裂的主要措施 …… 4-9
4.7 圈梁、过梁、芯柱 …… 4-10
5 抗震设计 …… 4-12
5.1 一般规定 …… 4-12
5.2 地震作用和结构抗震验算 …… 4-13
5.3 抗震构造措施 …… 4-14
6 施工和验收 …… 4-16
6.1 施工准备 …… 4-16
6.2 施工基本要求 …… 4-16
6.3 芯柱 …… 4-17
6.4 冬期施工 …… 4-18
6.5 砌体工程质量标准 …… 4-18
6.6 砌体工程验收 …… 4-19
附录A 轴向力影响系数 φ …… 4-19
附录B 本标准用词说明 …… 4-21
附加说明 …… 4-21
条文说明 …… 4-22
5. 砖砌圆筒仓技术规范(CECS 08:89) …… 5-1
主要符号 …… 5-2
第一章 总 则 …… 5-3
第二章 布置原则及结构选型 …… 5-5
第一节 布置原则 …… 5-5
第二节 结构选型 …… 5-6
第三章 荷 载 …… 5-8
第一节 荷载及荷载组合 …… 5-8
第二节 贮料压力 …… 5-8
第四章 结构计算 …… 5-11
第一节 一般规定 …… 5-11
第二节 仓壁、仓底结构及环梁 …… 5-11
第三节 仓下支承结构 …… 5-14
第四节 地基与基础 …… 5-14
第五章 构造及施工要求 …… 5-15
第一节 仓顶 …… 5-15
第二节 仓壁 …… 5-15
第三节 仓底及内衬 …… 5-16
第四节 仓下支承结构及环梁 …… 5-17
第五节 基础 …… 5-18
第六节 施工要求 …… 5-19
附录一 贮料的物理特性参数 …… 5-20
附录二 系数 $\zeta=\cos^2\alpha+k\sin^2\alpha$ 及 $k=\mathrm{tg}^2\left(45°-\frac{\varphi}{2}\right)$ 值表 …… 5-20
附录三 深仓贮料压力$(1-e^{-\mu ks/\rho})$计算值表 …… 5-21

附录四　本规范用词说明…… 5-22
附加说明…… 5-23
附:条文说明 …… 5-23

6. 蒸压灰砂砖砌体结构设计与施工规程

(CECS 20:90)…… 6-1

主要符号 …… 6-2
第一章　总　　则 …… 6-3
第二章　材　　料 …… 6-4
第三章　设计与构造要求 …… 6-5
第四章　抗震设计 …… 6-7
　第一节　一般规定 …… 6-7
　第二节　地震作用和抗震承载力验算 …… 6-8
　第三节　构造柱及构造框架的构造要求 …… 6-9
第五章　施工技术要求…… 6-11
附录一　轴向力影响系数 φ …… 6-12
附录二　本规程用词说明…… 6-16
附加说明…… 6-17
附:条文说明 …… 6-17

中华人民共和国国家标准

砌体结构设计规范

GBJ 3—88

主编部门：中华人民共和国原城乡建设环境保护部
批准部门：中华人民共和国建设部
施行日期：1989年9月1日

关于发布国家标准《砌体结构设计规范》的通知

（88）建标字第383号

根据原国家建委（81）建发设字第546号文的要求，由原城乡建设环境保护部会同有关部门对《砖石结构设计规范》GBJ3—73进行了修订，改名为《砌体结构设计规范》，并经有关部门会审。现批准《砌体结构设计规范》GBJ3—88为国家标准，自一九八九年九月一日起施行。《砖石结构设计规范》GBJ3—73于一九九一年一月一日废止。

本规范由建设部管理，其具体解释等工作由中国建筑东北设计院负责。出版发行由中国建筑工业出版社负责。

中华人民共和国建设部

一九八八年十一月二十八日

修订说明

《砌体结构设计规范》系根据原国家建委（81）建发设字第546号文的通知，由中国建筑东北设计院会同国内有关单位，对《砖石结构设计规范》GBJ3—73修订而成的。

本规范在修订过程中，修订组组织了国内设计、科研和高等院校等有关单位，按统一计划的要求，有针对性地进行了砌体结构可靠度、房屋空间工作、偏心受压、局部受压、墙梁、挑梁和配筋砌体等专题科学研究工作；调查和总结了国内的实践经验；借鉴了国外有关设计规范的部分内容，并广泛征求了全国有关单位的意见，经反复修改最后由我部会同有关部门审查定稿。

修订后的规范共分七章和七个附录。修订的主要内容有：采用以概率理论为基础的极限状态设计方法，并以分项系数的设计表达式进行计算；补充了近年来我国广泛采用的中型、小型砌块房屋的设计和考虑空间工作的多层房屋静力计算方案；增加了墙梁和挑梁的设计和构造；修改了砌体的基本强度表达式和偏心受压长柱的计算以及局部受压和配筋砌体的计算公式等。

本规范必须与按1984年国家批准发布的《建筑结构设计统一标准》GBJ68—84制订、修订的《建筑结构荷载规范》GBJ9—87等各种建筑结构设计标准、规范配套使用，不得与未按《建筑结构设计统一标准》GBJ68—84制订、修订的国家各种建筑结构设计标准、规范混用。

为了提高规范的质量，请各单位在执行本规范过程中，注意积累资料，总结经验，如发现需要修改和补充之处，请将意见和有关资料寄交中国建筑东北设计院（沈阳南湖），以供今后修订时参考。

建设部

1988年11月28日

主 要 符 号

作用和作用效应

N——轴向力设计值；

N_k——轴向力标准值；

N_l——局部受压面积上轴向力设计值、梁端支承压力设计值；

N_0——上部轴向力设计值；

N_t——轴向拉力设计值；

M——弯矩设计值；

M_r——抗倾覆力矩设计值；

M_{0v}——倾覆力矩设计值；

V——剪力设计值；

F——集中力设计值；

σ_0——上部平均压应力设计值；

σ_k——恒荷载标准值产生的平均压应力。

计 算 指 标

MU——块体（砖、石、砌块）强度等级；

M——砂浆强度等级；

f_1——块体（砖、石、砌块）抗压强度平均值；

f_2——砂浆抗压强度平均值；

f——砌体的抗压强度设计值；

f_k——砌体的抗压强度标准值；

f_t——砌体的轴心抗拉强度设计值；

$f_{t,k}$——砌体的轴心抗拉强度标准值；

f_{tm}——砌体的弯曲抗拉强度设计值；

$f_{tm,k}$——砌体的弯曲抗拉强度标准值；

f_v——砌体的抗剪强度设计值；

$f_{v,k}$——砌体的抗剪强度标准值；

f_n——网状配筋砖砌体的抗压强度设计值；

f_y——受拉钢筋的强度设计值；

f'_y——受压钢筋的强度设计值；

f_c——混凝土轴心抗压强度设计值；

E——砌体的弹性模量；

E_c——混凝土的弹性模量；

G——砌体的剪变模量。

几 何 参 数

A——截面面积；

A_l——局部受压面积；

A_0——影响局部抗压强度的计算面积；

A_b——垫块面积；

A_s——距轴向力较远侧的钢筋截面面积；

A'_s——受压钢筋的截面面积；

A'——砌体受压部分面积；

V——体积；

s——相邻横墙、窗间墙之间或壁柱间的距离；

b_s——在相邻横墙、窗间墙之间或壁柱间的距离范围内的门窗洞口宽度；

b——截面宽度、边长；

b_f——带壁柱墙的计算截面翼缘宽度、翼墙计算宽度；

h——墙的厚度或矩形截面的纵向力偏心方向的边长、梁的高度；

h_b——砌块高度、托梁高度；

h_0——截面有效高度、垫梁折算高度；

h_T——T 形截面的折算厚度；

h_w——墙体高度、墙体计算高度；

a——边长、梁端实际支承长度；

a_0——梁端有效支承长度；

d——距离；

e——偏心距；

H——墙体总高、构件高度；

H_i——层高；

H_0——构件的计算高度；

H_u——变截面柱上段的高度；

H_l——变截面柱下段的高度；

l_0——梁的计算跨度；

l_n——梁的净跨度；

I——截面惯性矩；

i——截面的回转半径；

S——截面面积矩；

u——截面周长、水平位移；

u_{max}——最大水平位移；

W——截面抵抗矩；

y——截面重心到轴向力所在方向截面边缘的距离；

z——内力臂。

计 算 系 数

γ_f——结构构件材料性能分项系数；

γ_0——结构重要性系数；

γ_a——调整系数；

γ——局部抗压强度提高系数、内力臂系数；

α——系数；

β——构件的高厚比；

$[\beta]$——墙、柱的允许高厚比；

η——空间性能影响系数、系数；

φ——轴向力影响系数、系数；

φ_n——网状配筋砖砌体构件的轴向力影响系数；

φ_{com}——组合砖砌体构件的稳定系数；

ρ——配筋率；

μ_1——非承重墙允许高厚比的修正系数；

μ_2——有门窗洞口墙允许高厚比的修正系数；

ψ——折减系数；

ξ——截面受压区相对高度、系数；

ξ_b——受压区相对高度的界限值；

ζ——局压系数。

第一章　总　则

第1.0.1条　为了使砌体结构设计贯彻执行国家的技术经济政策，坚持因地制宜、就地取材的原则，合理选用结构方案和建筑材料，做到技术先进、经济合理、安全适用、确保质量，特制订本规范。

第1.0.2条　本规范适用于一般工业与民用房屋及构筑物的砌体结构的设计。

第1.0.3条　本规范适用于下列砌体的结构：

一、砖砌体，包括烧结普通砖（粘土砖和硅酸盐砖）、非烧结硅酸盐砖和承重粘土空心砖砌体。

二、砌块砌体，包括混凝土中型、小型空心砌块和粉煤灰中型实心砌块砌体。

三、石砌体，包括各种料石和毛石砌体。

第1.0.4条　本规范是根据《建筑结构设计统一标准》（GBJ68—84）规定的原则进行制订的。

第1.0.5条　地震区和特殊条件下或有特殊要求的房屋及构筑物的设计，尚应符合国家现行的有关标准规范的规定。

第二章　材　料

第一节　材料强度等级

第2.1.1条　块体和砂浆的强度等级，应按下列规定采用：

一、烧结普通砖、非烧结硅酸盐砖和承重粘土空心砖等的强度等级：MU30(300)、MU25(250)　MU20(200)、MU15(150)、MU10(100)和MU7.5(75)。

二、砌块的强度等级：MU15、MU10、MU7.5、MU5和MU3.5。

三、石材的强度等级：MU100、MU80、MU60、MU50、MU40、MU30、MU20、MU15和MU10。

四、砂浆的强度等级：M15、M10、M7.5、M5、M2.5、M1和M0.4。

注：①括号内为相应材料原标准规定的标号。
②石材的规格、尺寸及其强度等级可按附录一的方法确定。
③确定硅酸盐块体的强度等级时，块体的抗压强度应乘以自然碳化系数。对粉煤灰中型实心砌块，当无自然碳化系数试验时，可取人工碳化系数的1.15倍，且不得大于0.9。

第二节　砌体的计算指标

第2.2.1条　龄期为28d的以毛截面计算的各类砌体抗压强度设计值，根据块体和砂浆的强度等级应分别按下列规定采用：

一、烧结普通砖、非烧结硅酸盐砖和承重粘土空心砖砌体的抗压强度设计值，应按表2.2.1-1采用。

二、一砖厚空斗砌体的抗压强度设计值，应按表2.2.1-2采用。

三、块体高度为180～350mm的混凝土小型空心砌块砌体的抗压强度设计值，应按表2.2.1-3采用。

砖砌体的抗压强度设计值（MPa）　表2.2.1-1

砖强度等级	砂浆强度等级							砂浆强度
	M15	M10	M7.5	M5	M2.5	M1	M0.4	0
MU30(300)	4.16	3.45	3.10	2.74	2.39	2.17	1.58	1.22
MU25(250)	3.80	3.15	2.83	2.50	2.18	1.98	1.45	1.11
MU20(200)	3.40	2.82	2.53	2.24	1.95	1.77	1.29	1.00
MU15(150)	2.94	2.44	2.19	1.94	1.69	1.54	1.12	0.86
MU10(100)	2.40	1.99	1.79	1.58	1.38	1.26	0.91	0.70
MU7.5(75)	—	1.73	1.55	1.37	1.19	1.09	0.79	0.61

注：灰砂砖砌体的抗压强度设计值，应根据试验确定。

一砖厚空斗砌体的抗压强度设计值（MPa）　表2.2.1-2

砖强度等级	砂浆强度等级				砂浆强度
	M5	M2.5	M1	M0.4	0
MU20(200)	1.65	1.44	1.31	1.26	0.98
MU15(150)	1.24	1.08	0.98	0.94	0.73
MU10(100)	0.83	0.72	0.65	0.63	0.49
MU7.5(75)	0.62	0.54	0.49	0.47	0.37

注：一砖厚空斗砌体包括无眠空斗、一眠一斗、一眠二斗和一眠多斗数种。

四、块体高度为360～900mm的混凝土中型空心砌块砌体和粉煤灰中型实心砌块砌体的抗压强度设计值，应按表2.2.1-4采用。

混凝土小型空心砌块砌体的抗压强度设计值（MPa）　表2.2.1-3

砌块强度等级	砂浆强度等级				砂浆强度
	M10	M7.5	M5	M2.5	0
MU15	4.29	3.85	3.41	2.97	2.02
MU10	2.98	2.67	2.37	2.06	1.40
MU7.5	2.30	2.06	1.83	1.59	1.08
MU5	—	1.43	1.27	1.10	0.75
MU3.5	—	—	0.92	0.80	0.54

注：①对错孔砌筑的砌体，应按表中数值乘以0.8。

②对独立柱或厚度为双排砌块的砌体，应按表中数值乘以0.7。

③对T形截面砌体，应按表中数值乘以0.85。

④对用不低于砌块材料强度的混凝土灌实的砌体，可按表中数值乘以系数ϕ_1，$\phi_1=[0.8/(1-\delta)]\leqslant1.5$，$\delta$为砌块空心率。

中型砌块砌体的抗压强度设计值（MPa）　表2.2.1-4

砌块强度等级	砂浆强度等级				砂浆强度
	M10	M7.5	M5	M2.5	0
MU15	4.89	4.77	4.57	3.98	3.38
MU10	3.26	3.18	3.04	2.65	2.26
MU7.5	2.44	2.39	2.28	1.99	1.69
MU5	—	1.59	1.52	1.32	1.13
MU3.5	—	—	1.06	0.93	0.79

注：①对错孔砌筑的单排方孔空心砌块砌体，当空心率$\delta>0.4$时，应按表中数值乘以系数ϕ_2，$\phi_2=1-1.25(\delta-0.4)$。

②对用不低于砌块材料强度的混凝土灌实的砌体，可按表中数值乘以系数ϕ，ϕ应按表2.2.1-3注④采用。

五、块体高度为180～350mm的毛料石砌体的抗压强度设计值，应按表2.2.1-5采用。

毛料石砌体的抗压强度设计值（MPa）　　表2.2.1-5

石材强度等级	砂浆强度等级				砂浆强度
	M7.5	M5	M2.5	M1	0
MU100	5.78	5.12	4.46	4.06	2.28
MU80	5.17	4.58	3.98	3.63	2.04
MU60	4.48	3.96	3.45	3.14	1.76
MU50	4.09	3.62	3.15	2.87	1.61
MU40	3.66	3.24	2.82	2.57	1.44
MU30	3.17	2.80	2.44	2.22	1.25
MU20	2.59	2.29	1.99	1.81	1.02
MU15	2.24	1.98	1.72	1.57	0.88
MU10	1.83	1.62	1.41	1.28	0.72

注：对下列各类料石砌体，应按表中数值分别乘以系数：

细料石砌体　1.5；
半细料石砌体　1.3；
粗料石砌体　1.2；
周边密缝石砌体　0.8。

六、毛石砌体的抗压强度设计值，应按表2.2.1-6采用。

毛石砌体的抗压强度设计值（MPa）　　表2.2.1-6

石材强度等级	砂浆强度等级					砂浆强度
	M7.5	M5	M2.5	M1	M0.4	0
MU100	1.35	1.20	1.04	0.61	0.45	0.36
MU80	1.21	1.07	0.93	0.54	0.40	0.32
MU60	1.05	0.93	0.81	0.47	0.35	0.28
MU50	0.96	0.85	0.74	0.43	0.32	0.25
MU40	0.86	0.76	0.66	0.38	0.29	0.22
MU30	0.74	0.66	0.57	0.33	0.25	0.19
MU20	0.60	0.54	0.47	0.27	0.20	0.16
MU15	0.52	0.46	0.40	0.24	0.18	0.14
MU10	0.43	0.38	0.33	0.19	0.14	0.11

第2.2.2条　龄期为28d的以毛截面计算的各类砌体的轴心抗拉强度设计值、弯曲抗拉强度设计值和抗剪强度设计值，可按表2.2.2-1和表2.2.2-2采用。

沿砌体灰缝截面破坏时的轴心抗拉强度设计值、弯曲抗拉强度设计值和抗剪强度设计值（MPa）　　表2.2.2-1

序号	强度类别	破坏特征	砌体种类	砂浆强度等级					
				M10	M7.5	M5	M2.5	M1	M0.4
1	轴心抗拉	沿齿缝	粘土砖、空心砖	0.20	0.17	0.14	0.10	0.06	0.04
			混凝土小型空心砌块	0.10	0.08	0.07	0.05	—	—
			混凝土中型空心砌块	0.08	0.06	0.05	0.04	—	—
			粉煤灰中型实心砌块	0.05	0.04	0.03	0.02	—	—
			毛石	0.09	0.08	0.06	0.04	0.03	0.02
2	弯曲抗拉	沿齿缝	粘土砖、空心砖	0.36	0.31	0.25	0.18	0.11	0.07
			混凝土小型空心砌块	0.12	0.10	0.08	0.06	—	—
			混凝土中型空心砌块	0.09	0.08	0.06	0.04	—	—
			粉煤灰中型实心砌块	0.06	0.05	0.04	0.03	—	—
			毛石	0.14	0.12	0.10	0.08	0.04	0.03
		沿通缝	粘土砖、空心砖	0.18	0.15	0.12	0.09	0.06	0.04
			混凝土小型空心砌块	0.08	0.07	0.06	0.04	—	—
			混凝土中型空心砌块	0.06	0.05	0.04	0.03	—	—
			粉煤灰中型实心砌块	0.04	0.03	0.03	0.02	—	—
3	抗剪		粘土砖、空心砖	0.18	0.15	0.12	0.09	0.06	0.04
			混凝土小型空心砌块	0.10	0.08	0.07	0.05	—	—
			混凝土中型空心砌块	0.08	0.06	0.05	0.04	—	—
			粉煤灰中型实心砌块	0.05	0.04	0.03	0.02	—	—
			毛石	0.22	0.20	0.16	0.11	0.07	0.04

注：①硅酸盐砖（包括烧结与非烧结）砌体的 f_t、f_{tm} 和 f_v 值，应根据试验确定。
②对于用形状规则的块体砌筑的砌体，当搭接长度与块体高度的比值小于1时，其 f_t 和 f_{tm} 应按表中数值乘以比值后采用。

第2.2.3条 下列情况的各类砌体，其强度设计值应乘以调整系数 γ_a：

一、在吊车房屋和跨度不小于9m的多层房屋，γ_a 为0.9。

二、构件截面面积 A 小于0.3m²时，γ_a 为其截面面积加0.7。

三、各类砌体，当用水泥砂浆砌筑时，对第2.2.1条各表中数值，γ_a 为0.85；对第2.2.2条表2.2.2-1中的数值，γ_a 为0.75，但对粉煤灰中型实心砌块砌体，γ_a 为0.5。

沿块体截面破坏时的烧结普通砖砌体的轴心抗拉强度设计值和弯曲抗拉强度设计值（MPa） 表2.2.2-2

序号	强度类别	砖强度等级					
		MU30 (300)	MU25 (250)	MU20 (200)	MU15 (150)	MU10 (100)	MU7.5 (75)
1	轴心抗拉	0.29	0.28	0.26	0.23	0.20	0.18
2	弯曲抗拉	0.44	0.42	0.38	0.35	0.31	0.28

四、当验算施工中房屋的构件时，γ_a 为1.10。

砌体的弹性模量（MPa） 表2.2.5-1

序号	砌体种类	砂浆强度等级					
		M10	M7.5	M5	M2.5	M1	M0.4
1	粘土砖、空心砖、空斗砌体	1500f	1500f	1500f	1300f	1100f	700f
2	硅酸盐砖	1000f	1000f	1000f	900f	700f	500f
3	混凝土小型空心砌块	1600f	1500f	1400f	1200f	—	—
4	混凝土中型空心砌块	2300f	2100f	1900f	1700f	—	—
5	粉煤灰中型实心砌块	1100f	1000f	950f	850f	—	—
6	粗、毛料石、毛石	7300	5650	4000	2250	1250	850
7	细料石、半细料石	22×10³	17×10³	12×10³	6750	3750	2550

第2.2.4条 施工阶段砂浆尚未硬化的新砌砌体，可按砂浆强度为零确定其砌体强度。

对于冬期施工采用掺盐砂浆法施工的砌体，砂浆强度等级按常温施工的强度等级提高一级时，砌体强度和稳定性可不验算。

第2.2.5条 砌体的弹性模量、线膨胀系数和摩擦系数，可按表2.2.5-1～表2.2.5-3采用。砌体的剪变模量，宜为砌体弹性模量的0.4倍。

砌体的线膨胀系数 表2.2.5-2

序号	砌体种类	线膨胀系数
1	粘土砖、空心砖、空斗砌体	5×10^{-6}/℃
2	砌块和硅酸盐砖	10×10^{-6}/℃
3	料石和毛石	8×10^{-6}/℃

摩擦系数 表2.2.5-3

序号	材料类别	摩擦面情况	
		干燥的	潮湿的
1	砌体沿砌体或混凝土滑动	0.70	0.60
2	木材沿砌体滑动	0.60	0.50
3	钢沿砌体滑动	0.45	0.35
4	砌体沿砂或卵石滑动	0.60	0.50
5	砌体沿砂质粘土滑动	0.55	0.40
6	砌体沿粘土滑动	0.50	0.30

第三章 基本设计规定

第一节 设计原则

第3.1.1条 本规范采用以概率理论为基础的极限状态设计方法，用分项系数的设计表达式进行计算。

第3.1.2条 砌体结构均应按承载能力极限状态设计，并满足正常使用极限状态的要求。

注：根据砌体结构的特点，砌体结构正常使用极限状态的要求，一般情况下可由相应的构造措施保证。

第3.1.3条 根据建筑结构破坏可能产生的后果（危及人的生命、造成经济损失、产生社会影响等）的严重性，建筑结构按表3.1.3划分为三个安全等级，设计时应根据具体情况适当选用。

建筑结构的安全等级　　表3.1.3

安全等级	破坏后果	建筑物类型
一　级	很严重	重要的工业与民用建筑物
二　级	严　重	一般的工业与民用建筑物
三　级	不严重	次要的建筑物

注：①对于特殊的建筑物，其安全等级可根据具体情况另行确定。
②对地震区的砌体结构设计，应按国家现行《建筑抗震设计规范》根据建筑物重要性区分建筑物类别。

第3.1.4条 砌体结构按承载能力极限状态设计时，应按下式计算：

$$\gamma_0 S \leqslant R(f_d,\ a_k \cdots\cdots) \quad (3.1.4)$$

式中 γ_0——结构重要性系数。对安全等级为一级、二级、三级的砌体结构构件，可分别取1.1、1.0、0.9；

S——内力设计值，分别表示为轴向力设计值 N、弯矩设计值 M 和剪力设计值 V 等；

$R(\cdot)$——结构构件的承载力设计值函数；

f_d——砌体的强度设计值，$f_d=\dfrac{f_k}{\gamma_f}$；

f_k——砌体的强度标准值，$f_k=f_m-1.645\sigma_f$；

γ_f——砌体结构的材料性能分项系数，$\gamma_f=1.5$；

f_m——砌体的强度平均值；

σ_f——砌体强度的标准差；

a_k——几何参数标准值。

第3.1.5条 当砌体结构作为一个刚体，需验算整体稳定性时，例如倾覆、滑移、漂浮等，应按下列设计表达式进行验算：

$$0.8C_{G1}G_{1k}-1.2C_{G2}G_{2k}-1.4C_{Q1}Q_{1k}-\sum_{i=2}^{n}1.4C_{Qi}\psi_{ci}Q_{ik}\geqslant 0 \quad (3.1.5)$$

式中 G_{1k}——起有利作用的永久荷载标准值；

G_{2k}——起不利作用的永久荷载标准值；

C_{G1}、C_{G2}——分别为 G_{1k}、G_{2k} 的荷载效应系数；

C_{Q1}、C_{Qi}——分别为第一个可变荷载和其他第 i 个可变荷载的荷载效应系数；

Q_{1k}、Q_{ik}——起不利作用的第一个和第 i 个可变荷载标准值；

ψ_{ci}——第 i 个可变荷载的组合值系数。当风荷载与其他可变荷载组合时均可采用0.6。

第二节 房屋的静力计算规定

第3.2.1条 房屋的静力计算，根据房屋的空间工作性能分为刚性方案、刚弹性方案和弹性方案。设计时，可按表3.2.1确定静力计算方案。

房屋的静力计算方案　　表3.2.1

	屋盖或楼盖类别	刚性方案	刚弹性方案	弹性方案
1	整体式、装配整体和装配式无檩体系钢筋混凝土屋盖或钢筋混凝土楼盖	$s<32$	$32\leqslant s\leqslant 72$	$s>72$
2	装配式有檩体系钢筋混凝土屋盖、轻钢屋盖和有密铺望板的木屋盖或木楼盖	$s<20$	$20\leqslant s\leqslant 48$	$s>48$
3	冷摊瓦木屋盖和石棉水泥瓦轻钢屋盖	$s<16$	$16\leqslant s\leqslant 36$	$s>36$

注：①表中 s 为房屋横墙间距，其长度单位为m。
②当屋盖、楼盖类别不同或横墙间距不同时，可按第3.2.7条和3.2.8条的规定确定房屋的静力计算方案。
③对无山墙或伸缩缝处无横墙的房屋，应按弹性方案考虑。

第3.2.2条 刚性和刚弹性方案房屋的横墙应符合下列要求：

一、横墙中开有洞口时，洞口的水平截面面积不应超过横墙截面面积的50%。

二、横墙的厚度不宜小于180mm。

三、单层房屋的横墙长度不宜小于其高度，多层房屋的横墙长度，不宜小于 $H/2$（H 为横墙总高度）。

注：①当横墙不能同时符合上述要求时，应对横墙的刚度进行验算。如其最大水平位移值 $u_{max}\leqslant\frac{H}{4000}$ 时，仍可视作刚性或刚弹性方案房屋的横墙。
②凡符合注①刚度要求的一段横墙或其他结构构件（如框架等），也可视作刚性或刚弹性方案房屋的横墙。

第3.2.3条 弹性方案房屋的静力计算可按屋架 大梁与墙(柱)为铰接的，不考虑空间工作的平面排架或框架计算。

第3.2.4条 刚弹性方案房屋的静力计算，可按屋架、大梁与墙（柱）为铰接的考虑空间工作的平面排架或框架计算。房屋各层的空间性能影响系数，可按表3.2.4采用，其计算方法按本规范附录三和附录四。

房屋各层的空间性能影响系数 η_i　　表3.2.4

屋盖或楼盖类别	横墙间距 s (m)														
	16	20	24	28	32	36	40	44	48	52	56	60	64	68	72
1	—	—	—	—	0.33	0.39	0.44	0.50	0.55	0.66	0.64	0.68	0.71	0.74	0.77
2	—	0.35	0.45	0.54	0.61	0.68	0.73	0.78	0.82	—	—	—	—	—	—
3	0.37	0.49	0.60	0.68	0.75	0.81	—	—	—	—	—	—	—	—	—

注：i 取1～n，n 为房屋的层数。

第3.2.5条 刚性方案房屋的静力计算，可按下列规定进行：

一、单层房屋：在荷载作用下，墙、柱可视作上端为不动铰支承于屋盖，下端嵌固于基础的竖向构件。

二、多层房屋：在竖向荷载作用下，墙、柱在每层高度范围内，可近似地视作两端铰支的竖向构件；在水平荷载作用下，墙、柱可视作竖向连续梁。

三、对本层的竖向荷载，应考虑对墙、柱的实际偏心影响，当梁支承于墙上时，梁端支承压力 N_l 到墙内边的距离，对屋盖梁应取梁端有效支承长度 a_0 的0.33倍，对楼盖梁应取梁端有效支承长度 a_0 的0.40倍（图3.2.5）。由上面楼层传来的荷载 N_u，可视作作用于上一楼层的墙、柱的截面重心处。

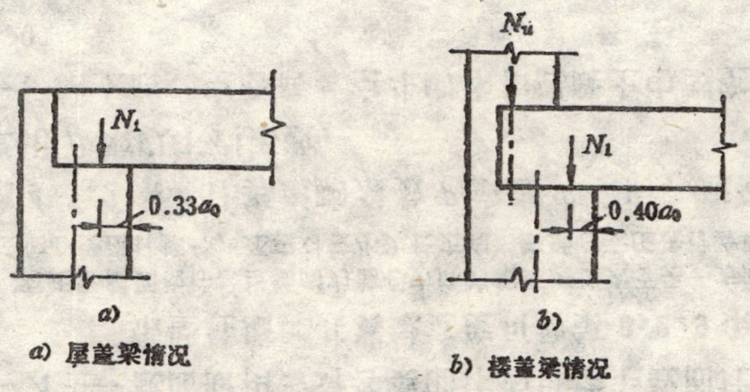

图3.2.5　梁端支承压力位置

第3.2.6条　当刚性方案多层房屋的外墙符合下列要求时，静力计算可不考虑风荷载的影响：

一、洞口水平截面面积不超过全截面面积的2/3。

二、层高和总高不超过表3.2.6的规定。

三、屋面自重不小于0.8kN/m²。

当必须考虑风荷载时，风荷载引起的弯矩 M，可按下式计算：

$$M=\frac{wH_1^2}{12} \quad (3.2.6)$$

式中　w——风荷载设计值；

H_1——层高。

第3.2.7条　计算上柔下刚多层房屋时，顶层可按单层房屋计算，其空间性能影响系数可根据屋盖类别按表3.2.4采用。

注：上柔下刚房屋系指顶层不符合刚性方案要求，而下面各层由相应楼盖类别和横墙间距可确定为刚性方案的房屋。

外墙不考虑风荷载影响时的最大高度　　表3.2.6

基本风压值 (kN/m²)	层高 (m)	总高 (m)
0.4	4.0	28
0.5	4.0	24
0.6	4.0	18
0.7	3.5	18

第3.2.8条　计算上刚下柔多层房屋时，底层空间性能影响系数可取表3.2.4中1类屋盖的空间性能影响系数，其计算方法应按本规范附录四采用。

注：上刚下柔房屋系指底层不符合刚性方案要求，而上面各层符合刚性方案要求的房屋。

第3.2.9条　带壁柱墙的计算截面翼缘宽度 b_f，可按下列规定采用：

一、多层房屋，当有门窗洞口时，可取窗间墙宽度；当无门窗洞口时，可取相邻壁柱间的距离。

二、单层房屋，可取壁柱宽加2/3墙高，但不大于窗间墙宽度和相邻壁柱间距离。

三、计算带壁柱墙的条形基础时，可取相邻壁柱间的距离。

第3.2.10条　当转角墙段角部受竖向集中荷载时，计算截面的长度可从角点算起每侧宜取层高的1/3。当上述墙体范围内有门窗洞口时，则计算截面取至洞边，但不宜大于层高的1/3。当上层的竖向集中荷载传至本层时，可按均布荷载计算，此时转角墙段可按角形截面偏心受压构件进行承载力验算。

第四章 无筋砌体构件的承载力计算

第一节 受压构件

第4.1.1条 受压构件的承载力应按下式计算：

$$N\leqslant\varphi fA \tag{4.1.1}$$

式中 N——荷载设计值产生的轴向力；

φ——高厚比 β 和轴向力的偏心距 e 对受压构件承载力的影响系数，可按附录五的附表5-1至附表5-5采用或按附录五的公式计算；

f——砌体抗压强度设计值，应按第2.2.1条采用；

A——截面面积，对各类砌体均可按毛截面计算；对带壁柱墙，其翼缘宽度可按第3.2.9条采用。

注：对矩形截面构件，当轴向力偏心方向的截面边长大于另一方向的边长时，除按偏心受压计算外，还应对较小边长方向，按轴心受压进行验算。

第4.1.2条 计算影响系数 φ 或查 φ 表时，应先对构件高厚比 β 乘以下列系数：

一、粘土砖、空心砖、空斗砌体和混凝土中型空心砌块砌体1.0。

二、混凝土小型空心砌块砌体1.1。

三、粉煤灰中型实心砌块、硅酸盐砖、细料石和半细料石砌体1.2。

四、粗料石和毛石砌体1.5。

高厚比 β 应按下列公式计算：

对矩形截面

$$\beta=\frac{H_0}{h} \tag{4.1.2-1}$$

对T形截面

$$\beta=\frac{H_0}{h_T} \tag{4.1.2-2}$$

式中 H_0——受压构件的计算高度，按第4.1.3条确定；

h——矩形截面轴向力偏心方向的边长，当轴心受压时为截面较小边长；

h_T——T形截面的折算厚度，可近似取 $3.5i$ 计算；

i——截面回转半径。

第4.1.3条 受压构件的计算高度 H_0，应根据房屋类别和构件支承条件等按表4.1.3采用。表中的构件高度 H 应按下列规定采用：

一、在房屋底层，为楼板到构件下端支点的距离。下端支点的位置，可取在基础顶面。当埋置较深时，则可取在室内地面或室外地面下300～500mm处。

二、在房屋其它层次，为楼板或其他水平支点间的距离。

三、对于山墙，可取层高加山墙尖高度的1/2；山墙壁柱则可取壁柱处的山墙高度。

第4.1.4条 对有吊车的房屋，当不考虑吊车作用时，变截面柱上段的计算高度可按表4.1.3规定采用；变截面柱下段的计算高度可按下列规定采用：

一、当 $H_u/H\leqslant\frac{1}{3}$ 时，取无吊车房屋的 H_0。

二、当 $\frac{1}{3}<H_u/H<\frac{1}{2}$ 时，取无吊车房屋的 H_0 应

受压构件的计算高度H_0　　表4.1.3

<table>
<tr><th rowspan="2" colspan="3">房　屋　类　别</th><th colspan="2">柱</th><th colspan="3">带壁柱墙或周边拉结的墙</th></tr>
<tr><th>排架方向</th><th>垂直排架方向</th><th>$s>2H$</th><th>$2H\geqslant s>H$</th><th>$s\leqslant H$</th></tr>
<tr><td rowspan="3">有吊车的单层房屋</td><td rowspan="2">变截面柱上段</td><td>弹性方案</td><td>$2.5H_u$</td><td>$1.25H_u$</td><td colspan="3">$2.5H_u$</td></tr>
<tr><td>刚性、刚弹性方案</td><td>$2.0H_u$</td><td>$1.25H_u$</td><td colspan="3">$2.0H_u$</td></tr>
<tr><td colspan="2">变截面柱下段</td><td>$1.0H_l$</td><td>$0.8H_l$</td><td colspan="3">$1.0H_l$</td></tr>
<tr><td rowspan="5">无吊车的单层和多层房屋</td><td rowspan="2">单　跨</td><td>弹性方案</td><td>$1.5H$</td><td>$1.0H$</td><td colspan="3">$1.5H$</td></tr>
<tr><td>刚弹性方案</td><td>$1.2H$</td><td>$1.0H$</td><td colspan="3">$1.2H$</td></tr>
<tr><td rowspan="2">两跨或多跨</td><td>弹性方案</td><td>$1.25H$</td><td>$1.0H$</td><td colspan="3">$1.25H$</td></tr>
<tr><td>刚弹性方案</td><td>$1.10H$</td><td>$1.0H$</td><td colspan="3">$1.1H$</td></tr>
<tr><td colspan="2">刚性方案</td><td>$1.0H$</td><td>$1.0H$</td><td>$1.0H$</td><td>$0.4s+0.2H$</td><td>$0.6s$</td></tr>
</table>

注：①表中H_u为变截面柱的上段高度；H_l为变截面柱的下段高度。
②对于上端为自由端的构件，$H_0=2H$。
③独立砖柱，当无柱间支撑时，柱在垂直排架方向的H_0应按表中数值乘以1.25后采用。

乘以修正系数μ。$\mu=1.3-0.3I_u/I_l$。I_u为变截面柱上段的惯性矩，I_l为变截面柱下段的惯性矩。

三、当　$H_u/H\geqslant\frac{1}{2}$时，取无吊车房屋的$H_0$。但在确定$\beta$值时，采用上柱截面。

注：本条规定也适用于无吊车房屋的变截面柱。

第4.1.5条　轴向力的偏心距e按荷载标准值计算并不宜超过$0.7y$，y为截面重心到轴向力所在偏心方向截面边缘的距离。

当$0.7y<e\leqslant0.95y$时，除按公式(4.1.1)进行计算外，尚应按下式进行正常使用极限状态验算：

$$N_k\leqslant\frac{f_{tm,k}A}{\frac{Ae}{W}-1}\qquad(4.1.5\text{-}1)$$

式中　N_k——轴向力标准值；

$f_{tm,k}$——砌体沿通缝截面的弯曲抗拉强度标准值，取$f_{tm,k}=1.5f_{tm}$；

f_{tm}——砌体沿通缝截面的弯曲抗拉强度设计值，按第2.2.2条采用；

W——截面抵抗矩。

当$e>0.95y$时，按下式进行计算：

$$N\leqslant\frac{f_{tm}A}{\frac{Ae}{W}-1}\qquad(4.1.5\text{-}2)$$

式中　N——轴向力设计值。

第二节　局部受压

第4.2.1条　砌体截面中受局部均匀压力时的承载力应按下式计算：

$$N_l\leqslant\gamma fA_l\qquad(4.2.1)$$

式中　N_l——局部受压面积上轴向力设计值；

γ——砌体局部抗压强度提高系数；

A_l——局部受压面积。

第4.2.2条　砌体局部抗压强度提高系数γ，应符合下列规定：

一、γ可按下式计算：

$$\gamma=1+0.35\sqrt{\frac{A_0}{A_l}-1}\qquad(4.2.2)$$

式中　A_0——影响砌体局部抗压强度的计算面积。

二、计算所得γ值，尚应符合下列规定：

1.在图4.2.2a的情况下，$\gamma\leqslant2.5$；

2.在图4.2.2b的情况下，$\gamma\leqslant1.25$；

3.在图4.2.2c的情况下，$\gamma\leqslant2.0$；

4.在图4.2.2d的情况下，$\gamma\leqslant1.5$。

5.对空心砖砌体，局部抗压强度提高系数γ应小于或等于1.5；对未灌实的混凝土中型、小型空心砌块砌体，局部抗压强度提高系数γ为1.0。

第4.2.3条　影响砌体局部抗压强度的计算面积可按下列规定采用：

一、在图4.2.2a的情况下，$A_0=(a+c+h)h$；

二、在图4.2.2b的情况下，$A_0=(a+h)h$；

三、在图4.2.2c的情况下，$A_0=(b+2h)h$；

四、在图4.2.2d的情况下，$A_0=(a+h)h+(b+h_1-h)h_1$。

式中　a、b——矩形局部受压面积A_1的边长；

h、h_1——墙厚或柱的较小边长，墙厚；

c——矩形局部受压面积的外边缘至构件边缘的较小距离，当大于h时，应取为h。

第4.2.4条　梁端支承处砌体的局部受压承载力应按下式计算：

$$\psi N_0+N_1\leqslant\eta\gamma fA_1 \quad (4.2.4\text{-}1)$$

式中　ψ——上部荷载的折减系数，$\psi=1.5-0.5\frac{A_0}{A_1}$，当$A_0/A_1\geqslant3$时，取$\psi=0$；

N_0——局部受压面积内上部轴向力设计值，$N_0=\sigma_0A_1$，σ_0为上部平均压应力设计值；

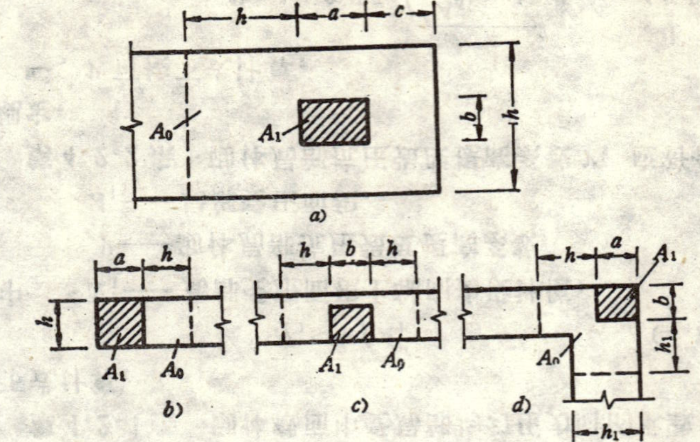

图4.2.2　影响局部抗压强度的面积A_0

η——梁端底面压应力图形的完整系数，一般可取0.7，对于过梁和墙梁可取1.0；

A_1——局部受压面积，$A_1=a_0b$，b为梁宽，a_0为梁端有效支承长度。

当梁直接支承在砌体上时，梁端有效支承长度可按下式计算：

$$a_0=38\sqrt{\frac{N_1}{bf\mathrm{tg}\theta}} \quad (4.2.4\text{-}2)$$

式中　a_0——梁端有效支承长度（mm），当$a_0>a$时，应取$a_0=a$；

a——梁端实际支承长度（mm）；

N_1——梁端荷载设计值产生的支承压力（kN）；

b——梁的截面宽度（mm）；

$tg\theta$——梁变形时，梁端轴线倾角的正切，对于受均布荷载的简支梁，当 $w/l_0=1/250$ 时，可取 $tg\theta=1/78$；

w——梁的最大挠度；

l_0——梁的计算跨度。

对于跨度小于6m的钢筋混凝土梁，梁端有效支承长度可按下式计算：

$$a_0=10\sqrt{\frac{h_c}{f}} \qquad (4.2.4\text{-}3)$$

式中 h_c——梁的截面高度（mm）；

f——砌体的抗压强度设计值（MPa）。

第4.2.5条 在梁端下设有垫块或垫梁时，垫块或垫梁下砌体的局部受压承载力应按下列规定计算：

一、预制刚性垫块

$$N_0+N_1\leqslant\varphi\gamma_1 fA_b \qquad (4.2.5\text{-}1)$$

式中 N_0——垫块面积 A_b 内上部轴向力设计值，$N_0=\sigma_0 A_b$；

φ——垫块上 N_0 及 N_1 合力的影响系数，应采用本规范第4.1.1条当 $\beta\leqslant3$ 时的 φ 值；

γ_1——垫块外砌体面积的有利影响系数，γ_1 应为 0.8γ，但不小于1.0。γ 为砌体局部抗压强度提高系数，按式(4.2.2)以 A_b 代替 A_l 计算得出；

A_b——垫块面积，$A_b=a_b b_b$，a_b 为垫块伸入墙内的长度，b_b 为垫块的宽度。

刚性垫块的高度不宜小于180mm，自梁边算起的垫块挑出长度不宜大于垫块高度 t_b。

在带壁柱墙的壁柱内设刚性垫块时（图4.2.5-1），其计算面积应取壁柱面积，不应计算翼缘部分，同时壁柱上垫块伸入翼墙内的长度不应小于120mm。

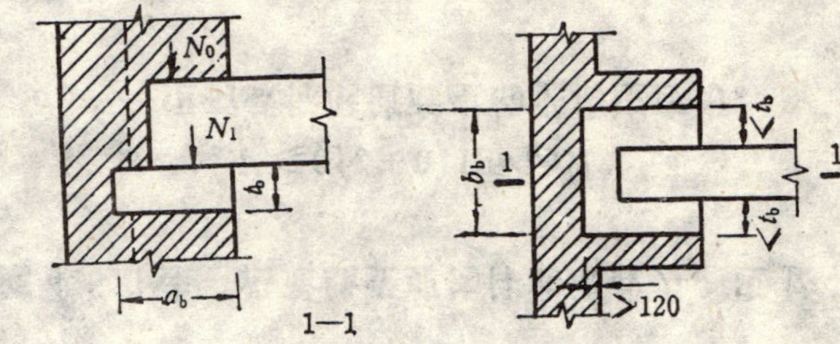

图4.2.5-1 壁柱上设有垫块时梁端局部受压

二、与梁端现浇成整体的垫块

梁端支承处砌体的局部受压承载力仍按本规范第4.2.4条规定计算，此时 $A_l=a_0 b_b$，同时在计算有效支承长度的公式(4.2.4-2)中应以 b_b 代 b。

三、长度大于 πh_0 的垫梁（图4.2.5-2）

$$N_0+N_l\leqslant2.4fb_b h_0 \qquad (4.2.5\text{-}2)$$

式中 N_0——垫梁 $\pi b_b h_0/2$ 范围内上部轴向力设计值，$N_0=\pi b_b h_0\sigma_0/2$；

b_b——垫梁宽度；

h_0——垫梁折算高度，$h_0=2\sqrt[3]{E_b I_b/Eh}$；

E_b、I_b——分别为垫梁的弹性模量和截面惯性矩；

E——砌体的弹性模量；

h——墙厚。

第4.2.6条 对于混凝土中型、小型空心砌块砌体，当局部受压承载力不能满足公式(4.2.1)、(4.2.4-1)或(4.2.5-1）要求时，可将影响砌体局部抗压强度的计算面积范围内

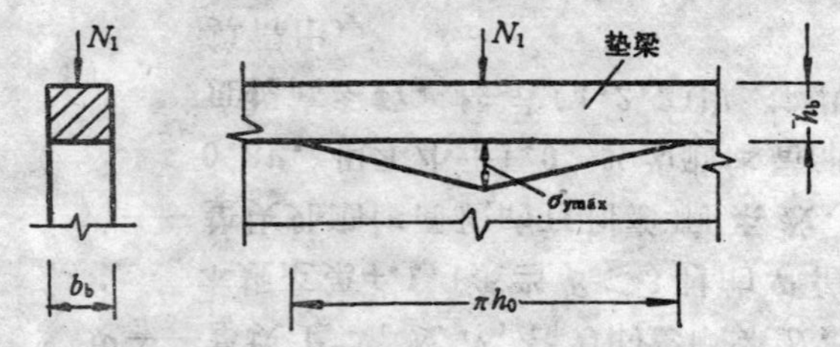

图4.2.5-2　垫梁局部受压

的砌体孔洞加以补强，补强措施应采用不低于砌块材料强度等级的混凝土灌实，其砌体强度设计值可按表 2.2.1-3 注④采用。

注：灌实部分的高度由局部荷载作用面算起，混凝土小型空心砌块砌体应不少于三皮，混凝土中型空心砌块砌体应为一块砌块高度。

第三节　轴心受拉构件

第 4.3.1 条　轴心受拉构件的承载力，应按下式计算：

$$N_t \leqslant f_t A \tag{4.3.1}$$

式中　N_t——轴心拉力设计值；

f_t——砌体轴心抗拉强度设计值，应按第 2.2.2 条表2.2.2-1和表2.2.2-2中的较小值采用。

第四节　受弯构件

第 4.4.1 条　受弯构件的承载力，应按下式计算：

$$M \leqslant f_{tm} W \tag{4.4.1}$$

式中　M——弯矩设计值；

f_{tm}——砌体的弯曲抗拉强度设计值，应按第 2.2.2 条表2.2.2-1和表2.2.2-2中的较小值采用；

W——截面抵抗矩。

第 4.4.2 条　受弯构件的受剪承载力应按下式计算：

$$V \leqslant f_v b z \tag{4.4.2}$$

式中　V——剪力设计值；

f_v——砌体的抗剪强度设计值，应按第2.2.2 条表2.2.2-1采用；

b——截面宽度；

z——内力臂，$z = I/S$，当截面为矩形时，$z = 2h/3$；

I——截面惯性矩；

S——截面面积矩；

h——截面高度。

第五节　受剪构件

第 4.5.1 条　沿通缝受剪构件的承载力，应按下式计算：

$$V \leqslant (f_v + 0.18\sigma_k) A \tag{4.5.1}$$

式中　σ_k——恒荷载标准值产生的平均压应力。

第五章 构造要求

第一节 墙、柱的允许高厚比

第5.1.1条 墙、柱的高厚比应按下式验算：

$$\beta=\frac{H_0}{h}\leqslant\mu_1\mu_2[\beta] \qquad (5.1.1)$$

式中 H_0——墙、柱的计算高度，应按第4.1.3条采用；

h——墙厚或矩形柱与H_0相对应的边长；

μ_1——非承重墙允许高厚比的修正系数；

μ_2——有门窗洞口墙允许高厚比的修正系数。

$[\beta]$——墙、柱的允许高厚比，应按表5.1.1采用。

注：①当墙高H大于或等于相邻横墙或壁柱间的距离s时，应按计算高度$H_0=0.6s$验算高厚比。

②当与墙连接的相邻两横墙间的距离$s\leqslant\mu_1\mu_2[\beta]h$时，墙的高度可不受本条限制。

③变截面柱的高厚比可按上、下截面分别验算，其计算高度可按表4.1.4条的规定采用。验算上柱的高厚比时，墙、柱的允许高厚比可按表5.1.1的数值乘以1.3后采用。

第5.1.2条 带壁柱墙的高厚比验算，应按下列规定进行：

一、按公式（5.1.1）验算带壁柱墙的高厚比，此时公式中h应改用带壁柱墙的折算厚度h_T，在确定截面回转半径时，墙截面的翼缘宽度，可按本规范第3.2.9条的规定采用；

当确定墙的计算高度H_0时，s应取相邻横墙间的距离。

二、按公式（5.1.1）验算壁柱间墙的高厚比，此时s应取相邻壁柱间的距离。

设有钢筋混凝土圈梁的带壁柱墙，当$b/s\geqslant 1/30$时，圈梁可视作壁柱间墙的不动铰支点（b为圈梁宽度）。如具体条件不允许增加圈梁宽度，可按等刚度原则（墙体平面外刚度相等）增加圈梁高度，以满足壁柱间墙不动铰支点的要求。

墙、柱的允许高厚比[β]值 表5.1.1

砂浆强度等级	墙	柱
M0.4	16	12
M1	20	14
M2.5	22	15
M5	24	16
≥M7.5	26	17

注：①下列材料砌筑的墙、柱允许高厚比应按表中数值分别予以降低：空斗墙和中型砌块墙、柱降低10%，毛石墙、柱降低20%。

②组合砖砌体构件的允许高厚比，可按表中数值提高20%，但不得大于28。

③验算施工阶段砂浆尚未硬化的新砌砌体高厚比时，允许高厚比可按表中M0.4项降低10%。

第5.1.3条 厚度$h\leqslant 240$mm的非承重墙，允许高厚比可按表5.1.1数值乘以下列提高系数μ_1：

一、$h=240$mm　$\mu_1=1.2$；

二、$h=90$mm　$\mu_1=1.5$；

三、240mm$>h>$90mm　μ_1可按插入法取值。

注：上端为自由端墙的允许高厚比，除按上述规定提高外，尚可提高30%。

第5.1.4条 对有门窗洞口的墙，允许高厚比应按表5.

1.1所列数值乘以降低系数 μ_2：

$$\mu_2 = 1 - 0.4\frac{b_s}{s} \quad (5.1.4)$$

式中 b_s——在宽度 s 范围内的门窗洞口宽度；

s——相邻窗间墙或壁柱之间的距离。

当按公式（5.1.4）算得的 μ_2 值小于0.7时，应采用0.7。当洞口高度等于或小于墙高的1/5时，可取 μ_2 等于1.0。

第二节 一般构造要求

第5.2.1条 六层及六层以上房屋的外墙 潮湿房间的墙，以及受振动或层高大于6m的墙 柱所用材料的最低强度等级，应符合下列要求：

一、砖采用MU10；

二、砌块采用MU 5

三、石材采用MU20；

四、砂浆采用M2.5。

第5.2.2条 在室内地面以下，室外散水坡顶面以上的砌体内，应铺设防潮层。防潮层材料一般情况下宜采用防水水泥砂浆。勒脚部位应采用水泥砂浆粉刷。

地面以下或防潮层以下的砌体，所用材料的最低强度等级应符合表5.2.2的要求。

第5.2.3条 承重的独立砖柱，截面尺寸不应小于240mm×370mm。

毛石墙的厚度，不宜小于350mm，毛料石柱截面较小边长，不宜小于400mm。

注：当有振动荷载时，墙、柱不宜采用毛石砌体。

地面以下或防潮层以下的砌体所用材料的最低强度等级 表5.2.2

基土的潮湿程度	粘土砖		混凝土砌块	石材	混合砂浆	水泥砂浆
	严寒地区	一般地区				
稍潮湿的	MU10	MU10	MU5	MU20	M5	M5
很潮湿的	MU15	MU10	MU7.5	MU20	—	M5
含水饱和的	MU20	MU15	MU7.5	MU30	—	M7.5

注：①石材的重力密度，不应低于18kN/m³。

②地面以下或防潮层以下的砌体，不宜采用空心砖。当采用混凝土中、小型空心砌块砌体时，其孔洞应采用强度等级不低于C15的混凝土灌实。

③各种硅酸盐材料及其他材料制作的块体，应根据相应材料标准的规定选择采用。

第5.2.4条 空斗墙的下列部位，宜采用斗砖或眠砖实砌：

一、纵横墙交接处，其实砌宽度距墙中心线每边不小于370mm；

二、室内地面以下，及地面以上高度为180mm的砌体；

三、搁栅、檩条和钢筋混凝土楼板等构件的支承面下，高度为120～180mm的通长砌体，所用砂浆不应低于M2.5；

四、屋架、大梁等构件的垫块底面以下，高度为240～360mm，长度不小于740mm的砌体，其所用砂浆不应低于M2.5。

第5.2.5条 跨度大于6m的屋架和跨度大于下列数值的梁，其支承面下的砌体应设置混凝土或钢筋混凝土垫块，当墙中设有圈梁时，垫块与圈梁宜浇成整体：

一、对砖砌体为4.8m；

二、对砌块和料石砌体为4.2m；

三、对毛石砌体为3.9m。

第5.2.6条 对厚度小于或等于240mm的墙，当大梁跨度大于或等于下列数值时，其支承处宜加设壁柱，或采取其他加强措施：

一、对砖墙为6m；

二、对砌块和料石墙为4.8m。

第5.2.7条 预制钢筋混凝土板的支承长度，在墙上不宜小于100mm；在钢筋混凝土圈梁上不宜小于80mm。

支承在墙、柱上的吊车梁、屋架，及跨度大于或等于下列数值的预制梁的端部，应采用锚固件与墙、柱上的垫块锚固：

一、对砖砌体为9m；

二、对砌块和料石砌体为7.2m。

第5.2.8条 骨架房屋的填充墙，应分别采用拉结条或其他措施与骨架的柱和横梁连接。

第5.2.9条 山墙处的壁柱宜砌至山墙顶部。风压较大的地区，檩条应与山墙锚固，屋盖不宜挑出山墙。

第5.2.10条 砌块的两侧宜设置灌缝槽，当无灌缝槽时，墙体应采用两面粉刷。

第5.2.11条 砌块砌体应分皮错缝搭砌。中型砌块上下皮搭砌长度不得小于砌块高度的1/3 且不应小于150mm；小型空心砌块上下皮搭砌长度，不得小于90mm。

当搭砌长度不满足上述要求时，应在水平灰缝内设置不小于2ϕ4的钢筋网片，网片每端均应超过该垂直缝，其长度不得小于300mm。

第5.2.12条 砌块墙与后砌隔墙交接处，应沿墙高每400～800mm在水平灰缝内设置不少于2ϕ4的钢筋网片（图5.2.12）。

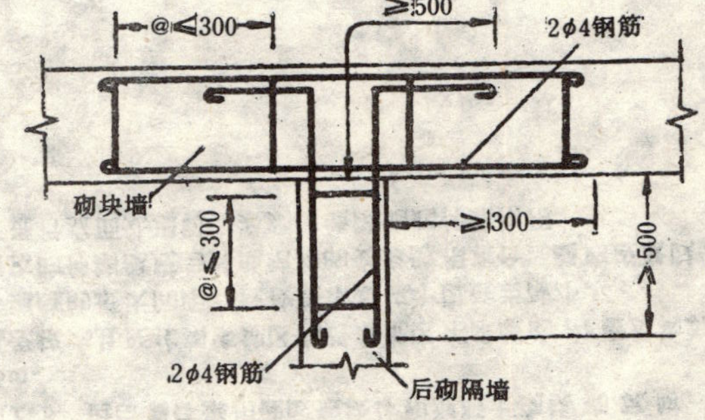

图5.2.12 砌块墙与后砌隔墙交接处钢筋网片

第5.2.13条 混凝土中型空心砌块房屋，宜在外墙转角处、楼梯间四角的砌体孔洞内设置不少于1ϕ12的竖向钢筋，并用C20细石混凝土灌实。竖向钢筋应贯通墙高并锚固于基础和楼、屋盖圈梁内，锚固长度不得小于30倍的钢筋直径。钢筋接头应绑扎或焊接，绑扎接头搭接长度不得小于35倍的钢筋直径。

混凝土小型空心砌块房屋，宜将上述部位纵横墙交接处，距墙中心线每边不小于300mm范围内的孔洞，采用不低于砌块材料强度等级的混凝土灌实，灌实高度应为全部墙身高度。

第5.2.14条 混凝土小型空心砌块墙体的下列部位，如未设圈梁或混凝土垫块，应采用不低于砌块材料强度等级的混凝土将孔洞灌实：

一、搁栅、檩条和钢筋混凝土楼板的支承面下，高度不应小于200mm的砌体；

二、屋架、大梁等构件的支承面下，高度不应小于400mm，长度不应小于600mm的砌体；

三、挑梁支承面下，纵横墙交接处，距墙中心线每边不应小于300mm，高度不应小于400mm的砌体。

第三节 防止墙体开裂的主要措施

第5.3.1条 对于钢筋混凝土屋盖的温度变化和砌体干缩变形引起墙体的裂缝（如顶层墙体的八字缝、水平缝等），可根据具体情况采取下列预防措施：

一、屋盖上宜设置保温层或隔热层；

二、采用装配式有檩体系钢筋混凝土屋盖和瓦材屋盖；

三、对于非烧结硅酸盐砖和砌块房屋，应严格控制块体出厂到砌筑的时间，并应避免现场堆放时块体遭受雨淋。

注：当有实践经验时，也可采取其他措施，如在钢筋混凝土屋面板与墙体的连接面处设置滑动层。

第5.3.2条 为了防止房屋在正常使用条件下，由温差和砌体干缩引起的墙体竖向裂缝，应在墙体中设置伸缩缝。伸缩缝应设在因温度和收缩变形可能引起应力集中、砌体产生裂缝可能性最大的地方。温度伸缩缝的间距可通过计算确定，亦可按表5.3.2采用。

砌体房屋温度伸缩缝的最大间距（m） 表5.3.2

砌体类别	屋盖或楼盖类别		间距
各种砌体	整体式或装配整体式钢筋混凝土结构	有保温层或隔热层的屋盖、楼盖	50
		无保温层或隔热层的屋盖	40

续表

砌体类别	屋盖或楼盖类别		间距
各种砌体	装配式无檩体系钢筋混凝土结构	有保温层或隔热层的屋盖、楼盖	60
		无保温层或隔热层的屋盖	50
	装配式有檩体系钢筋混凝土结构	有保温层或隔热层的屋盖	75
		无保温层或隔热层的屋盖	60
粘土砖、空心砖砌体	粘土瓦或石棉水泥瓦屋盖		100
石砌体	木屋盖或楼盖		80
硅酸盐块体和混凝土砌块砌体	砖石屋盖或楼盖		75

注：①当有实践经验时，可不遵守本表的规定。
②按本表设置的墙体伸缩缝，一般不能同时防止第5.3.1条的由钢筋混凝土屋盖的温度变形和砌体干缩变形引起的墙体裂缝。
③层高大于5m的砌体结构单层房屋，其伸缩缝间距可按表中数值乘以1.3，但当墙体采用硅酸盐块体和混凝土砌块砌筑时，不得大于75m。
④温差较大且变化频繁地区和严寒地区不采暖的房屋及构筑物墙体的伸缩缝的最大间距，应按表中数值予以适当减小。
⑤墙体的伸缩缝应与其他结构的变形缝相重合，缝内应嵌以软质材料，在进行立面处理时，必须使缝隙能起伸缩作用。

第六章 圈梁、过梁、墙梁挑梁及筒拱

第一节 圈 梁

第6.1.1条 为了增强房屋的整体刚度，防止由于地基的不均匀沉降或较大振动荷载等对房屋引起的不利影响，可按本节规定，在墙中设置钢筋混凝土或钢筋砖圈梁。

第6.1.2条 车间、仓库、食堂等空旷的单层房屋，当墙厚 $h \leqslant 240mm$ 时，应按下列规定设置圈梁：

一、砖砌体房屋，檐口标高为 5～8 m 时，应设置圈梁一道，檐口标高大于 8 m 时，宜适当增设。

二、砌块及石砌体房屋，檐口标高为 4～5 m 时，应设置圈梁一道，檐口标高大于 5 m时，宜适当增设。

对有电动桥式吊车或较大振动设备的单层工业房屋，除在檐口或窗顶标高处设置钢筋混凝土圈梁外，尚宜在吊车梁标高处或其他适当位置增设。

第6.1.3条 宿舍、办公楼等多层砖砌体民用房屋，当墙厚 $h \leqslant 240mm$，且层数为 3～4 层时，宜在檐口标高处设置圈梁一道。当层数超过 4 层时，可适当增设。

多层砖砌体工业房屋，圈梁可隔层设置，对有较大振动设备的多层房屋，宜每层设置钢筋混凝土圈梁。

第6.1.4条 多层砌块和料石砌体房屋，宜按下列规定设置钢筋混凝土圈梁：

一、对外墙及内纵墙，屋盖处应设置圈梁，楼盖处宜隔层设置。

二、对横墙，屋盖处应设置圈梁，楼盖处宜隔层设置，水平间距不宜大于15m。

三、对有较大振动设备，或承重墙厚度 $h \leqslant 180mm$ 的多层房屋，宜每层设置圈梁。

四、屋盖处圈梁宜现浇，预制圈梁安装时应座浆，并应保证接头可靠。

第6.1.5条 建筑在软弱地基或不均匀地基上的砌体房屋，除按本节规定设置圈梁外，尚应符合国家现行《建筑地基基础设计规范》的有关规定。

第6.1.6条 圈梁应符合下列构造要求：

一、圈梁宜连续地设在同一水平面上，并形成封闭状；当圈梁被门窗洞口截断时，应在洞口上部增设相同截面的附加圈梁。附加圈梁与圈梁的搭接长度不应小于其垂直间距的二倍，且不得小于 1 m。

二、刚性方案房屋，圈梁应与横墙加以连接，其间距不宜大于表 3.2.1 规定的相应横墙间距。连接方式可将圈梁伸入横墙1.5～2m，或在该横墙上设置贯通圈梁。刚弹性和弹性方案房屋，圈梁应与屋架、大梁等构件可靠连接。

三、钢筋混凝土圈梁的宽度宜与墙厚相同，当墙厚 $h \geqslant 240mm$ 时，其宽度不宜小于 $2h/3$。圈梁高度不应小于120mm。纵向钢筋不宜少于 $4\phi 8$，绑扎接头的搭接长度按受拉钢筋考虑，箍筋间距不宜大于300mm。

四、钢筋砖圈梁应采用不低于 M 5 的砂浆砌筑，圈梁高度为 4～6 皮砖。纵向钢筋不宜少于 $6\phi 6$，水平间距不宜大于120mm，分上下两层设在圈梁顶部和底部的水平灰缝内。

五、圈梁兼作过梁时，过梁部分的钢筋应按计算用量单独配置。

第二节 过 梁

第6.2.1条 砖砌过梁的跨度，不宜超过下列规定：

钢筋砖过梁为2m；

砖砌平拱为1.8m。

对有较大振动荷载或可能产生不均匀沉降的房屋，应采用钢筋混凝土过梁。

第6.2.2条 过梁上的荷载，可按下列规定采用：

一、梁、板荷载

1.对砖和小型砌块砌体，梁、板下的墙体高度 $h_w<l_n$ 时（l_n 为过梁的净跨），可按梁、板传来的荷载采用。梁、板下的墙体高度 $h_w \geqslant l_n$ 时，可不考虑梁、板荷载；

2.对中型砌块砌体，梁、板下的墙体高度 $h_w<l_n$ 或 $h_w<3h_b$ 时（h_b 为包括灰缝厚度的每皮砌块高度），可按梁、板传来的荷载采用。梁、板下的墙体高度 $h_w \geqslant l_n$ 且 $h_w \geqslant 3h_b$ 时，可不考虑梁、板荷载。

二、墙体荷载

1.对砖砌体，当过梁上的墙体高度 $h_w<l_n/3$ 时，应按墙体的均布自重采用。墙体高度 $h_w \geqslant l_n/3$ 时，应按高度为 $l_n/3$ 墙体的均布自重采用；

2.对小型砌块砌体，当过梁上的墙体高度 $h_w<l_n/2$ 时，应按墙体的均布自重采用。墙体高度 $h_w \geqslant l_n/2$ 时，应按高度为 $l_n/2$ 墙体的均布自重采用；

3.对中型砌块砌体，当过梁上的墙体高度 $h_w<l_n$ 或 $h_w<3h_b$ 时，按墙体的均布自重采用。墙体高度 $h_w \geqslant l_n$ 且 $h_w \geqslant 3h_b$ 时，应按高度为 l_n 和 $3h_b$ 中较大值的墙体均布自重采用。

第6.2.3条 过梁的计算，宜符合下列规定：

一、砖砌平拱：受弯和受剪承载力，可按受弯构件的第4.4.1条和第4.4.2条并采用沿齿缝截面的弯曲抗拉强度设计值进行计算。

二、钢筋砖过梁：

1.受剪承载力可按本规范第4.4.2条计算；

2.受弯承载力可按下式计算：

$$M \leqslant 0.85 h_0 f_y A_s \tag{6.2.3}$$

式中 M——按简支梁计算的跨中弯矩设计值；

f_y——受拉钢筋的强度设计值；

A_s——受拉钢筋的截面面积；

h_0——过梁截面的有效高度，$h_0=h-a$；

a——受拉钢筋重心至截面下边缘的距离；

h——过梁的截面计算高度，取过梁底面以上的墙体高度，但不大于 $l_n/3$；当考虑梁、板传来的荷载时，则按梁、板下的高度采用。

三、钢筋混凝土过梁：应按钢筋混凝土受弯构件计算。验算过梁下砌体局部受压承载力时，可不考虑上层荷载的影响。

第6.2.4条 砖砌过梁的构造要求应符合下列规定：

一、砖砌过梁截面计算高度内的砖，不应低于MU7.5。对于钢筋砖过梁，砂浆不宜低于M2.5。

二、砖砌平拱用竖砖砌筑部分的高度，不应小于240mm，

三、钢筋砖过梁底面砂浆层处的钢筋，其直径不应小于

5 mm，间距不宜大于120mm，钢筋伸入支座砌体内的长度不宜小于240mm，砂浆层的厚度不宜小于30mm。

第三节 墙 梁

第6.3.1条 墙梁应划分为承重墙梁和非承重墙梁。

注：墙梁系指由支承墙体的钢筋混凝土托梁及其以上计算高度范围内的墙体所组成的组合构件。

第6.3.2条 计算单跨砖砌体墙梁时，应符合表6.3.2的规定。

墙梁计算高度范围内只允许设置一个洞口，对多层房屋的墙梁，各层洞口宜设置在相同位置，并宜上下对齐。

第6.3.3条 单跨墙梁的计算简图，应按图6.3.3采用。各计算参数应按下列规定取用：

一、墙梁计算跨度 l_0，取1.05倍净跨或支座中心距离之较小值。

墙梁的一般规定 表6.3.2

墙梁类别	l (m)	H (m)	h_w/l_0	h_b/l_0	b_h/l_0	h_h	a_s及a
承重墙梁	≤9	≤15	≥1/2.5	≥1/12	≤0.3 且 b_h≤2m	≤$5h_w/6$ 且 h_w-h_h≥0.5m	$a_s \geq 0.1l_0$ 且 $a/l_0 \geq 0.075$
非承重墙梁	≤12	≤18	≥1/3	≥1/15	不限	不限	

注：混凝土小型砌块砌体墙梁有可靠数据时，可参照使用。

表中 l——墙梁跨度；

H——托梁以上墙体总高度；

h_w——墙体计算高度，按本规范第6.3.3条取用；

l_0——墙梁计算跨度，按本规范第6.3.3条取用；

h_b——托梁截面高度；

b_h——洞口宽度；

h_h——洞口高度；

a_s——有洞口墙梁的墙肢宽度；

a——洞距，按本规范第6.3.3条取用。

二、墙体计算高度 h_w，取托梁顶面一层层高，当 $h_w > l_0$ 时，取 $h_w = l_0$。

三、墙梁计算高度 H_0，取 $H_0 = 0.5h_b + h_w$。

四、翼墙计算宽度 b_f，取窗间墙宽度或横墙间距的2/3，且每边不大于3.5h（h为墙体厚度）和 $l_0/6$。

五、洞距 a 取支座中心至门洞边缘的最近距离。

第6.3.4条 墙梁的计算荷载，应按下列规定采用：

一、使用阶段墙梁上的荷载

1.承重墙梁

（1）托梁顶面的荷载设计值 Q_1、F_1：托梁自重及本层楼盖的恒荷载和活荷载；

（2）墙梁顶面的荷载设计值 Q_2：

$$Q_2 = g_w + \psi Q_i \tag{6.3.4-1}$$

$$\psi = \frac{1}{1 + \frac{2.5b_f h_f}{l_0 h}} \tag{6.3.4-2}$$

式中 g_w——托梁以上各层墙体自重；

Q_i——墙梁顶面及以上各层楼盖的恒荷载和活荷载；

ψ——考虑翼墙影响的楼盖荷载折减系数，当 $\psi < 0.5$ 时，应取 $\psi = 0.5$；

b_f——翼墙宽度；

h_f——翼墙厚度；

h——墙梁墙体厚度；

l_0——墙梁计算跨度。

注：①单层墙梁、翼墙为承重墙梁以及翼墙与墙梁无可靠连接时，应取 $\psi = 1$。
②墙梁两侧翼墙计算面积不相等时，可按较小值取用。
③墙梁顶面及以上各层的每个集中荷载，不大于该层墙体自重及楼盖均布荷载总和的20%时，集中荷载可除以计算跨度近似化为均布荷载。

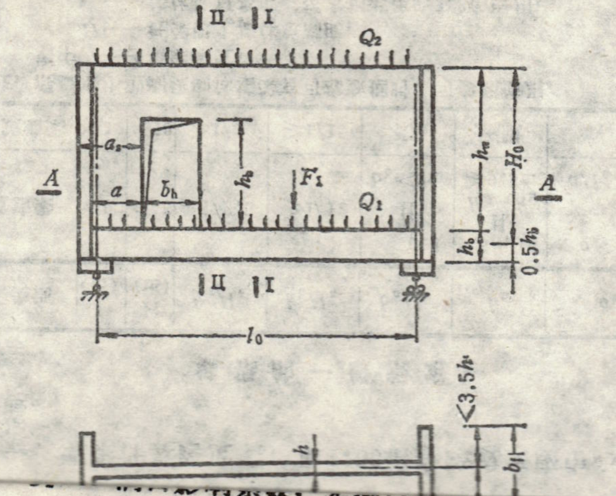

有洞口墙梁取 $\xi_2 = 0.5 + 1.25a/l_0$，且 ξ_2 不应大于0.9；多层有洞口墙梁应取 $\xi_2 = 0.9$。

当墙梁顶面直接作用集中荷载时，墙体斜截面受剪承载

载设计值产生的附加弯矩（$M_c = Q_2 l_2^2/60$）。此外，尚应按本规范第 6.3.4 条规定的施工阶段荷载进行框架的施工阶段承载力验算。

第6.3.10条 验算墙梁的翼墙承载力时，应计算墙梁传

240mm。

八、墙梁开洞时，宜在洞口设置钢筋混凝土过梁，过梁支承长度不宜小于370mm；在洞口范围内不宜施加集中荷

力、斜截面受剪承载力和托梁支座上部砌体局部受压承载力计算，以及施工阶段托梁的承载力验算。

第6.3.6条 墙梁正截面受弯承载力可按下列规定计算（图6.3.3）：

一、无洞口墙梁取跨中截面Ⅰ-Ⅰ为计算截面；有洞口墙梁取洞口边缘截面Ⅱ-Ⅱ为计算截面，并应对Ⅰ-Ⅰ截面按无洞口墙梁进行验算。

二、托梁的弯矩 M_b 及轴心拉力 N_{bt}，可按下列公式计算：

$$M_b = M_1 + \alpha M_2 \quad (6.3.6\text{-}1)$$

$$N_{bt} = \xi_1 \frac{(1-\alpha) M_2}{\gamma H_0} \quad (6.3.6\text{-}2)$$

$$\gamma = 0.1(4.5 + l_0/H_0) \quad (6.3.6\text{-}3)$$

$$\xi_1 = 0.7 + a/l_0 \quad (6.3.6\text{-}4)$$

式中 M_1——荷载设计值 Q_1、F_1 在计算截面产生的简支

V_1——墙梁的荷载设计值 Q_1、F_1 产生的支座边缘剪力。

V_{1h}——墙梁的荷载设计值

载。

九、承重墙梁两端应设置翼墙，翼墙厚度不应小于240mm，宽度不应小于三倍墙厚，墙梁与翼墙应同时砌筑。

十、多层房屋设有墙梁时，在墙梁的顶面和翼墙的托梁

$$x_0 = 0.13 l_1 \quad (6.4.2\text{-}3)$$

式中　l_1——挑梁埋入砌体的长度(mm)；

x_0——计算倾覆点至墙外边缘的距离(mm)；

h_b——挑梁的截面高度(mm)。

第6.4.3条　挑梁的抗倾覆力矩设计值可按下式计算：

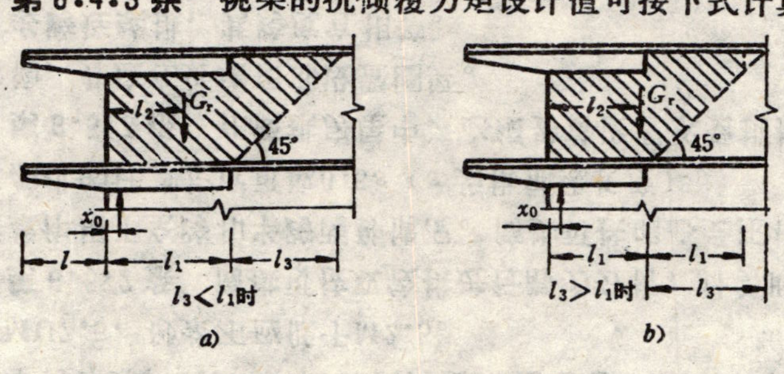

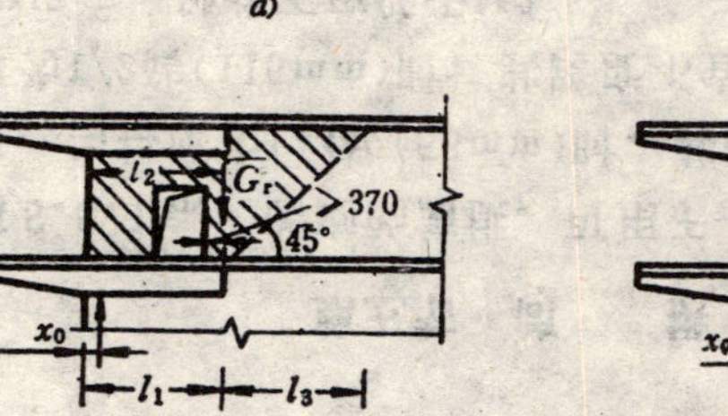

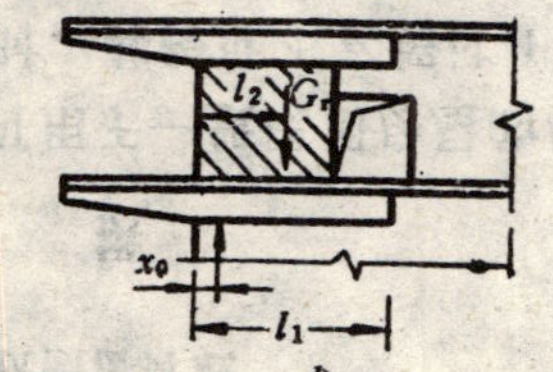

图6.4.3　挑梁的抗倾覆荷载

$$M_r = 0.8G_r(l_2 - x_0) \qquad (6.4.3)$$

式中　G_r——挑梁的抗倾覆荷载，为挑梁尾端上部45°扩散角范围（其水平长度为 l_3）内的砌体与楼面恒荷载标准值之和（图6.4.3）。

l_2——G_r 作用点至墙外边缘的距离。

第6.4.4条　挑梁下砌体的局部受压承载力，可按下式进行验算（图6.4.4）：

$$N_1 \leqslant \eta\gamma f A_1 \qquad (6.4.4)$$

式中　N_1——挑梁下的支承压力，可取 $N_1 = 2R$，R 为挑梁的倾覆荷载设计值；

η——梁端底面压应力图形的完整系数，可取0.7；

γ——砌体局部抗压强度提高系数，对图6.4.4a可取1.25；对图6.4.4b 可取1.5；

A_1——挑梁下砌体局部受压面积，可取 $A_1 = 1.2bh_b$，b 为挑梁的截面宽度，h_b 为挑梁的截面高度。

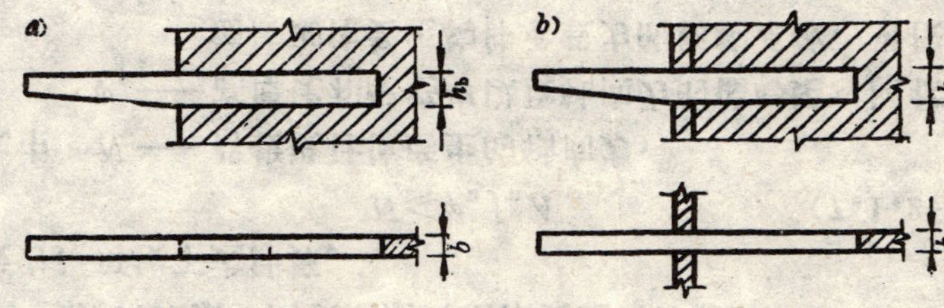

图6.4.4　挑梁下砌体局部受压

第6.4.5条　挑梁的最大弯矩设计值 M_{max} 与最大剪力设计值 V_{max}，可按下式计算：

$$M_{max} = M_{ov} \qquad (6.4.5\text{-}1)$$

$$V_{max} = V_0 \qquad (6.4.5\text{-}2)$$

式中　V_0——挑梁的荷载设计值在挑梁墙外边缘处截面产生的剪力。

第6.4.6条　挑梁设计除应符合国家现行《混凝土结构设计规范》外，尚应满足下列要求：

一、纵向受力钢筋至少应有1/2的钢筋面积伸入梁尾端，且不少于 $2\phi12$。其他钢筋伸入支座的长度不应小于 $2l_1/3$。

二、挑梁埋入砌体长度 l_1 与挑出长度 l 之比宜大于1.2；当挑梁上无砌体时，l_1 与 l 之比宜大于2。

第6.4.7条 雨篷等悬挑构件可按本规范第6.4.1～第6.4.3条进行抗倾覆验算，其抗倾覆荷载 G_r 可按图6.4.7采用。图中 G_r 距墙外边缘的距离 $l_2 = l_1/2$，$l_3 = l_n/2$。

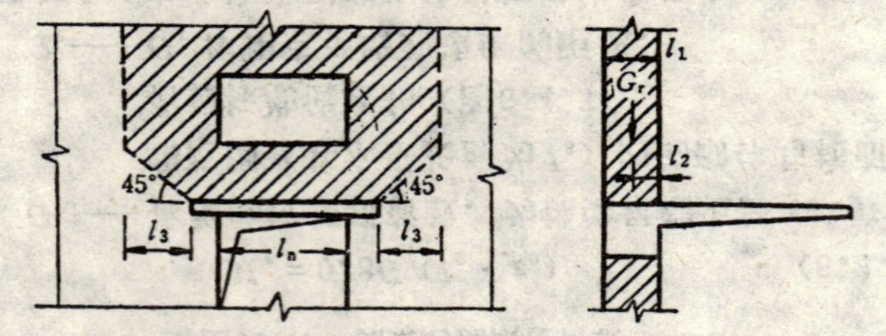

图6.4.7 雨篷的抗倾覆荷载

第五节 筒 拱

第6.5.1条 砖砌的筒拱，可用于一般民用房屋的屋盖和楼盖。当拱厚为1/4砖(53mm)时，其跨度不宜超过4m，当拱厚为1/2砖(115mm)时，其跨度不宜超过6m。砖不应低于MU7.5，砂浆不应低于M2.5。

第6.5.2条 筒拱可按双铰拱进行静力分析，计算时考虑荷载作用于全跨和半跨两种情况。筒拱可按偏心受压构件计算，拱的计算长度可取0.5s（s为拱轴线长度）。

第6.5.3条 在筒拱房屋中，必须妥善设置承受拱推力的结构，并应在外墙顶部设置圈梁。

多跨连续拱，其跨度宜相等。

第七章 配筋砖砌体构件

第一节 网状配筋砖砌体构件

第7.1.1条 当砖砌体受压构件的截面尺寸受限制时，可采用网状配筋砖砌体。下列情况不宜采用网状配筋砖砌体：

一、偏心距超过截面核心范围，对于矩形截面即 $e/h > 0.17$ 时。

二、偏心距虽未超过截面核心范围，但构件高厚比 $\beta > 16$ 时。

第7.1.2条 网状配筋砖砌体受压构件(图7.1.2-1)的承载力，可按下式计算。

$$N \leqslant \varphi_n f_n A \qquad (7.1.2\text{-}1)$$

式中 N——荷载设计值产生的轴向力；

φ_n——高厚比和配筋率以及轴向力的偏心距对网状配筋砖砌体受压构件承载力的影响系数，可按附录五的附表5-6采用或按附录五的公式计算；

f_n——网状配筋砖砌体的抗压强度设计值；

A——截面面积。

网状配筋砖砌体的抗压强度设计值，可按下式计算：

$$f_n = f + 2\left(1 - \frac{2e}{y}\right)\frac{\rho}{100} f_y \qquad (7.1.2\text{-}2)$$

式中 e——轴向力的偏心距，按荷载标准值计算；

ρ——配筋率（体积比），$\rho = (V_s/V)100$，当采用截

面面积为 A_s 的钢筋组成的方格网,(图7.1.2-1)，网格尺寸为 a 和钢筋网的间距为 s_n 时，$\rho=\frac{2A_s}{as_n}-100$;

V_s,V——分别为钢筋和砌体的体积;

f_y——受拉钢筋的设计强度，当 $f_y>320\text{MPa}$ 时，仍采用320 MPa。

注：①对矩形截面构件，当轴向力偏心方向的截面边长大于另一方向的边长时，除按偏心受压计算外，还应对较小边长方向按轴心受压进行验算。

②当网状配筋砖砌体构件下端与无筋砌体交接时，尚应验算无筋砌体的局部受压承载力。

③当采用连弯钢筋网(图7.1.2-2)时，网的钢筋方向应互相垂直，沿砌体高度交错设置。s_n 取同一方向网的间距。

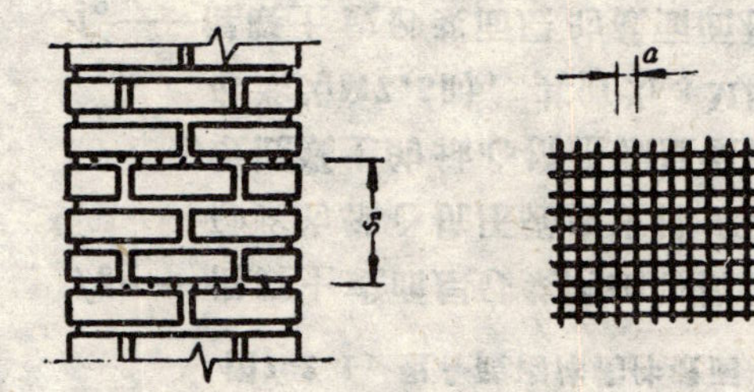

图7.12-1　用方格网配筋的砖柱

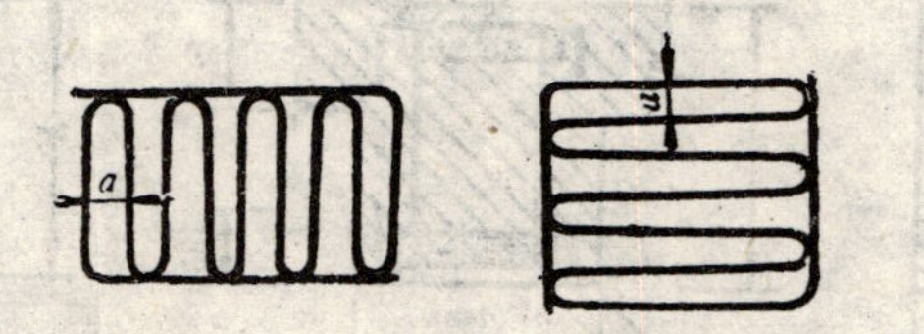

图7.1.2-2　连弯钢筋网

第7.1.3条　网状配筋砖砌体构件的构造要求，应符合下列规定：

一、网状配筋砖砌体中的配筋率，不应小于0.1%，并不应大于1%。

二、采用钢筋网时，钢筋的直径宜采用3～4 mm；当采用连弯钢筋网时，钢筋的直径不应大于8 mm。

三、钢筋网中钢筋的间距，不应大于120 mm，并不应小于30 mm。

四、钢筋网的间距，不应大于五皮砖，并不应大于400 mm。

五、网状配筋砖砌体所用的砖，不应低于MU10、其砂浆不应低于M5；钢筋网应设置在砌体的水平灰缝中，灰缝厚度应保证钢筋上下至少各有2 mm厚的砂浆层。

第二节　组合砖砌体构件

第7.2.1条　当轴向力的偏心距超过本规范第4.1.5条规定的限值时，宜采用砖砌体和钢筋混凝土面层或钢筋砂浆面层组成的组合砖砌体构件（图7.2.1）。

第7.2.2条　对于砖墙与组合砌体一同砌筑的T形截面构件（图7.2.1 *b*），可按矩形截面组合砌体构件计算（图7.2.1c）。

第7.2.3条　组合砖砌体轴心受压构件的承载力，可按下式计算：

$$N\leqslant\varphi_{com}(fA+f_cA_c+\eta_sf'_yA'_s)\qquad(7.2.3)$$

式中　φ_{com}——组合砖砌体构件的稳定系数，可按表7.2.3采用；

A——砖砌体的截面面积；

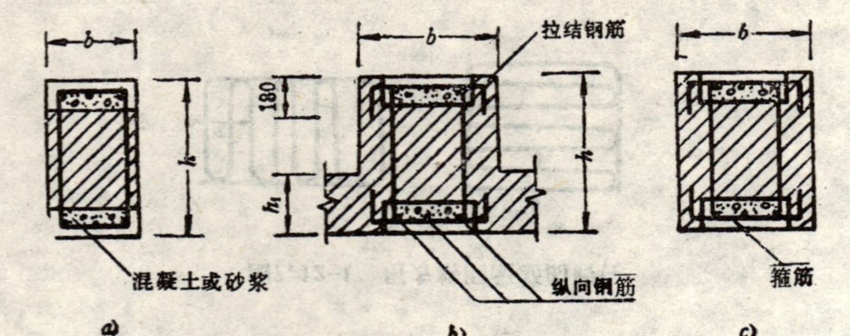

图7.2.1 组合砖砌体构件截面

f_c——混凝土或面层砂浆的轴心抗压强度设计值，砂浆的轴心抗压强度设计值可取为同强度等级混凝土的轴心抗压强度设计值的70%，当砂浆为M7.5时，其值为3 MPa；

A_c——混凝土或砂浆面层的截面面积；

η_s——受压钢筋的强度系数，当为混凝土面层时，可取1.0；当为砂浆面层时，可取0.9；

f'_y——受压钢筋的强度设计值；

A'_s——受压钢筋的截面面积。

第7.2.4条 组合砖砌体偏心受压构件的承载力，可按下列公式计算：

$$N \leqslant fA' + f_c A'_c + \eta_s f'_y A'_s - \sigma_s A_s \quad (7.2.4\text{-}1)$$

或

$$N_{eN} \leqslant fS_s + f_c S_{c,s} + \eta_s f'_y A'_s (h_0 - a') \quad (7.2.4\text{-}2)$$

此时受压区的高度 x 可按下式确定：

$$fS_N + f_c S_{c,N} + \eta_s f'_y A'_s e'_N - \sigma_s A_s e_N = 0 \quad (7.2.4\text{-}3)$$

式中 σ_s——钢筋 A_s 的应力；

组合砖砌体构件的稳定系数 φ_{com}　　表7.2.3

高厚比	配筋率 ρ%					
β	0	0.2	0.4	0.6	0.8	≥1.0
8	0.91	0.93	0.95	0.97	0.99	1.00
10	0.87	0.90	0.92	0.94	0.96	0.98
12	0.82	0.85	0.88	0.91	0.93	0.95
14	0.77	0.80	0.83	0.86	0.89	0.92
16	0.72	0.75	0.78	0.81	0.84	0.87
18	0.67	0.70	0.73	0.76	0.79	0.81
20	0.62	0.65	0.68	0.71	0.73	0.75
22	0.58	0.61	0.64	0.66	0.68	0.70
24	0.54	0.57	0.59	0.61	0.63	0.65
26	0.50	0.52	0.54	0.56	0.58	0.60
28	0.46	0.48	0.50	0.52	0.54	0.56

注：组合砖砌体构件截面的配筋率 $\rho = A_s'/bh$。

A_s——距轴向力 N 较远侧钢筋的截面面积；

A'——砖砌体受压部分的面积；

A_c——混凝土或砂浆面层受压部分的面积；

S_s——砖砌体受压部分的面积对钢筋 A_s 重心的面积矩；

$S_{c,s}$——混凝土或砂浆面层受压部分的面积对钢筋 A_s 重心的面积矩；

S_N——砖砌体受压部分的面积对轴向力 N 作用点的面积矩；

$S_{c,N}$——混凝土或砂浆面层受压部分的面积对轴向力 N 作用点的面积矩；

e'_N, e_N——分别为钢筋 A'_s 和 A_s 重心至轴向力 N 作用点的距离（图7.2.4），

$$e'_N = e + e_i - (h/2 - a');$$

$$e_N = e + e_i + (h/2 - a);$$

e——轴向力的初始偏心距，按荷载标准值计算，当 $e<0.05h$时，应取 $e=0.05h$；

e_i——组合砖砌体构件在轴向力作用下的附加偏心距，

$$e_i = \frac{\beta^2 h}{2200}(1 - 0.022\beta)$$

h_0——组合砖砌体构件截面的有效高度，$h_0 = h - a$；

a', a——分别为钢筋A'_s和A_s重心至截面较近边的距离。

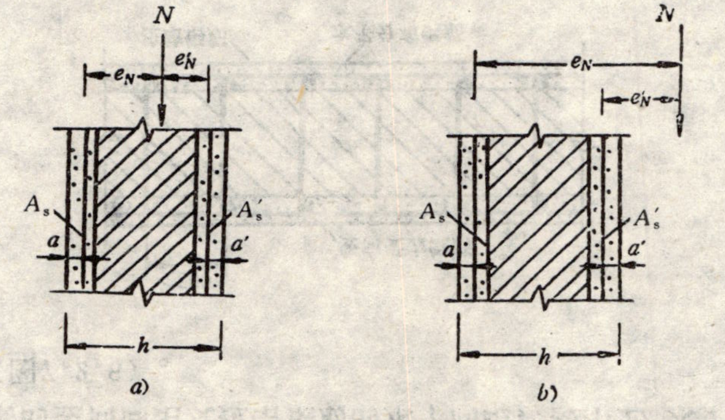

图7.2.4 组合砖砌体偏心受压构件

a)小偏心受压；b)大偏心受压

第7.2.5条 组合砖砌体钢筋 A_s的应力（单位为MPa，正值为拉应力，负值为压应力）可按下列规定计算：

一、小偏心受压时，即$\xi \geq \xi_b$

$$\sigma_s = 650 - 800\xi \qquad (7.2.5\text{-}1)$$

二、大偏心受压时，即$\xi < \xi_b$

$$\sigma_s = f_y \qquad (7.2.5\text{-}2)$$

式中 ξ——组合砖砌体构件截面受压区的相对高度，

$$\xi = x/h_0;$$

f_y——受拉钢筋的强度设计值。

组合砖砌体构件受压区相对高度的界限值ξ_b，对于Ⅰ级钢筋配筋，应取0.55；对于Ⅱ级钢筋配筋，应取0.425。

第7.2.6条 组合砖砌体构件，应符合下列构造要求：

一、面层混凝土强度等级宜采用C15或C20。面层水泥砂浆强度等级不得低于M7.5。砌筑砂浆不得低于M5，砖不宜低于MU10。

二、受力钢筋的保护层厚度，不应小于表7.2.6中的规定。受力钢筋距砖砌体表面的距离，不应小于5 mm。

保护层厚度（mm） 表7.2.6

构件类别＼环境条件	室内正常环境	露天或室内潮湿环境
墙	15	25
柱	25	35

注：当面层为水泥砂浆时，对于柱，保护层厚度可减小5mm。

三、砂浆面层的厚度，可采用30～45 mm。当面层厚度大于45 mm时，其面层宜采用混凝土。

四、受力钢筋宜采用Ⅰ级钢筋，对于混凝土面层，亦可采用Ⅱ级钢筋。受压钢筋一侧的配筋率，对砂浆面层，不宜小于0.1%，对混凝土面层，不宜小于0.2%。受拉钢筋的配筋率，不应小于0.1%。受力钢筋的直径不应小于8 mm。钢筋的净间距，不应小于30 mm。

五、箍筋的直径，不宜小于4 mm及0.2倍的受压钢筋直径，并不宜大于6 mm。箍筋的间距，不应大于20倍受压钢筋的直径，及500 mm，并不应小于120mm。

六、当组合砖砌体构件一侧的受力钢筋多于4根时，应设置附加箍筋或拉结钢筋。

对于截面长短边相差较大的构件如墙体等，应采用穿通墙体的拉结钢筋作为箍筋，同时设置水平分布钢筋。水平分布钢筋的竖向间距及拉结钢筋的水平间距，均不应大于500 mm（图7.2.6）。

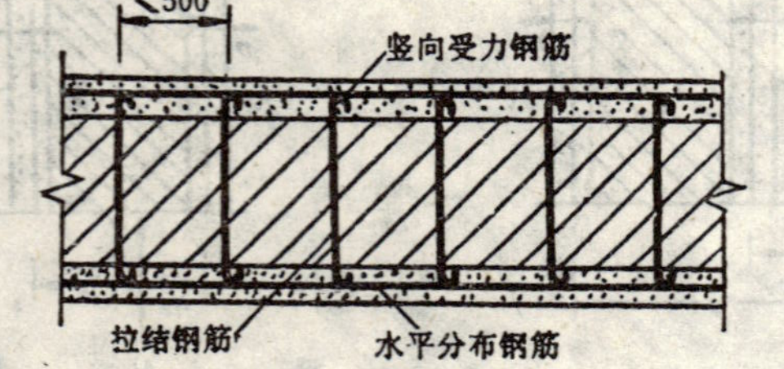

图7.2.6 组合砖砌体墙的配筋

七、组合砖砌体构件的顶部及底部，以及牛腿部位，必须设置钢筋混凝土垫块。受力钢筋伸入垫块的长度，必须满足锚固要求。

附录一 石材的规格尺寸及其强度等级的确定方法

石材按其加工后的外形规则程度，可分为料石和毛石。

1.料石

（1）细料石：通过细加工，外形规则，叠砌面凹入深度不应大于10 mm，截面的宽度、高度不应小于200 mm，且不应小于长度的1/4。

（2）半细料石：规格尺寸同上，但叠砌面凹入深度不应大于15 mm。

（3）粗料石：规格尺寸同上，但叠砌面凹入深度不应大于20 mm。

（4）毛料石：外形大致方正，一般不加工或仅稍加修整，高度不应小于200 mm，叠砌面凹入深度不应大于25 mm。

2.毛石

形状不规则，中部厚度不应小于200 mm。

石材的强度等级，可用边长为70mm的立方体试块的抗压

石材强度等级的换算系数　　附表1

立方体边长(mm)	200	150	100	70	50
换算系数	1.43	1.28	1.14	1	0.86

强度表示。抗压强度取三个试件破坏强度的平均值。试件也可采用附表1所列边长尺寸的立方体，但应对其试验结果乘以相应的换算系数后方可作为石材的强度等级。

石砌体中的石材应选用无明显风化的天然石材。

附录二　各类砌体强度平均值的计算公式和强度标准值

1.各类砌体强度平均值的计算公式

轴心抗压强度平均值f_m(MPa)　　附表2-1

序号	砌体种类	$f_m=K_1f_1^{\alpha}(1+0.07f_2)k_2$		
		k_1	α	k_2
1	粘土砖、空心砖、非烧结硅酸盐砖	0.78	0.5	当$f_2<1$时，$k_2=0.6+0.4f_2$
2	1砖厚空斗	0.13	1.0	当$f_2=0$时，$k_2=0.8$
3	混凝土小型空心砌块	0.46	0.9	当$f_2=0$时，$k_2=0.8$
4	中型砌块	0.47	1.0	当$f_2>5$时，$k_2=1.15-0.03f_2$
5	毛料石	0.79	0.5	当$f_2<1$时，$k_2=0.6+0.4f_2$
6	毛石	0.22	0.5	当$f_2<2.5$时，$k_2=0.4+0.24f_2$

注：①k_2在表列条件以外时均等于1。

②式中f_1为块体（砖、石、砌块）抗压强度平均值；f_2为砂浆抗压强度平均值，单位均以MPa计。

轴心抗拉强度平均值$f_{t,m}$、弯曲抗拉强度平均值$f_{tm,m}$和抗剪强度平均值$f_{v,m}$(MPa)　　附表2-2

序号	砌体种类	$f_{t,m}=k_3\sqrt{f_2}$	$f_{tm,m}=k_4\sqrt{f_2}$		$f_{v,m}=k_5\sqrt{f_2}$
		k_3	k_4		k_5
			沿齿缝	沿通缝	
1	粘土砖、空心砖	0.141	0.250	0.125	0.125
2	混凝土小型空心砌块	0.069	0.081	0.056	0.069
3	混凝土中型空心砌块	0.053	0.063	0.044	0.053
4	粉煤灰中型实心砌块	0.034	0.041	0.028	0.034
5	毛石	0.075	0.118		0.188

沿块体截面破坏时的烧结普通砖砌体轴心抗拉强度平均值$f_{t,m}$和弯曲抗拉强度平均值$f_{tm,m}$（MPa）　　附表2-3

序　号	强度类别	计算公式
1	轴心抗拉	$f_{t,m}=0.212\sqrt[3]{f_1}$
2	弯曲抗拉	$f_{tm,m}=0.318\sqrt[3]{f_1}$

2.各类砌体的强度标准值

砖砌体的抗压强度标准值（MPa）　　附表2-4

砖强度等级	砂浆强度等级							砂浆强度
	M15	M10	M7.5	M5	M2.5	M1	M0.4	0
MU30(300)	6.25	5.18	4.65	4.11	3.58	3.26	2.38	1.83
MU25(250)	5.70	4.73	4.24	3.76	3.27	2.98	2.17	1.67
MU20(200)	5.10	4.23	3.79	3.36	2.92	2.66	1.94	1.49
MU15(150)	4.42	3.66	3.29	2.91	2.53	2.31	1.68	1.29
MU10(100)	3.61	2.99	2.68	2.38	2.07	1.88	1.37	1.06
MU7.5(75)	—	2.59	2.32	2.06	1.79	1.63	1.19	0.91

一砖厚空斗砌体的抗压强度标准值（MPa）

附表2-5

砖强度等级	砂浆强度等级				砂浆强度
	M5	M2.5	M1	M0.4	0
MU20(200)	2.48	2.16	1.96	1.89	1.47
MU15(150)	1.86	1.62	1.47	1.42	1.10
MU10(100)	1.24	1.08	0.98	0.94	0.73
MU7.5(75)	0.93	0.81	0.74	0.71	0.55

混凝土小型空心砌块砌体的抗压强度标准值（MPa）　　附表2-6

砌块强度等级	砂浆强度等级				砂浆强度
	M10	M7.5	M5	M2.5	0
MU15	6.44	5.78	5.12	4.45	3.03
MU10	4.47	4.01	3.55	3.09	2.10
MU7.5	3.45	3.10	2.74	2.39	1.62
MU5	—	2.15	1.90	1.66	1.13
MU3.5	—	—	1.38	1.20	0.82

中型砌块砌体的抗压强度标准值（MPa）　　附表2-7

砌块强度等级	砂浆强度等级				砂浆强度
	M10	M7.5	M5	M2.5	0
MU15	7.33	7.16	6.85	5.96	5.08
MU10	4.89	4.77	4.57	3.98	3.38
MU7.5	3.67	3.58	3.43	2.98	2.54
MU5	—	2.39	2.28	1.99	1.69
MU3.5	—	—	1.60	1.39	1.18

毛料石砌体的抗压强度标准值（MPa）　　附表2-8

料石强度等级	砂浆强度等级				砂浆强度
	M7.5	M5	M2.5	M1	0
MU100	8.67	7.68	6.68	6.09	3.41
MU80	7.76	6.87	5.98	5.44	3.05
MU60	6.72	5.95	5.18	4.71	2.64
MU50	6.13	5.43	4.72	4.30	2.41
MU40	5.49	4.86	4.23	3.85	2.16
MU30	4.75	4.20	3.66	3.33	1.87
MU20	3.88	3.43	2.99	2.72	1.53
MU15	3.36	2.97	2.59	2.36	1.32
MU10	2.74	2.43	2.11	1.92	1.08

毛石砌体的抗压强度标准值（MPa） 附表2-9

毛石强度等级	砂浆强度等级					砂浆强度
	M7.5	M5	M2.5	M1	M0.4	0
MU100	2.03	1.80	1.56	0.91	0.68	0.53
MU80	1.82	1.61	1.40	0.82	0.61	0.48
MU60	1.57	1.39	1.21	0.71	0.53	0.41
MU50	1.44	1.27	1.11	0.64	0.48	0.38
MU40	1.28	1.14	0.99	0.58	0.43	0.34
MU30	1.11	0.98	0.86	0.50	0.37	0.29
MU20	0.91	0.80	0.70	0.41	0.30	0.24
MU15	0.79	0.70	0.61	0.35	0.26	0.21
MU10	0.64	0.57	0.49	0.29	0.21	0.17

沿砌体灰缝截面破坏时的轴心抗拉强度标准值、弯曲抗拉强度标准值和抗剪强度标准值（MPa）

附表2-10

序号	强度类别	破坏特征	砌体种类	砂浆强度等级					
				M10	M7.5	M5	M2.5	M1	M0.4
1	轴心抗拉	沿齿缝	粘土砖、空心砖	0.30	0.26	0.21	0.15	0.10	0.06
			混凝土小型空心砌块	0.15	0.13	0.10	0.07	—	—
			混凝土中型空心砌块	0.11	0.10	0.08	0.06	—	—
			粉煤灰中型实心砌块	0.07	0.06	0.05	0.04	—	—
			毛石	0.14	0.12	0.10	0.07	0.04	0.03
2	弯曲抗拉	沿齿缝	粘土砖、空心砖	0.51	0.46	0.38	0.27	0.17	0.11
			混凝土小型空心砌块	0.17	0.15	0.12	0.09	—	—
			混凝土中型空心砌块	0.13	0.12	0.10	0.07	—	—
			粉煤灰中型实心砌块	0.09	0.08	0.06	0.04	—	—
			毛石	0.20	0.18	0.14	0.10	0.06	0.04
		沿通缝	粘土砖、空心砖	0.27	0.23	0.19	0.13	0.08	0.05
			混凝土小型空心砌块	0.12	0.10	0.08	0.06	—	—
			混凝土中型空心砌块	0.09	0.08	0.07	0.05	—	—
			粉煤灰中型实心砌块	0.06	0.05	0.04	0.03	—	—
3	抗剪		粘土砖、空心砖	0.27	0.23	0.19	0.13	0.08	0.05
			混凝土小型空心砌块	0.15	0.13	0.10	0.07	—	—
			混凝土中型空心砌块	0.11	0.10	0.08	0.06	—	—
			粉煤灰中型实心砌块	0.07	0.06	0.05	0.04	—	—
			毛石	0.34	0.29	0.24	0.17	0.11	0.07

沿块体截面破坏时的烧结普通砖砌体的轴心抗拉强度标准值和弯曲抗拉强度标准值（MPa）

附表2-11

序号	强度类别	砖强度等级					
		MU30	MU25	MU20	MU15	MU10	MU7.5
1	轴心抗拉	0.44	0.42	0.38	0.35	0.31	0.28
2	弯曲抗拉	0.66	0.62	0.58	0.53	0.46	0.42

附录三　刚弹性方案房屋的静力计算方法

在水平荷载（风荷载）作用下，刚弹性方案房屋墙、柱内力分析可按如下两步进行，然后将两步结果叠加，即得最后内力：

1.在平面计算简图中，各层横梁与柱连接处加水平铰支杆，计算其在水平荷载（风荷载）作用下无侧移时的内力与各支杆反力 R_i（附图3 *a*）。

2.考虑房屋的空间作用，将各支杆反力 R_i 乘以由表3.2.4查得的相应空间性能影响系数 η_i，并反向施加于节点上，计算其内力（附图3 *b*）。

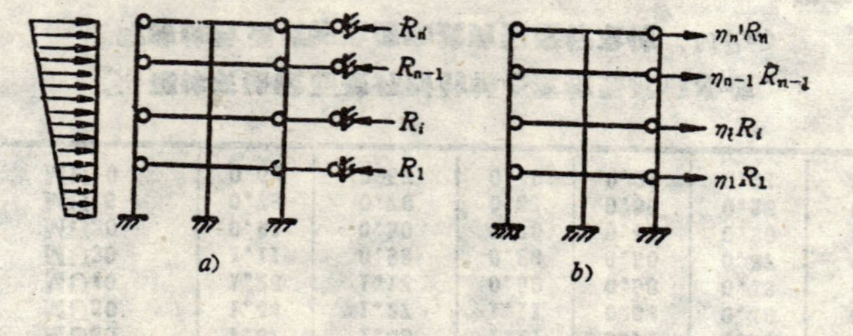

附图3　刚弹性方案房屋的静力计算简图

附录四　上刚下柔多层房屋的静力计算方法

当上刚下柔多层房屋，在房屋长度的中部开间，除底层外各层均有横墙时，在水平荷载（风荷载）作用下的内力计算简图可按附图 4 *a*与附图4*b*两步叠加。图中η值可取一类屋盖单层房屋的 η 值。

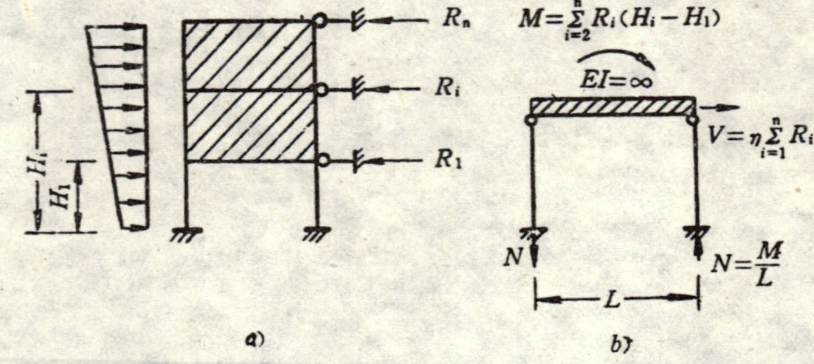

附图4　上刚下柔多层房屋静力计算简图

附录五　影响系数φ和φ_n

矩形截面受压构件，$\beta\leqslant 3$时的影响系数：

$$\varphi=\frac{1}{1+12\left(\frac{e}{h}\right)^2} \qquad (附5-1)$$

式中　e——轴向力的偏心距；

h——矩形截面的轴向力偏心方向的边长。

$\beta>3$时，尚应考虑附加偏心距e_1。此时，

$$\varphi=\frac{1}{1+12\left(\frac{e+e_i}{h}\right)^2} \qquad (附5-2)$$

附加偏心距e_i通过理论和实验验证可取：

$$e_i=\frac{h}{\sqrt{12}}\sqrt{\frac{1}{\varphi_0}-1}\left[1+6\frac{e}{h}\left(\frac{e}{h}-0.2\right)\right] \qquad (附5-3)$$

由此，影响系数为：

$$\varphi=\frac{1}{1+12\left\{\frac{e}{h}+\sqrt{\frac{1}{12}\left(\frac{1}{\varphi_0}-1\right)}\left[1+6\frac{e}{h}\left(\frac{e}{h}-0.2\right)\right]\right\}^2} \qquad (附5-4)$$

式中轴心受压稳定系数φ_0为：

$$\varphi_0=\frac{1}{1+\alpha\beta^2} \qquad (附5-5)$$

式中　α——与砂浆强度等级有关的系数：当砂浆强度等级大于或等于M5时，$\alpha=0.0015$；

当M2.5时，$\alpha=0.002$；

当M1.0时，$\alpha=0.003$；

当M0.4时，$\alpha=0.0045$

当砂浆强度$f_2=0$时，$\alpha=0.009$；

β——构件的高厚比。

计算T形截面的φ时，以折算厚度h_T代替公式(附5-4)中的h。$h_T=3.5i$，i为T形截面的回转半径。

公式（附5-4）也适用于网状配筋砖砌体受压计算公式中的影响系数φ_n。此时，以网状配筋砖砌体的稳定系数φ_{0n}代替φ_0。网状配筋砖砌体的偏心距e不超过$0.2h$，可简化为：

$$\varphi_n=\frac{1}{1+12\left\{\frac{e}{h}+\frac{1}{\sqrt{12}}\sqrt{\frac{1}{\varphi_{0n}}-1}\right\}^2} \qquad (附5-6)$$

$$\varphi_{0n}=\frac{1}{1+\frac{1+3\rho}{667}\beta^2} \qquad (附5-7)$$

式中　ρ——配筋率（体积比）。

根据以上公式计算得到的φ和φ_n列于附表5-1至附表5-5以及附表5-6。

影响系数φ（砂浆强度等级≥M5） 附表5-1

β	$\frac{e}{h}$ 或 $\frac{e}{h_T}$								
	0	0.025	0.05	0.075	0.1	0.125	0.15	0.175	0.2
≤3	1	0.99	0.97	0.94	0.89	0.84	0.79	0.73	0.68
4	0.98	0.95	0.91	0.86	0.80	0.75	0.69	0.64	0.58
6	0.95	0.91	0.86	0.81	0.76	0.70	0.64	0.59	0.54
8	0.91	0.87	0.82	0.77	0.71	0.66	0.60	0.55	0.50
10	0.87	0.82	0.77	0.72	0.66	0.61	0.56	0.51	0.46
12	0.82	0.77	0.72	0.67	0.62	0.57	0.52	0.47	0.43
14	0.77	0.72	0.68	0.63	0.58	0.53	0.48	0.44	0.40
16	0.72	0.68	0.63	0.58	0.54	0.49	0.45	0.40	0.37
18	0.67	0.63	0.59	0.54	0.50	0.46	0.42	0.38	0.34
20	0.62	0.58	0.54	0.50	0.46	0.42	0.39	0.35	0.32
22	0.58	0.54	0.51	0.47	0.43	0.40	0.36	0.33	0.30
24	0.54	0.50	0.47	0.44	0.40	0.37	0.34	0.30	0.28
26	0.50	0.47	0.44	0.40	0.37	0.34	0.31	0.28	0.26
28	0.46	0.43	0.41	0.38	0.35	0.32	0.29	0.26	0.24
30	0.42	0.40	0.38	0.35	0.32	0.30	0.27	0.25	0.22

β	$\frac{e}{h}$ 或 $\frac{e}{h_T}$								
	0.225	0.25	0.275	0.3	0.325	0.35	0.4	0.45	0.5
≤3	0.62	0.57	0.52	0.48	0.44	0.40	0.34	0.29	0.25
4	0.53	0.48	0.44	0.40	0.36	0.33	0.28	0.23	0.20
6	0.49	0.44	0.40	0.37	0.33	0.30	0.25	0.21	0.17
8	0.45	0.41	0.37	0.34	0.30	0.28	0.23	0.19	0.16
10	0.42	0.38	0.34	0.31	0.28	0.25	0.21	0.17	0.14
12	0.39	0.35	0.31	0.28	0.26	0.23	0.19	0.15	0.13
14	0.36	0.32	0.29	0.26	0.24	0.21	0.17	0.14	0.12
16	0.33	0.30	0.27	0.24	0.22	0.20	0.16	0.13	0.10
18	0.31	0.28	0.25	0.22	0.20	0.18	0.15	0.12	0.10
20	0.28	0.26	0.23	0.21	0.19	0.17	0.13	0.11	0.09
22	0.27	0.24	0.22	0.19	0.17	0.16	0.12	0.10	0.08
24	0.25	0.22	0.20	0.18	0.16	0.14	0.12	0.09	0.08
26	0.23	0.21	0.19	0.17	0.15	0.13	0.11	0.09	0.07
28	0.22	0.20	0.17	0.16	0.14	0.12	0.10	0.08	0.05
30	0.20	0.18	0.16	0.15	0.13	0.12	0.09	0.08	0.06

影响系数φ（砂浆强度等级M2.5） 附表5-2

β	$\frac{e}{h}$ 或 $\frac{e}{h_T}$								
	0	0.025	0.05	0.075	0.1	0.125	0.15	0.175	0.2
≤3	1	0.99	0.97	0.94	0.89	0.84	0.79	0.73	0.68
4	0.97	0.94	0.89	0.84	0.79	0.73	0.68	0.62	0.57
6	0.93	0.89	0.84	0.79	0.74	0.68	0.62	0.57	0.52
8	0.89	0.84	0.79	0.74	0.68	0.63	0.57	0.52	0.48
10	0.83	0.78	0.74	0.68	0.63	0.58	0.53	0.48	0.43
12	0.78	0.73	0.68	0.63	0.58	0.53	0.48	0.44	0.40
14	0.72	0.67	0.63	0.58	0.53	0.49	0.44	0.40	0.36
16	0.66	0.62	0.58	0.53	0.49	0.45	0.41	0.37	0.34
18	0.61	0.57	0.53	0.49	0.45	0.41	0.38	0.34	0.31
20	0.56	0.52	0.49	0.45	0.42	0.38	0.35	0.31	0.28
22	0.51	0.48	0.45	0.41	0.38	0.35	0.32	0.29	0.26
24	0.46	0.44	0.41	0.38	0.35	0.32	0.30	0.27	0.24
26	0.42	0.40	0.38	0.35	0.32	0.30	0.27	0.25	0.22
28	0.40	0.37	0.35	0.32	0.30	0.28	0.25	0.23	0.21
30	0.36	0.34	0.32	0.30	0.28	0.26	0.24	0.21	0.19

β	$\frac{e}{h}$ 或 $\frac{e}{h_T}$								
	0.225	0.25	0.275	0.3	0.325	0.35	0.4	0.45	0.5
≤3	0.62	0.57	0.52	0.48	0.44	0.40	0.34	0.29	0.25
4	0.52	0.47	0.43	0.39	0.35	0.32	0.27	0.22	0.19
6	0.47	0.43	0.39	0.35	0.32	0.29	0.24	0.20	0.16
8	0.43	0.39	0.35	0.32	0.29	0.26	0.21	0.18	0.15
10	0.39	0.36	0.32	0.29	0.26	0.24	0.19	0.16	0.13
12	0.36	0.32	0.29	0.26	0.24	0.21	0.17	0.14	0.12
14	0.33	0.30	0.27	0.24	0.22	0.19	0.16	0.13	0.10
16	0.30	0.27	0.24	0.22	0.20	0.18	0.14	0.12	0.09
18	0.28	0.25	0.22	0.20	0.18	0.16	0.13	0.10	0.08
20	0.26	0.23	0.21	0.18	0.17	0.15	0.12	0.10	0.08
22	0.24	0.21	0.19	0.17	0.15	0.14	0.11	0.09	0.07
24	0.22	0.20	0.18	0.16	0.14	0.13	0.10	0.08	0.06
26	0.20	0.18	0.16	0.15	0.13	0.12	0.09	0.08	0.06
28	0.19	0.17	0.15	0.14	0.12	0.11	0.09	0.07	0.06
30	0.18	0.16	0.14	0.13	0.11	0.10	0.08	0.06	0.05

影响系数φ（砂浆强度等级M1） 附表5-3

β	$\frac{e}{h}$或$\frac{e}{h_T}$								
	0	0.025	0.05	0.075	0.1	0.125	0.15	0.175	0.2
≤3	1	0.99	0.97	0.94	0.89	0.84	0.79	0.73	0.68
4	0.95	0.92	0.87	0.82	0.77	0.71	0.65	0.60	0.54
6	0.90	0.86	0.81	0.75	0.70	0.64	0.59	0.54	0.49
8	0.84	0.79	0.74	0.69	0.63	0.58	0.53	0.48	0.44
10	0.77	0.72	0.67	0.62	0.57	0.52	0.48	0.44	0.40
12	0.70	0.65	0.61	0.56	0.52	0.47	0.43	0.39	0.35
14	0.63	0.59	0.55	0.51	0.47	0.43	0.39	0.35	0.32
16	0.56	0.53	0.49	0.46	0.42	0.39	0.35	0.32	0.29
18	0.51	0.48	0.44	0.41	0.38	0.35	0.32	0.29	0.26
20	0.45	0.43	0.40	0.37	0.34	0.32	0.29	0.26	0.24
22	0.41	0.39	0.36	0.34	0.31	0.29	0.26	0.24	0.22
24	0.37	0.35	0.33	0.31	0.28	0.26	0.24	0.22	0.20
26	0.33	0.32	0.30	0.28	0.26	0.24	0.22	0.20	0.18
28	0.30	0.29	0.27	0.26	0.24	0.22	0.20	0.18	0.17
30	0.27	0.26	0.25	0.23	0.22	0.20	0.19	0.17	0.15

β	$\frac{e}{h}$或$\frac{e}{h_T}$								
	0.225	0.25	0.275	0.3	0.325	0.35	0.4	0.45	0.5
≤3	0.62	0.57	0.52	0.48	0.44	0.40	0.34	0.30	0.25
4	0.50	0.45	0.41	0.37	0.34	0.31	0.25	0.21	0.18
6	0.44	0.40	0.36	0.33	0.30	0.27	0.22	0.18	0.15
8	0.40	0.36	0.32	0.29	0.26	0.24	0.19	0.16	0.13
10	0.36	0.32	0.29	0.26	0.23	0.21	0.17	0.14	0.12
12	0.32	0.29	0.26	0.23	0.21	0.19	0.15	0.12	0.10
14	0.29	0.26	0.23	0.21	0.19	0.17	0.14	0.11	0.09
16	0.26	0.23	0.21	0.19	0.17	0.15	0.12	0.10	0.08
18	0.24	0.21	0.19	0.17	0.15	0.14	0.11	0.09	0.07
20	0.21	0.19	0.17	0.16	0.14	0.12	0.10	0.08	0.06
22	0.20	0.18	0.16	0.14	0.13	0.11	0.09	0.07	0.06
24	0.18	0.16	0.14	0.13	0.12	0.10	0.08	0.07	0.05
26	0.16	0.15	0.13	0.12	0.10	0.10	0.08	0.06	0.05
28	0.15	0.14	0.12	0.11	0.10	0.09	0.07	0.06	0.04
30	0.14	0.13	0.11	0.10	0.09	0.08	0.06	0.05	0.04

影响系数φ（砂浆强度等级M0.4） 附表5-4

β	$\frac{e}{h}$或$\frac{e}{h_T}$								
	0	0.025	0.05	0.075	0.1	0.125	0.15	0.175	0.2
≤3	1	0.99	0.97	0.94	0.89	0.84	0.79	0.73	0.68
4	0.93	0.89	0.84	0.79	0.74	0.68	0.62	0.57	0.52
6	0.86	0.81	0.76	0.71	0.66	0.60	0.55	0.50	0.45
8	0.78	0.73	0.68	0.63	0.58	0.53	0.48	0.44	0.40
10	0.69	0.65	0.60	0.56	0.51	0.47	0.43	0.39	0.35
12	0.61	0.57	0.53	0.49	0.45	0.41	0.38	0.34	0.31
14	0.53	0.50	0.47	0.43	0.40	0.36	0.33	0.30	0.27
16	0.46	0.44	0.41	0.38	0.35	0.32	0.30	0.27	0.24
18	0.41	0.38	0.36	0.34	0.31	0.29	0.26	0.24	0.22
20	0.36	0.34	0.32	0.30	0.28	0.26	0.24	0.21	0.19
22	0.31	0.30	0.28	0.27	0.25	0.23	0.21	0.19	0.18
24	0.28	0.27	0.25	0.24	0.22	0.21	0.19	0.17	0.16
26	0.25	0.24	0.23	0.22	0.20	0.19	0.17	0.16	0.14
28	0.22	0.21	0.20	0.19	0.18	0.17	0.16	0.14	0.13
30	0.20	0.19	0.18	0.18	0.17	0.16	0.14	0.13	0.12

β	$\frac{e}{h}$或$\frac{e}{h_T}$								
	0.225	0.25	0.275	0.3	0.325	0.35	0.4	0.45	0.5
≤3	0.62	0.57	0.52	0.48	0.44	0.40	0.34	0.29	0.25
4	0.47	0.43	0.39	0.35	0.32	0.29	0.24	0.20	0.16
6	0.41	0.37	0.34	0.30	0.27	0.25	0.20	0.17	0.14
8	0.36	0.32	0.29	0.26	0.24	0.21	0.17	0.14	0.12
10	0.32	0.28	0.26	0.23	0.21	0.18	0.15	0.12	0.10
12	0.28	0.25	0.22	0.20	0.18	0.16	0.13	0.10	0.08
14	0.25	0.22	0.20	0.18	0.16	0.14	0.11	0.09	0.07
16	0.22	0.20	0.18	0.16	0.14	0.13	0.10	0.08	0.06
18	0.20	0.18	0.16	0.14	0.13	0.11	0.09	0.07	0.06
20	0.18	0.16	0.14	0.13	0.11	0.10	0.08	0.06	0.05
22	0.16	0.14	0.13	0.11	0.10	0.09	0.07	0.06	0.05
24	0.14	0.13	0.12	0.10	0.09	0.08	0.06	0.05	0.04
26	0.13	0.12	0.10	0.09	0.08	0.08	0.06	0.05	0.04
28	0.12	0.11	0.10	0.09	0.03	0.07	0.05	0.04	0.03
30	0.11	0.10	0.09	0.08	0.07	0.06	0.05	0.04	0.03

影响系数φ（砂浆强度0）　　附表5-5

β	$\frac{e}{h}$或$\frac{e}{h_T}$								
	0	0.025	0.05	0.075	0.1	0.125	0.15	0.175	0.2
≤3	1	0.99	0.97	0.94	0.89	0.84	0.79	0.73	0.68
4	0.87	0.83	0.78	0.72	0.67	0.62	0.56	0.51	0.46
6	0.76	0.71	0.66	0.61	0.56	0.52	0.47	0.43	0.38
8	0.63	0.59	0.55	0.51	0.47	0.43	0.39	0.36	0.32
10	0.53	0.49	0.46	0.43	0.39	0.36	0.33	0.30	0.27
12	0.44	0.41	0.39	0.36	0.33	0.30	0.28	0.25	0.23
14	0.36	0.34	0.32	0.30	0.23	0.26	0.24	0.22	0.20
16	0.30	0.29	0.28	0.26	0.24	0.22	0.20	0.19	0.17
18	0.26	0.25	0.21	0.22	0.24	0.19	0.18	0.16	0.15
20	0.22	0.21	0.20	0.19	0.18	0.17	0.16	0.14	0.13
22	0.19	0.18	0.18	0.17	0.16	0.15	0.14	0.12	0.12
24	0.16	0.16	0.15	0.15	0.14	0.13	0.12	0.11	0.10
26	0.14	0.14	0.14	0.13	0.12	0.12	0.11	0.10	0.09
28	0.12	0.12	0.12	0.12	0.11	0.10	0.10	0.09	0.08
30	0.11	0.11	0.11	0.10	0.10	0.09	0.09	0.08	0.07

β	$\frac{e}{h}$或$\frac{e}{h_T}$								
	0.225	0.25	0.275	0.3	0.325	0.35	0.4	0.45	0.5
≤3	0.62	0.57	0.52	0.48	0.44	0.40	0.34	0.29	0.25
4	0.42	0.38	0.34	0.31	0.28	0.25	0.21	0.17	0.14
6	0.35	0.31	0.28	0.25	0.23	0.21	0.17	0.14	0.11
8	0.29	0.26	0.23	0.21	0.19	0.17	0.14	0.11	0.09
10	0.24	0.22	0.20	0.18	0.16	0.14	0.11	0.09	0.07
12	0.21	0.19	0.17	0.15	0.13	0.12	0.10	0.08	0.06
14	0.18	0.16	0.14	0.13	0.11	0.10	0.08	0.06	0.05
16	0.15	0.14	0.12	0.11	0.10	0.09	0.07	0.06	0.04
18	0.13	0.12	0.11	0.10	0.09	0.08	0.06	0.05	0.04
20	0.12	0.10	0.10	0.08	0.08	0.07	0.05	0.04	0.03
22	0.10	0.09	0.08	0.08	0.07	0.06	0.05	0.04	0.03
24	0.09	0.08	0.08	0.07	0.06	0.05	0.04	0.03	0.03
26	0.08	0.07	0.07	0.06	0.05	0.05	0.04	0.03	0.02
28	0.07	0.07	0.06	0.05	0.05	0.04	0.03	0.03	0.02
30	0.07	0.06	0.05	0.05	0.04	0.04	0.03	0.02	0.02

影　响　系　数　φ_a　　附表5-6

ρ	β \ e/h	0	0.05	0.10	0.15	0.17
0.1	4	0.97	0.89	0.78	0.67	0.63
	6	0.93	0.81	0.73	0.62	0.58
	8	0.89	0.78	0.67	0.57	0.53
	10	0.84	0.72	0.62	0.52	0.48
	12	0.78	0.67	0.56	0.48	0.44
	14	0.72	0.61	0.52	0.44	0.41
	16	0.67	0.56	0.47	0.40	0.37
0.3	4	0.96	0.87	0.76	0.65	0.61
	6	0.91	0.80	0.69	0.59	0.55
	8	0.84	0.74	0.62	0.53	0.49
	10	0.78	0.67	0.56	0.47	0.44
	12	0.71	0.60	0.51	0.43	0.40
	14	0.64	0.54	0.46	0.38	0.36
	16	0.58	0.49	0.41	0.35	0.32
0.5	4	0.94	0.85	0.74	0.63	0.59
	6	0.88	0.77	0.66	0.56	0.52
	8	0.81	0.69	0.59	0.50	0.46
	10	0.73	0.62	0.52	0.44	0.41
	12	0.65	0.55	0.46	0.39	0.36
	14	0.58	0.49	0.41	0.35	0.32
	16	0.51	0.43	0.36	0.31	0.29
0.7	4	0.93	0.83	0.72	0.61	0.57
	6	0.86	0.75	0.63	0.53	0.50
	8	0.77	0.66	0.56	0.47	0.43
	10	0.68	0.58	0.49	0.41	0.38
	12	0.60	0.50	0.42	0.36	0.33
	14	0.52	0.44	0.37	0.31	0.30
	16	0.46	0.38	0.33	0.28	0.26

续表

ρ	β \ e/h	0	0.05	0.10	0.15	0.17
0.9	4	0.92	0.82	0.71	0.60	0.56
	6	0.83	0.72	0.61	0.52	0.48
	8	0.73	0.63	0.53	0.45	0.42
	10	0.64	0.54	0.46	0.38	0.36
	12	0.55	0.47	0.39	0.33	0.31
	14	0.48	0.40	0.34	0.29	0.27
	16	0.41	0.35	0.30	0.25	0.24
1.0	4	0.91	0.81	0.70	0.59	0.55
	6	0.82	0.71	0.60	0.51	0.47
	8	0.72	0.61	0.52	0.43	0.41
	19	0.62	0.53	0.44	0.37	0.35
	12	0.54	0.45	0.38	0.32	0.30
	14	0.46	0.39	0.33	0.28	0.26
	16	0.39	0.34	0.28	0.24	0.23

附录六　习用的非法定计量单位与法定计量单位的换算关系表

量的名称	非法定计量单位		法定计量单位		换算关系
	名称	符号	名称	符号	
力、重力	千克力	kgf	牛顿	N	1kgf = 9.80665N
	吨力	tf	千牛顿	kN	1tf = 9.806 65kN
力矩、弯矩	千克力米	kgf·m	牛顿米	N·m	1kgf·m = 9.806 65N·m
	吨力米	tf·m	千牛顿米	kN·m	1tf·m = 9.806 65kN·m
应力、材料强度	千克力每平方毫米	kgf/mm^2	兆帕斯卡（牛顿每平方毫米）	MPa (N/mm^2)	$1kgf/mm^2$ = 9.806 65MPa (N/mm^2)
	千克力每平方厘米	kgf/cm^2	兆帕斯卡（牛顿每平方毫米）	MPa (N/mm^2)	$1kgf/cm^2$ = 0.098 066 5MPa (N/mm^2)
弹性模量、剪变模量	千克力每平方厘米	kgf/cm^2	兆帕斯卡（牛顿每平方毫米）	MPa (N/mm^2)	$1kgf/cm^2$ = 0.098 066 5 MPa (N/mm^2)

附录七　本标准用词说明

为便于在执行本标准条文时区别对待，对要求严格程度不同的用词说明如下：

1.表示很严格，非这样作不可的：

正面词采用“必须”，反面词采用“严禁”。

2.表示严格，在正常情况下均应这样作的：

正面词采用“应”，反面词采用“不应”或“不得”。

3.表示允许稍有选择，在条件许可时首先应这样作的：

正面词采用“宜”或“可”，反面词采用“不宜”。

附加说明　本标准主编单位、参加单位和主要起草人名单

主编单位：

中国建筑东北设计院。

参加单位：

云南省设计院、湖南大学、四川省建筑科学研究所、浙江大学、辽宁省建筑科学研究所、哈尔滨建筑工程学院、贵州省建筑设计院、镇江工业设计公司、华南工学院、西安冶金建筑学院、冶金部北京钢铁设计研究总院、中国建筑西南设计院、兰州有色冶金设计院、郑州工学院、核工业部第五设计院、江苏省建筑科学研究所、西北建筑工程学院、广州市住宅科学研究设计所、福建省建筑科学研究所。

主要起草人：

钱义良、胡秋谷、施楚贤；智　琦、严家熺、霍宏耀、王增泽、刘　季、唐岱新、李雪岩、张　英、冯铭硕、易文宗、王庆霖、石国彬、莫庭斌、顾怡荪、蒋廷伟、张保印、龚绍熙、宋雅涵、张保善、张金岭、柏傲冬、陈行之、张兴武、高本立、李坚权、陈茂义。

国家建筑工程总局标准

中型砌块建筑设计与施工规程

JGJ 5—80

主编部门：上海市建筑工程局
　　　　　浙江省基本建设委员会
批准部门：国家建筑工程总局批准
　　　　　报国家基本建设委员会备案
试行日期：1981年5月1日

通　知

（80）建工科字第824号

由上海市建筑工程局、浙江省基本建设委员会共同负责会同有关单位编制的《中型砌块建筑设计与施工规程》，现经审定批准为部颁标准，编号为JGJ5—80，自一九八一年五月一日起试行。

在试行过程中，请各单位注意积累资料，总结经验，并将资料和意见随时函告本规程管理单位东北建筑设计院《砖石结构设计规范》管理组，以便今后修订。

国家建筑工程总局
一九八〇年八月二十九日

编制说明

本规程是根据国家基本建设委员会（77）建科字第8号文件，由上海市建工局和浙江省建委会同上海市民用建筑设计院、四川省建筑科研所、浙江大学、江苏省建筑科研所、甘肃省建筑科研所、旅大市建筑设计院、贵州省建筑科研所、贵州省建筑设计院、上海市建筑科研所、浙江省建筑科研所、上海市建七公司、浙江省建一公司等单位组成编写组，在有关设计、施工、科研以及大专院校等单位大力协作下，共同编制而成。

在编写过程中，本着实事求是、因地制宜、就地取材、充分利用工业废料的原则，进行了比较广泛的调查研究和一定的科学试验工作，并征求了全国有关单位的意见，最后会同有关部门审查定稿。

本规程根据砌块砌体的基本力学性能试验，提出了砌块砌体的计算指标和抗压强度计算公式，并对《砖石结构设计规范》GBJ3—73中有关砌块建筑静力计算规定与构件强度计算的个别计算系数和规定作了调整；吸取各地区的实践经验，提出了砌块建筑的构造措施，以及施工和质量检验要求；通过对部分砌块建筑的震害调查和抗震试验，根据《工业与民用建筑抗震设计规范》TJ11—78进行了抗震验算并提出了抗震构造措施。

由于砌块建筑的发展历史尚短，科学研究工作还不够广泛和深入，在编制过程中，虽作了一些工作，但限于条件，尚有不少问题待今后通过进一步实践和科学试验加以解决。因此，请各单位在试行过程中，注意积累资料，总结经验，如发现需要修改和补充之处，请将意见和有关资料寄本《规程》管理单位东北建筑设计院《砖石结构设计规范》管理组，以便今后修订时参考。

基本符号

内外力和材料指标

R_k——砌块抗压强度

R——砌块砌体抗压强度

R_1——砌块材料标号

R_2——砂浆标号

R_l——砌块砌体轴心抗拉强度

R_w——砌块砌体弯曲抗拉强度

R_j——砌块砌体抗剪强度

R_c——砌体的局部抗压强度

N_c——梁端支承压力或局部受压面积上的纵向力

N——纵向力或砌体的破坏荷载

N_0——由上层传来且作用于梁端的纵向力

M——弯矩

σ_0——由上层砌体传来的荷载所产生的压应力

Q_0——总水平地震荷载

W——产生地震荷载的砌块建筑总重量或截面抵抗矩

W_i——集中在某点 i 的重量，即 i 层楼板和上下层墙重各半之和

W_k——集中在某点 k 的重量 即 k 层楼板和上下层墙重各半之和

q——风载

Q_{im}——墙体承受的分配地震剪力

R_τ——验算抗震强度时砌块砌体的抗剪强度

R_z——弯曲时主拉应力或组合墙体的换算抗压强度

σ_c——墙体在1/2层高处截面的平均应力

P_i——作用于质点 i 处的水平地震荷载

R_c——砖砌体的抗压强度

R_{zc}——组合墙体受压部分的换算抗压强度

Q——剪切破坏荷载

R_h——混合墙体（有水平砖带的砌块砌体）的抗压强度

E——砌块砌体的弹性模量

计算系数

k——空心率

f——砌体和常用材料的摩擦系数

m——侧移折减系数

m_z——砌块砌体整体系数

K——总安全系数

φ——纵向弯曲系数

α——纵向力的偏心影响系数或地震影响系数

T——粉煤灰硅酸盐密实砌块的自然碳化系数

η——纵向弯曲系数的修正系数

K_f——抗裂安全系数

γ——局部抗压强度的提高系数

μ——局部荷载下压应力图形的不均匀系数

μ_c——梁端支承处砌体局部抗压强度的修正系数

C——验算抗震强度时的结构影响系数

C_1——错孔砌体的强度降低系数

ξ——截面剪应力不均匀系数

β——构件的高厚比

λ——构件的长细比

k_1——非承重墙[β]的修正系数

k_2——有门窗洞口的墙[β]的修正系数

ψ——截面换算系数

G——砌块砌体的剪切弹性模量

α_{max}——地震影响系数α的最大值

μ_1——柱顶剪力分配系数

μ_2——柱顶剪力分配系数

C_0——组合砌体的砌合影响系数

φ_z——换算截面A_z的纵向挠曲系数

φ_{zc}——截面A_{zc}的纵向挠曲系数

n——摩擦折减系数

C_k——考虑上下砌块对砖砌体侧向变形的限制作用，对强度的提高系数

几 何 特 征

L——横墙间距或壁柱间距

I——横墙毛截面的惯性矩

A——截面面积（空心砌块，指毛截面面积）

H——横墙高度或层高

Δ_{max}——最大水平变位值

a_0——梁端有效支承长度

a——梁端实际支承长度

b——梁截面宽度或壁柱宽度

$tg\theta$——梁变形时，端部轴线倾角的正切

l_0——梁的计算跨度

h——梁截面高度

e_0——纵向力的偏心距

d——矩形截面的纵向力偏心方向的边长或墙厚

r——截面回转半径

H_0——受压构件的计算高度或墙柱计算高度

y——截面重心到纵向力所在方向截面边缘的距离

A_c——局部受压毛面积或影响局部抗压强度的计算面积

H_i——质点i的高度

H_k——质点k的高度

f'——梁的最大挠度

A_{tm}——墙体的横截面面积

B_0——在宽度B范围内的门窗洞口宽度

A_{zc}——应力图形为矩形时，换算截面受压部分的截面积

B——带壁柱墙的计算截面的翼缘宽度或相邻窗间墙之间或壁柱间的距离

$d'=3.5r$——T形截面的折算厚度

A_d——垫块面积

h_c——梁、板下的墙体高度

l_c——过梁的净跨

l——梁跨

h_2——包括灰缝厚度的每皮砌块高度

第一章 总 则

第 1.0.1 条 本规程适用于以块高为 380～940 毫米的粉煤灰硅酸盐密实中型砌块（以下简称密实砌块）和混凝土空心中型砌块（以下简称空心砌块）为主要墙体材料的一般民用和工业建筑，以及设计烈度为 7 度、8 度的上述建筑（以下简称砌块建筑）。对于采用其它工业废料制成的密实或空心中型砌块的上述建筑，除材料和砌体的计算指标应根据相应的可靠试验数据采用外，亦可按本规程执行。

第 1.0.2 条 本规程未作规定之处，应按现行的有关标准、规范的规定执行。

第二章 材料和砌体的计算指标

第 2.0.1 条 砌块材料和砂浆的常用标号可按下列规定采用：

一、密实砌块材料标号：150和100。

二、空心砌块材料标号：250、200、150和100。

三、砌体的砌筑砂浆标号：150、100、50和25。

第 2.0.2 条 砌块抗压强度 R_k 系指砌块的单块抗压强度，常用范围为 30～100 公斤/厘米²。R_k 一般应由试验确定，试验方法见附录一。

第 2.0.3 条 龄期为 28 天的砌块砌体（包括密实砌块和空心砌块）的抗压强度 R，可按表2.0.3采用。

注：砌块砌体的抗压强度试验方法见附录三。

砌块砌体的抗压强度 R（公斤/厘米²）　表 2.0.3

砌块强度	砂浆标号 R_2				砂浆强度
R_k	150	100	50	25	0
30	20	18	17	16	15
35	23	21	19	18	18
40	26	24	22	21	20
45	29	27	25	24	23
50	33	30	27	26	25
55	36	33	30	29	28
60	39	36	33	31	30
65	42	39	36	34	33
70	46	42	39	37	35
75	49	45	41	39	37
80	52	48	44	42	40
85	55	51	47	45	43
90	59	54	50	48	45
95	62	57	52	50	48
100	65	60	55	52	50

注：①表中

$$R=(0.5+0.001R_2)R_k \qquad (2.0.3)$$

式中 R_2——砂浆标号；

R_k——砌块强度，以公斤/厘米²计。

②对于错孔砌筑的单排方孔空心砌块砌体，当空心率 k 大于 0.4 时，R 可按表中数值乘以系数 C_1 后采用：$C_1=1-1.25(k-0.4)$。对多排孔、单排圆孔和 $k\leqslant0.4$ 的单排方孔空心砌块砌体取 $C_1=1$。

③验算施工阶段砂浆尚未硬化的新砌砌体强度时，可按砂浆强度为 0 确定其砌体强度。

第 2.0.4 条 龄期为 28 天的砌块砌体轴心抗拉强度 R_l，弯曲抗拉强度 R_w 和抗剪强度 R_j 可分别按表 2.0.4采用。

砌块砌体的R_l、R_w和R_j(公斤/厘米²)　表 2.0.4

砌块类型	项目	受力方向	砂浆标号		
			≥100	50	25
密实砌块砌体	轴心抗拉R_l	沿齿缝截面	1.1	0.7	0.5
	弯曲抗拉R_w	沿通缝截面	0.8	0.5	0.3
		沿齿缝截面	1.6	1.0	0.7
	抗剪 R_j	沿通缝截面	1.1	0.7	0.5
空心砌块砌体	轴心抗拉R_l	沿齿缝截面	1.7	1.2	0.8
	弯曲抗拉R_w	沿通缝截面	1.2	0.9	0.6
		沿齿缝截面	2.5	1.8	1.2
	抗剪 R_j	沿通缝截面	1.7	1.2	0.8

注：①R_l、R_w和R_j如当地有可靠试验数据，可按试验数据采用（R_j的试验方法见附录三）。

②当搭缝长度与砌块高度的比值小于1时，砌体沿齿缝截面的轴心抗拉和弯曲抗拉强度按表中数值乘以搭缝长度与砌块高度的比值。

第 2.0.5 条　砌块砌体的弹性模量E，可按表2.0.5采用。

砌块砌体的弹性模量E(公斤/厘米²)　表 2.0.5

砌体种类	砂浆标号		
	≥100	50	25
密实砌块砌体	600R	500R	450R
空心砌块砌体	1200R	1000R	900R

注：砌块砌体的剪切弹性模量G值，可近似采用$G=0.3E$。

第 2.0.6 条　砌体和常用材料的摩擦系数f，可按表2.0.6采用。

摩擦系数f　表 2.0.6

材料类别	摩擦面情况	
	干燥的	潮湿的
砌体沿砌体或混凝土滑动	0.70	0.60
木材沿砌体或混凝土滑动	0.60	0.50
钢沿砌体或混凝土滑动	0.45	0.35
砌体、混凝土沿砂或卵石滑动	0.60	0.50
砌体、混凝土沿砂质粘土滑动	0.55	0.40
砌体、混凝土沿粘土滑动	0.50	0.30

第 2.0.7 条　密实砌块砌体和空心砌块砌体的线胀系数均取1.0×10^{-5}。

第三章　静力计算

第一节　砌块建筑的静力计算规定

第 3.1.1 条　砌块建筑的静力计算，根据其空间刚度，分别按下列三种方案进行：

一、刚性方案：在荷载作用下，墙、柱内力可按不动铰支承的竖向构件计算；

二、刚弹性方案：在荷载作用下，墙、柱内力可按考虑空间工作的侧移折减（侧移折减系数m可按表3.1.1采用）后的平面排架或框架计算，其计算方法参照附录三；

三、弹性方案：在荷载作用下，墙、柱内力应按有侧移的平面排架或框架计算。

侧移折减系数 m　　　　表 3.1.1

	屋盖或楼盖类别	横墙间距 L（米）						
		16	20	24	28	32	36	40
1	整体式、装配整体式和装配式无檩体系钢筋混凝土屋盖或楼盖	—	—	—	—	0.33	0.39	0.45
2	装配式有檩体系钢筋混凝土屋盖、轻钢屋盖和有密铺望板的木屋盖或木楼盖		0.35	0.45	0.54	0.61	0.68	0.73
3	冷摊瓦木屋盖和石棉水泥瓦轻钢屋盖	0.37	0.49	0.60	0.68	0.75	0.81	—

	屋盖或楼盖类别	横墙间距 L（米）							
		44	48	52	56	60	64	68	72
1	整体式、装配整体式和装配式无檩体系钢筋混凝土屋盖或楼盖	0.50	0.55	0.60	0.64	0.68	0.71	0.74	0.77
2	装配式有檩体系钢筋混凝土屋盖、轻钢屋盖和有密铺望板的木屋盖或木楼盖	0.78	0.82	—	—	—	—	—	—
3	冷摊瓦木屋盖和石棉水泥瓦轻钢屋盖	—	—	—	—	—	—	—	—

注：①对装配式无檩体系钢筋混凝土屋盖或楼盖，当屋面板(或楼板)未与屋架(或大梁)焊接时，应按表中第2类考虑。楼板采用空心板时，则可按表中第1类考虑。
②对无山墙或伸缩缝处无横墙的砌块建筑，应按弹性方案考虑。
③表中m值适用于单层单跨砌块建筑，对于单层多跨或多层砌块建筑可参照使用。

第 3.1.2 条　设计砌块建筑时，可按表3.1.2确定静力计算方案。

刚性、刚弹性和弹性方案砌块建筑的横墙间距 L（米）　　　　表 3.1.2

	屋盖或楼盖类别	刚性方案	刚弹性方案	弹性方案
1	整体式、装配整体式和装配式无檩体系钢筋混凝土屋盖或楼盖	$L<32$	$32\leq L\leq 72$	$L>72$
2	装配式有檩体系钢筋混凝土屋盖、轻钢屋盖和有密铺望板的木屋盖或木楼盖	$L<20$	$20\leq L\leq 48$	$L>48$
3	冷摊瓦木屋盖和石棉水泥瓦轻钢屋盖	$L<16$	$16\leq L\leq 36$	$L>36$

注：见表3.1.1的注。

第 3.1.3 条　刚性和刚弹性方案砌块建筑的横墙，应符合下列要求：

一、横墙中开有洞口时，洞口的水平截面面积不超过横墙全截面面积的50%；

二、横墙的厚度，一般不小于18厘米；

三、单层砌块建筑的横墙长度，不小于其高度；多层砌块建筑的横墙长度，不小于其总高度的1/2。

四、横墙应与纵墙同时砌筑，否则应采取其他措施，以保证砌块建筑的整体刚度。

注：当横墙不能同时符合第一、二、三项要求时，应对横墙的刚度进行验算。如其最大水平变位值Δ_{max}不超过下列规定时，仍可视作刚性或刚弹性方案砌块建筑的横墙：

$$\Delta_{max}\leq\frac{H}{4000}$$

式中　H——横墙的高度。

凡符合上式要求的一段横墙或其它结构构件如框架

等，也可视作刚性或刚弹性方案砌块建筑的横墙。

第 3.1.4 条 刚性方案砌块建筑的静力计算．可按下列规定进行：

一、单层砌块建筑：在荷载作用下，墙、柱可视作上端不动铰支承于屋盖，下端嵌固于基础的竖向构件；

二、多层砌块建筑：在竖向荷载作用下，墙、柱在每层高度范围内，可近似地视作两端铰支的竖向构件；在水平荷载作用下，墙、柱可视作竖向连续梁；

三、对本层的竖向荷载，应考虑对墙、柱的实际偏心影响。当梁支承于墙上时，梁端支承压力N_c到墙内边的距离可取$0.4a_c$（图3.1.4），a_c为梁端有效支承长度。由上面楼层传来的荷载P，可视作作用于上一楼层的墙、柱的截面重心处。

图 3.1.4 梁端支承压力位置示意图

当梁直接支承在砌体上时，梁端有效支承长度a_c可按下式计算：

$$a_c=\frac{1}{7}\sqrt{\frac{N_c}{b\,\mathrm{tg}\theta}}$$

式中 a_c——梁端有效支承长度，以厘米计。当$a_c>a$时，取$a_c=a$；

a——梁端实际支承长度，以厘米计；

N_c——梁端支承压力，以公斤计；

b——梁的截面宽度，以厘米计。

$\mathrm{tg}\theta$——梁变形时，梁端轴线倾角的正切，对于受均布荷载的简支梁，当$\frac{f'}{l_0}=\frac{1}{250}$时，可近似地取$\mathrm{tg}\theta=\frac{3.2f'}{l_0}=\frac{1}{78}$；

l_0——梁的计算跨度；

f'——梁的最大挠度。

对于受均布荷载的钢筋混凝土梁，可近似的采用：

$$a_c=4\sqrt{h}$$

式中 h——梁的截面高度，以厘米计。

第 3.1.5 条 当刚性方案多层砌块建筑的外墙符合下列要求时，可不考虑风载的影响：

一、洞口水平截面面积不超过全面积的2/3；

二、层高和总高不超过表3.1.5的规定；

刚性方案多层砌块建筑的外墙不考虑风载影响时的最大高度（米） 表 3.1.5

基本风压值（公斤/米²）	层高（米）	总高（米）
40	3.8	22
50	3.8	19
60	3.6	16
70	3	13

三、屋面自重不小于80公斤/米²。

当必须考虑风荷载时，风载引起的弯矩M，可近似地按下式计算：

$$M=\frac{qH^2}{12}$$

式中 q——风载；

H——层高。

第 3.1.6 条 带壁柱墙的计算截面的翼缘宽度B，可取窗间墙的宽度；当无门窗洞口时，可取：

$$B=b+\frac{2}{3}H\leqslant L$$

式中 b——壁柱宽度；

H——层高；

L——壁柱间距。

第二节 构件的计算规定

第 3.2.1 条 构件必须满足强度计算的要求，对墙、柱尚应符合高厚比的要求，对挡土墙等还应进行抗倾覆和抗滑移验算。

第 3.2.2 条 构件的计算，采用总安全系数方法。安全系数K，应根据构件受力情况，按表3.2.2采用。

安全系数 K 表 3.2.2

受压	受弯、受拉和受剪	倾覆和滑移
2.3	2.5	1.5

注：①在下列情况下，表中K值应予以提高：

1）特殊重要的砌块建筑——10～20%；

2）毛截面面积A小于0.35米^{2}的构件——$(0.35-A)100\%$。

②当验算施工中的砌块建筑构件时，K值可降低10～20%。

③当有可靠依据时，K值可适当调整。

第四章 构件的强度计算

第一节 受压构件

第 4.1.1 条 构件轴心和偏心受压时，可按下式计算：

$$KN\leqslant\varphi\alpha AR \qquad (4\text{-}1\text{-}1)$$

式中 K——安全系数，按第3.2.2条采用；

N——纵向力；

φ——受压构件的纵向弯曲系数，按第4.1.2条采用；

α——纵向力的偏心影响系数；

对矩形面积 $\alpha=\dfrac{1}{1+12\left(\dfrac{e_0}{d}\right)^2}$

对T形截面 $\alpha=\dfrac{1}{1+12\left(\dfrac{e_0}{d'}\right)^2}$

也可按表4.1.1采用；

e_0——纵向力的偏心距，不宜超过第4.1.4条规定的限值；

d——矩形截面的纵向力偏心方向的边长；

$d'=3.5r$——T形截面的折算厚度；

r——截面回转半径，空心砌块砌体按毛截面计算；

A——截面面积。对空心砌块砌体，A按毛截面

矩形和T形截面纵向力的偏心影响系数α　表 4.1.1

$\frac{e_0}{d}$或$\frac{e_0}{d'}$	α	$\frac{e_0}{d}$或$\frac{e_0}{d'}$	α
0.01	1.00	0.26	0.55
0.02	1.00	0.27	0.53
0.03	0.99	0.28	0.52
0.04	0.98	0.29	0.50
0.05	0.97	0.30	0.48
0.06	0.96	0.31	0.46
0.07	0.94	0.32	0.45
0.08	0.93	0.33	0.43
0.09	0.91	0.34	0.42
0.10	0.89	0.35	0.40
0.11	0.87	0.36	0.39
0.12	0.85	0.37	0.38
0.13	0.83	0.38	0.37
0.14	0.81	0.39	0.35
0.15	0.79	0.40	0.34
0.16	0.76	0.41	0.33
0.17	0.74	0.42	0.32
0.18	0.72	0.43	0.31
0.19	0.70	0.44	0.30
0.20	0.68	0.45	0.29
0.21	0.65	0.46	0.28
0.22	0.63	0.47	0.27
0.23	0.61	0.48	0.26
0.24	0.59	0.49	0.26
0.25	0.57	0.50	0.25

（即包括空心部分在内的全部面积）采用；

对带壁柱的墙，确定A时，其翼缘宽度按第3.1.6条采用；

R——砌块砌体的抗压强度，按第2.0.3条采用。

注：对矩形截面构件，当纵向力偏心方向的截面边长大于另一方向的边长时，除按偏心受压计算外，还应对较小边长方向按轴心受压进行验算。

第 4.1.2 条　受压构件的纵向弯曲系数φ，应按表4.1.2采用。

查表时，可先对β乘以下列系数：

一、空心砌块砌体——1.0；

二、密实砌块砌体——1.2。

对偏心受压构件，当$e_0>0.5y$时，须按表4.1.2查得的φ值，乘以纵向弯曲系数的修正系数η予以折减：

$$\eta=1-0.15(\beta-3)\left(\frac{e_0}{y}-0.5\right) \quad (4\text{-}1\text{-}2)$$

公式4-1-2和表4.1.2中

受压构件的纵向弯曲系数φ　表 4.1.2

β	砂浆标号		β	砂浆标号	
	≥50	25		≥50	25
4	0.98	0.97	18	0.67	0.61
6	0.95	0.93	20	0.62	0.56
8	0.91	0.89	22	0.58	0.51
10	0.87	0.83	24	0.54	0.46
12	0.82	0.78	26	0.50	0.43
14	0.77	0.72	28	0.46	0.39
16	0.72	0.66	30	0.43	0.36

注：当验算施工阶段砂浆尚未硬化的新砌体受压构件时，φ值可按下式计算：$\varphi=\frac{1}{1+0.009\beta^2}$

β——构件的高厚比，对矩形截面$\beta=\frac{H_0}{d}$，对T形截面$\beta=\frac{H_0}{d'}$；

H_0——受压构件的计算高度，按4.1.3条采用；

d——矩形截面的纵向力偏心方向的边长，当轴心受压时为截面较小边长；

y——截面重心到纵向力所在方向截面边缘的距离。

第 4.1.3 条 受压构件的计算高度 H_0，应根据砌块建筑类别和构件上端支承情况等条件，按表 4.1.3 采用：

受压构件的计算高度H_0　　　**表 4.1.3**

砌块建筑类别		柱：排架方向	柱：垂直排架方向	带壁柱墙或周边拉结的墙：$L>2H$	带壁柱墙或周边拉结的墙：$2H\geqslant L\geqslant H$	带壁柱墙或周边拉结的墙：$L<H$
单跨	弹性方案	$1.5H$	$1.0H$	$1.5H$		
	刚弹性方案	$1.2H$	$1.0H$	$1.2H$		
两跨或多跨	弹性方案	$1.25H$	$1.0H$	$1.25H$		
	刚弹性方案	$1.1H$	$1.0H$	$1.1H$		
刚性方案		$1.0H$	$1.0H$	$1.0H$	$0.4L+0.2H$	$0.6L$

表中 L——相邻横墙间的距离；

H——构件的高度，在砌块建筑中即楼板或其它水平支点间的距离；在单层砌块建筑或多层砌块建筑的底层，构件下端支点的位置，一般可取至基础顶面，当基础埋置较深时，可取至室内地坪或室外地坪下30～50厘米；山墙的H值可取层高加山墙尖高度的 1/2；山墙壁柱的H值可取壁柱处的山墙高度。

第 4.1.4 条 偏心受压构件的荷载偏心距 e_0，不宜超过下列限值：

一、计算时不考虑风载——$0.7y$；

二、计算时考虑风载——$0.8y$。

当e_0超过上述限值时，按下式计算确定截面尺寸：

$$K_l N\leqslant\frac{AR_w}{\frac{Ae_0}{W}-1}\qquad(4\text{-}1\text{-}4)$$

式中 K_l——安全系数，当 $e_0\leqslant0.95y$ 时，可采用1.5；当$e_0>0.95y$时，可采用2.5；

R_w——砌体沿通缝截面的弯曲抗拉强度，按表2.0.4采用；

W——截面抵抗矩。

第二节　局部受压计算

第 4.2.1 条 砌块砌体截面中受局部均匀受压力时，应按下式计算：

$$KN_c\leqslant A_cR_c\qquad(4\text{-}2\text{-}1\text{-}1)$$

对空心砌块砌体，当局部受压强度不能满足(4-2-1-1)式要求时，可将截面积A_0范围内的砌体孔洞用与砌块材料标号相同的混凝土填实后（填实部分的高度，离局部荷载作用面以下不宜小于80厘米）按下式计算：

$$KN_c\leqslant\frac{0.8}{1-k}A_cR_c\qquad(4\text{-}2\text{-}1\text{-}2)$$

式中 K——安全系数，按表3.2.2采用；

N_c——局部受压面积上的纵向力；

k——砌块空心率；

0.8——现浇混凝土的强度折减系数；

A_c——局部受压毛面积；

$R_c=\gamma R$——砌体的局部抗压强度；

$\gamma=\sqrt{\frac{A_0}{A_c}}$——局部抗压强度提高系数，当$\gamma>3$时，仍采用3；

A_0——影响局部抗压强度的计算面积，可按图4-2-1确定，但计算所得γ值应符合下列规定：

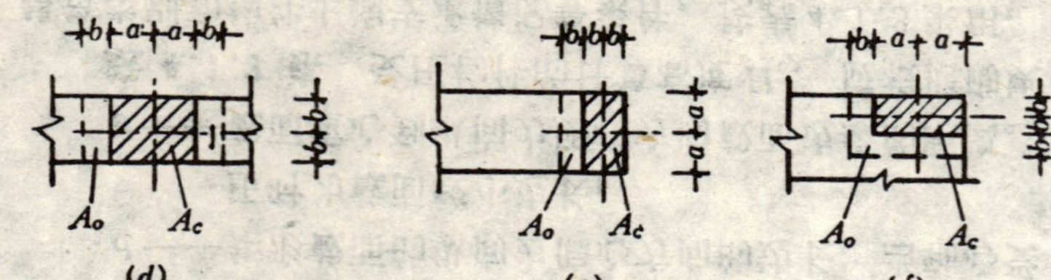

图 4.2.1 砌体截面中局部均匀受压时，确定计算面积示意图（图中$a\geqslant b$）

图中尺寸 a——矩形局部受压面积A_c长边的一半；

b——矩形局部受压面积A_c短边的一半；

c——矩形局部受压面积A_c的外边缘至构件边缘的最小距离。

在图（a）、（b）的情况下——$\gamma\not>3$；

在图（c）、（d）的情况下——$\gamma\not>1.5$；

在图（e）、（f）的情况下——$\gamma\not>1.25$。

第 4.2.2 条 梁端支承处砌体局部受压时，应按下式计算：

$$KN\leqslant\mu_c A_c R \qquad (4\text{-}2\text{-}2\text{-}1)$$

对空心砌块砌体，当局部受压强度不能满足(4-2-2-1)式要求时，可将截面积A_0范围内的砌体孔洞用与砌块材料标号相同的混凝土填实后（填实部分的高度，离梁底以下不宜小于80厘米）按下式计算：

$$KN\leqslant\frac{0.8}{1-k}\mu_c A_c R \qquad (4\text{-}2\text{-}2\text{-}2)$$

式中 $N=N_c+N_0$——梁端支承处纵向力（图4-2-2）；

N_c——梁端支承压力；

$N_0=\mu A_c\sigma_0$；

σ_0——由上层传来荷载所产生的压应力；

μ——局部荷载下的压应力图形的不均匀系数，采用0.625；

$A_c=a_c b$——砌体局部受压面积；

a_c——梁的有效支承长度，按第 3.1.4 条采用；

b——梁截面宽度；

μ_c——梁端支承处砌体局部抗压强度的修正系数，分别采用1.0[图4.2.2（a）、（b）]、0.8[图4.2.2（c）]和0.75[图4.2.2（d）]。

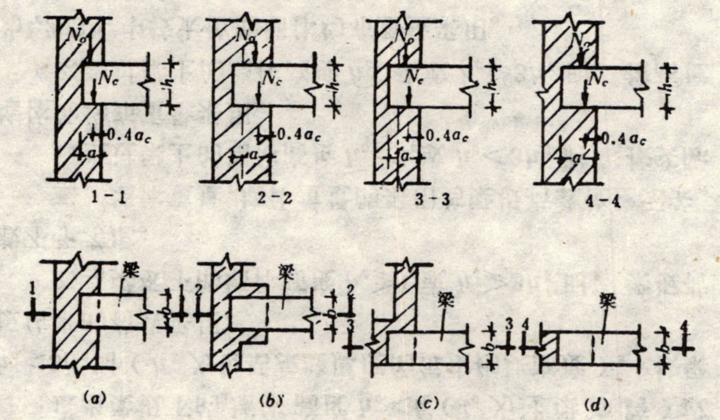

图 4.2.2　梁端砌体局部受压示意图

第 4.2.3 条　在梁端下设有垫块时，垫块下砌体的局部受压，应按下式计算：

$$KN \leqslant \alpha A_d R \qquad (4\text{-}2\text{-}3\text{-}1)$$

对空心砌块砌体，当局部受压强度不能满足（4-2-3-1)式要求时，可将垫块下砌体孔洞用与砌块材料标号相同的混凝土填实后（填实部分的高度，离垫块顶面以下不宜小于80厘米）按下式计算：

$$KN \leqslant \frac{0.8}{1-k}\alpha A_d R \qquad (4\text{-}2\text{-}3\text{-}2)$$

式中　$N=N_c+N_0$——作用于垫块上的纵向力；

α——纵向力对垫块面积重心的偏心影响系数，按第4.1.1条采用；

$A_d=a_d b_d$——垫块面积（图4.2.3）。

当垫块与梁端现浇成整体时，砌体的局部受压仍应按第4.2.2条规定进行计算，此时$A_c=a_c b_d$。

注：垫块的厚度t_d不宜小于18厘米。

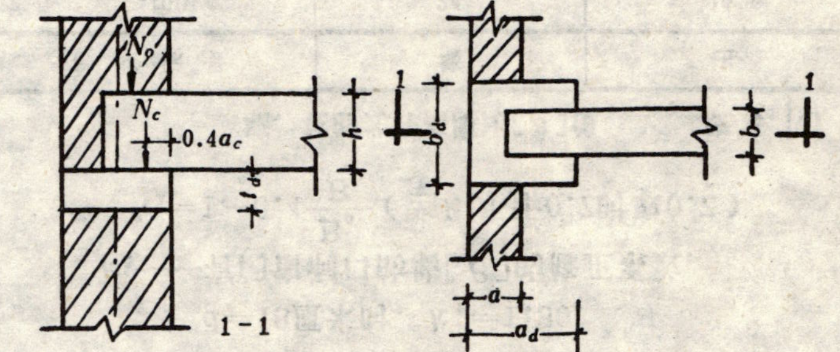

图 4.2.3　砌体上设有垫块时梁端局部受压示意图

第三节　轴心受拉构件

第 4.3.1 条　构件轴心受拉时，应按下式计算：

$$KN \leqslant AR_l \qquad (4\text{-}3\text{-}1)$$

式中　N——纵向拉力；

R_l——砌体的轴心抗拉强度，按表2-0-4采用。

第四节　受 弯 构 件

第 4.4.1 条　砌体承受垂直于墙面的水平荷载时，其抗弯强度应按下式计算：

$$KM \leqslant WR_w \qquad (4\text{-}4\text{-}1)$$

式中　M——弯矩；

W——截面抵抗矩；

R_w——砌体的弯曲抗拉强度，按表2.0.4采用。

第五节 受剪构件

第 4.5.1 条 构件沿通缝受剪时，可按下式计算：

$$KQ \leqslant (R_j + nf\sigma_0)A \qquad (4\text{-}5\text{-}1)$$

式中 R_j——砌体沿通缝截面的抗剪强度，按表2.0.4采用；

f——沿砌体的摩擦系数，按表2.0.6采用；

σ_0——由恒载产生的平均压应力；

n——摩擦折减系数，对密实砌块砌体取等于1.0，对竖向孔洞的空心砌块砌体取等于0.5。

第六节 钢筋混凝土过梁

第 4.6.1 条 钢筋混凝土过梁上的荷载，可按下列规定采用：

一、梁板荷载：

1.当梁板下的墙体高度 $h_c<l_c$（l_c为过梁净跨）或 $h_c<3h_2$时（h_2为包括灰缝厚度的每皮砌块高度），按梁板传来的荷载采用。

2.当梁板下的墙体高度 $h_c\geqslant l_c$或 $h_c\geqslant 3h_2$ 时，梁板荷载不予考虑。

二、墙体重量：墙体重量的采用与梁板荷载位置无关。

1.当过梁上的墙体高度 $h_c<l_c$或 $h_c<3h_2$ 时，按实际墙体的均布重量采用

2.当过梁上的墙体高度 $h_c\geqslant l_c$或 $h_c\geqslant 3h_2$ 时，按高度为l_c和$3h_2$中较大值的墙体均布重量采用。

注：有可靠根据时，过梁荷载的取值可适当调整。

第五章 一般构造要求

第一节 墙、柱的允许高厚比

第 5.1.1 条 墙、柱的高厚比β应符合下列规定：

$$\beta=\frac{H_0}{d}\leqslant k_1k_2[\beta] \qquad (5\text{-}1\text{-}1)$$

式中 H_0——墙、柱计算高度，按表4.1.3采用；

d——墙厚或矩形柱的边长；

$[\beta]$——墙、柱的允许高厚比，按表5.1.1采用；

k_1——非承重墙$[\beta]$的修正系数：

$d>24$厘米时，$k_1=1.0$；

$d=24$厘米时，$k_1=1.20$；

$d=22$厘米时，$k_1=1.24$；

$d=20$厘米时，$k_1=1.27$；

$d=18$厘米时，$k_1=1.30$。

k_2——有门窗洞口的墙$[\beta]$的修正系数：

$$k_2=1-0.4\frac{B_0}{B}$$（当k_2小于0.7时取0.7）

墙、柱的允许高厚比[β]值 **表 5.1.1**

砂浆标号	墙	柱
≥100	24	16
50	22	15
25	20	14

注：当墙高H大于或等于相邻横墙间的距离或壁柱的间距L时，应按计算高度$H_0=0.6L$验算高厚比。

式中 B_0——在宽度B范围内的门窗洞口宽度；

B——相邻窗间墙之间或壁柱间的距离。

第 5.1.2 条 带壁柱墙的高厚比验算，应按下列规定进行：

一、按第5.1.1条公式（5.1.1）验算，此时式中d应改用带壁柱墙的折算厚度d'，在确定截面回转半径r时，带壁柱墙截面的翼缘宽度，按第3.1.6条规定采用；

当确定计算高度H_0时，墙长L取相邻墙间的距离；

二、按第5.1.1条公式（5.1.1）验算壁柱间墙的高厚比，此时墙长L取壁柱间的距离。

设有钢筋混凝土圈梁的带壁柱墙，当$b/L \geqslant 1/30$时，圈梁可视作壁柱间墙的不动铰支点，b为圈梁宽度。

第二节 一般构造要求

第 5.2.1 条 砌块块体的尺寸规格以及空心砌块的孔型和空心率，应根据当地采用的原材料性能、生产和施工条件，结合构件强度验算和建筑功能要求等因素，加以综合考虑，合理设计。

第 5.2.2 条 砌块的两侧面宜参照图5.2.2设置封闭式灌浆槽，空心砌块的上端应封顶。

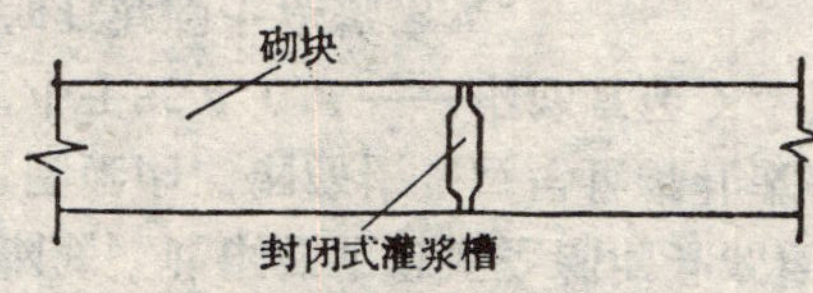

图 5.2.2 封闭式灌浆槽图

第 5.2.3 条 在室内地坪以下，室外散水坡顶面以上的砌体内，应铺设防潮层，防潮层一般采用防水水泥砂浆。

室外明沟或散水坡处的墙面应做水泥砂浆粉刷之勒脚。

地面以下或防潮层以下的砌体，砌筑砂浆应采用标号不低于50号的水泥砂浆。

注：①粉煤灰硅酸盐密实砌块和混凝土空心砌块，可用于地面以下或防潮层以下的砌体。其它材料制作的砌块，应经材性试验确定；

②空心砌块用于地面以下或防潮层以下的砌体时，其孔洞应用标号不低于100号的混凝土填实。

第 5.2.4 条 砌体的水平灰缝和垂直灰缝一般为15～20毫米（不包括灌浆槽）。当垂直灰缝宽度大于30毫米时，应用200号细石混凝土灌实。

第 5.2.5 条 砌体上下皮砌块的搭缝长度不得小于块高的1/3，且不应小于15厘米。当搭缝长度不足时，应在水平灰缝内设2ϕ4的钢筋网片，网片两端离该垂直灰缝的距离不得小于30厘米。

第 5.2.6 条 纵横墙交接处，应分皮咬槎砌筑。

砌块墙与后砌半砖隔墙交接处，应在沿墙高每80厘米

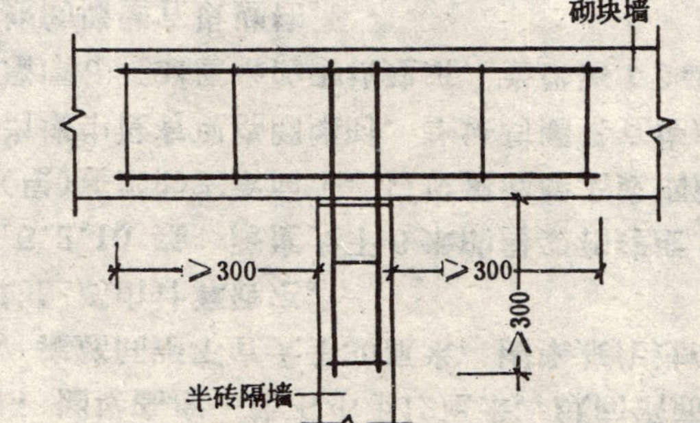

图 5.2.6 砌块墙与后砌半砖隔墙交接处钢筋网片布置示意图

左右的水平灰缝内设2ϕ4的钢筋网片（图5.2.6）。

第 5.2.7 条 为防止砌块建筑底层的窗下墙产生垂直裂缝，应根据具体情况采取适当措施。

第 5.2.8 条 为增强砌块建筑的整体刚度，空心砌块建筑可在其外墙转角处、楼梯间四角的砌体空洞内，设置不少于1ϕ12的竖向钢筋，此钢筋应贯通全部墙身高度，并锚固于基础和楼屋盖圈梁内，钢筋接头应尽量绑扎或焊接，绑扎搭接长度不得小于35d（d——钢筋直径），该处砌体孔洞应用200号细石混凝土浇捣密实。

第 5.2.9 条 圈梁设置：

一、装配式钢筋混凝土楼盖或木楼盖的多层砌块建筑，宜按表5.2.9的规定设置钢筋混凝土圈梁；

多层砌块建筑圈梁设置要求　　表 5.2.9

圈梁位置	设置要求	附注
外墙及内纵墙	屋盖处应设置，楼盖处宜隔层设置	①如采用预制圈梁，安装时应座浆，并保证接头牢固可靠 ②屋盖处圈梁宜现浇
内横墙	同上，间距不宜大于10米	

注：承重墙厚≤20厘米的砌块建筑，宜每层按本表要求设置圈梁一道。

二、单层空旷砌块建筑，檐口标高为4～5米时，应设置圈梁一道；檐口标高大于5米时，宜增设一道；

三、建造在软弱地基或不均匀地基上的多层砌块建筑和单层空旷砌块建筑，除应满足地基基础设计规范的有关要求外，应在基础部位设置现浇圈梁一道；

四、圈梁应尽量设置在同一水平上，并形成封闭状；圈梁宽度一般与墙厚相同，当墙厚d＞24厘米时，不宜小于2/3d；圈梁高度一般不小于12厘米，纵向钢筋不宜少于4ϕ8，箍筋间距不宜大于30厘米；圈梁兼作过梁时，过梁部分的配筋由计算确定。

第 5.2.10 条 跨度大于6米的屋架和跨度大于4.2米的楼（屋）盖梁的支承面下，应设置混凝土或钢筋混凝土垫块。当墙中设有现浇圈梁时，垫块与圈梁宜浇成整体。

对墙厚d≤24厘米的砌块建筑，当梁跨l≥4.8米时，其支承处的墙壁宜设壁柱。

第 5.2.11 条 预制钢筋混凝土板的搁置长度，在墙上不宜小于10厘米，在钢筋混凝土梁上不宜小于8厘米。当搁置长度不足时，应采取锚固措施。

跨度l≥7米的屋架和预制梁的端部，应采用锚固件与墙、柱上的垫块锚固。

第 5.2.12 条 砌块墙体伸缩缝的最大间距，可参照表5.2.12的规定采用。

伸缩缝最大间距　　表 5.2.12

屋盖或楼盖类别		墙体伸缩缝最大间距（米）
整体式或装配整体式钢筋混凝土结构	有保温层或隔热层的屋盖或楼盖	50
	无保温层或隔热层的屋盖或楼盖	30
装配式无檩体系钢筋混凝土结构	有保温层或隔热层的屋盖或楼盖	60
	无保温层或隔热层的屋盖或楼盖	40
装配式有檩体系钢筋混凝土结构	有保温层或隔热层的屋盖或楼盖	75
	无保温层或隔热层的屋盖或楼盖	60
粘土瓦、石棉水泥瓦木屋盖、砖石楼屋盖		75

注：①当有实践经验和可靠根据时，可不遵守本表的规定。
②缝内应嵌以软质可塑材料，必须使缝隙能起伸缩作用。

第 5.2.13 条 当为软弱地基时，在满足使用和其它要求的前提下，砌块建筑的体型应力求简单。建筑体型比较复杂时，应根据其平面形状和高度差异情况，在适当部位用沉降缝将砌块建筑划分成若干个刚度较好的单元；高度差异（或荷载差异）较大时，可将两单元隔开一定距离。如拉开距离后两单元必须连接时，应采用能自由沉降的连接体或简支、悬挑结构。沉降缝宜设置在下列部位：

一、建筑平面的转折部位；

二、高度差异（或荷载差异）处；

三、地基土的压缩性有显著差异处；

四、建筑结构（或基础）类型不同处；

五、分期建造的砌块建筑的交界处。

沉降缝的宽度按表5.2.13选用。缝内一般不填塞材料。当必须填塞材料时，应防止缝两侧的房屋内倾而相互挤压。

沉降缝宽度　　表 5.2.13

砌块建筑层数	沉降缝宽度(厘米)
二～三	5～8
四～五	8～12
五层以上	不小于12

注：当沉降缝两侧单元层数不同时，缝宽按层数较高者取用。

第 5.2.14 条 为防止钢筋混凝土屋盖的温度变形引起顶层墙体开裂，改善屋盖的热工性能，当采用整体式或装配整体式钢筋混凝土屋盖时，宜设置屋盖保温（或隔热）层。

炎热地区的东西墙体应采取隔热措施，以达到或接近24厘米厚砖墙的隔热性能。

寒冷地区的外墙应采用多排孔砌块。

第 5.2.15 条 为防止外墙渗漏，改善墙体的隔热、隔声性能，砌块建筑宜作内外抹灰。

第 5.2.16 条 门窗樘可以用铁钉固定在嵌入砌块或灌浆槽的楔形木榫上，亦可以利用铁脚或螺栓固定。

第六章　抗震设计与构造要求

第一节　抗震强度验算

第 6.1.1 条 抗震设计应尽量符合下列要求：

一、合理规划，选择对抗震有利的场地和地基；

二、选择技术上、经济上合理的抗震结构方案，力求砌块建筑体型简单，重量、刚度对称和均匀分布，避免立面、平面上的突然变化和不规则的形状；

三、减轻砌块建筑自重，降低其重心位置，保证结构整体性，并使结构和联接具有较好的延性；

四、提出确保施工质量的要求。

注：基本烈度为6度区的砌块建筑原则上不设防，但应尽量考虑上述要求。

第 6.1.2 条 对于多层砌块建筑可不进行地基抗震强度验算。但地基的主要受力层内如有软弱粘土层，当设计烈度为7度、8度，其容许承载力分别小于8吨/米^2、10吨/米^{2}时，宜参照现行有关规范的规定综合考虑，采取适当的抗震措施。

第 6.1.3 条 砌块建筑应进行结构抗震强度验算。一般只需考虑水平方向的地震作用，并可在建筑物的两个主轴方向分别进行验算。

第 6.1.4 条 对于以剪切变形为主的多层中型砌块建筑，其水平地震荷载应按下列公式进行计算。图6.1.4为结构计算示意图。

图 6.1.4 结构计算示意图

结构底部剪力（总水平地震荷载）

$$Q_0 = c\alpha W \qquad (6\text{-}1\text{-}4\text{-}1)$$

沿高度作用于每层楼盖（质点 i ）的水平地震荷载

$$P_i = \frac{W_i H_i}{\sum_{k=1}^{n} W_k H_k} Q_0,\quad i = 1,\ 2,\ \cdots\cdots,\ n \qquad (6\text{-}1\text{-}4\text{-}2)$$

式中 c —— 结构影响系数，$c = 0.45$；

α ——地震影响系数，取 $\alpha = \alpha_{max}$。当设计烈度为7度时，$\alpha = 0.23$；当设计烈度为8度时，$\alpha = 0.45$。

W ——产生地震荷载的砌块建筑总重量，包括恒载、雪荷载、楼面活荷载，并按下列荷载组合：恒载，取全部；雪荷载，取50%；楼面活荷载，按等效均布荷载考虑时，取50～70%，按实际情况考虑时，取全部。

$$W = \sum_{k=1}^{n} W_k$$

W_i、W_k ——分别为集中在质点 i 、k 的重量，即 i 、k 层楼板和上下层墙重各半之和；

H_i、H_k ——分别为质点 i 、k 的高度。

底层高度H，取法如下：

（1）内外墙一般可取至基础顶面，或室外地坪下50厘米。

（2）有人防或地下室时，可算到地下室顶板上面。

（3）半地下室可取其层高一半处，但不能小于室外地坪下50厘米。

注：对受有明显弯曲作用的多层砌块建筑，应考虑弯曲作用的影响（见参考资料一）。

第 6.1.5 条 按第6.1.4条公式（6-1-4-2）的水平地震荷载P_i求得的各楼层地震剪力，可按《工业与民用建筑抗震设计规范》TJ11—78附录三的原则分配。

第 6.1.6 条 对于重量或刚度分布极不对称的砌块建筑，应考虑地震荷载引起的扭转作用。

验算突出建筑物顶面的屋顶间、女儿墙等的抗震强度时，其水平地震荷载可取按第6.1.4条公式（6-1-4-2）算出的结果的三倍。

设计烈度为8度时，悬臂构件及长跨结构应分别取构件或结构重量的10%作为竖向地震荷载，与水平地震荷载同时作用于结构上按最不利的情况进行验算。

第 6.1.7 条 一般单层空旷砌块建筑的抗震强度验算可按TJ11—78进行。

第 6.1.8 条 验算地震荷载作用下砌块建筑的强度

时，安全系数取不考虑地震荷载的数值的80%。

第二节　抗震构造要求

第 6.2.1 条　设计烈度为7度和8度的砌块建筑，除满足一般构造要求外，尚应采取抗震构造措施。

第 6.2.2 条　设计烈度为7度和8度的砌块建筑的高度不宜超过表6.2.2的规定。

砌块建筑的高度限值(米)　　**表 6.2.2**

砌块类别	墙厚 d (厘米)	设计烈度 7度	设计烈度 8度
密实砌块	$d\geq24$	16	10
	$d>18$	13	—
空心砌块	$d>24$	19	13
	$24\geq d\geq20$	16	10

注：① 砌块建筑的高度指室外地面到檐口的高度。
② 砌块建筑的层高不宜超过4米。
③ 医院、学校等横墙间距大于4米的砌块建筑，高度限值应降低3米。
④ 当有可靠根据时，其高度可不受本表的限制。

第 6.2.3 条　设计烈度为7度或8度的密实砌块建筑，加设钢筋混凝土构造柱后，其高度限值可按表6.2.2增加3米。构造柱间距不大于8米。施工时必须先砌墙后浇柱。柱的截面不应小于24×18厘米，主筋不小于4ϕ12，箍筋间距不宜大于25厘米。墙与柱之间应沿墙高度在每皮水平灰缝中设2ϕ6钢筋联结，钢筋伸入墙内不少于1米。构造柱应与圈梁联结。

第 6.2.4 条　砌块建筑局部尺寸宜遵守表6.2.4的规定。

砌块建筑局部尺寸(米)　　**表 6.2.4**

项目	设计烈度 7度	设计烈度 8度	备注
承重窗间墙最小宽度	1.00	1.20	
承重外墙尽端至门窗洞边的最小距离	1.00	2.00	墙角设有构造柱时不受此限
无锚固女儿墙最大高度	0.50	0.50	出入口上女儿墙应有锚固
内墙阳角至洞边最小尺寸	1.00	1.50	阳角设有构造柱时不受此限

注：①非承重墙外墙尽端至门窗洞边宽度不得小于1米。
②窗间墙宜等宽均匀布置。

第 6.2.5 条　圈梁的设置，除必须满足一般构造要求外，尚应闭合，并宜在楼板同一标高处或紧靠楼板设置。多层砌块建筑每层均应设置圈梁：外墙及内纵墙应全部设置；设计烈度为7度时，内横墙圈梁间距不大于7米，8度时，不大于4米。圈梁高度不小于20厘米。设计烈度为7度、8度时，其配筋分别不少于4ϕ8、4ϕ10，箍筋间距不大于20厘米。设计烈度为7度时，屋顶圈梁应现浇，8度时，每层圈梁均应现浇。

单层空旷砌块建筑在檐口高度处应设闭合现浇圈梁一道。檐口高度大于4米时，应增设圈梁一道。圈梁配筋不小于4ϕ12，箍筋间距不大于20厘米。

圈梁内钢筋绑扎搭接长度不应小于40倍钢筋直径。

注：墙厚小于24厘米时，应在屋盖及每层楼盖处沿所有内外墙设置圈梁。

第 6.2.6 条　抗震横墙除进行强度验算外，其最大间距尚应遵守表6.2.6的规定。

抗震横墙最大间距　　表 6.2.6

楼盖类别	设计烈度	
	7 度	8 度
现浇钢筋混凝土	15	12
装配式钢筋混凝土	12	9
木	9	6

第 6.2.7 条　砌块砌体抗震构造配筋应按表6.2.7规定采用。

砌块砌体抗震构造配筋位置及用量　　表 6.2.7

建筑类别	砌块类型	配筋状况	设计烈度		备注
			7 度	8 度	
多层建筑	密实砌块	水平网筋位置	建筑物四大角，楼梯间四角，内纵墙与山墙交接处的隔皮水平灰缝中	建筑物四大角，楼梯间四角，内纵墙与山墙交接处，外纵墙每 7 米与内横墙交接处的隔皮水平灰缝中	加设构造柱时，如间距不大于 8 米，可设置在内外墙交接处、楼梯间四角及外墙转角
		用量	2φ6，每边进墙不小于 1 米	2φ6，每边进墙不小于 1 米	
多层建筑	空心砌块	竖向插筋位置	建筑物四大角，楼梯间四角，内纵墙与山墙交接处，外纵墙每 7 米与内横墙交接处	每道纵横墙交接处及横墙门洞的两侧	1.插筋保护层不宜少于 2 厘米，孔洞用 200 号细石混凝土捣实； 2.插筋应贯通墙身，锚固于基础，连接于圈梁。钢筋搭接或焊接必须按规定长度，保证质量
		用量	1 φ14(或 2 φ10)	1 φ16(或 2 φ12)	

注：单层空旷建筑参照设计烈度为 8 度的多层建筑。

第 6.2.8 条　预制板在墙上的搁置长度应满足第5.2.11条要求。如不能满足时，应在与墙或梁垂直的板缝内配置不小于1φ6钢筋，钢筋两端伸入板缝内的长度均为1/4板跨。山墙处应用1φ6“U”形锚固筋，伸入板缝内长度为1/4板跨。

当板跨大于 4 米并与外墙平行时，楼盖和屋盖预制板紧靠外墙的侧边宜与墙或圈梁拉结。

砌块建筑端部为大房间的楼板，及设计烈度为 8 度的砌块建筑的屋盖，应加强钢筋混凝土预制板相互间以及板与梁、墙与圈梁的拉结。

第 6.2.9 条　楼梯间不宜设在房屋端部的第一开间。

设计烈度为 8 度时，楼梯间及门厅内墙阳角处的大梁支承长度，不应小于50厘米，且应与圈梁联结。

不应采用悬挑式楼梯踏步及有竖肋插入墙体的预制楼梯踏步。

第 6.2.10 条　当设计烈度为 8 度并遇到下列情况之一时，宜用防震缝将砌块建筑分成若干体形简单、结构刚度均匀的独立单元。

一、砌块建筑立面高差在 6 米以上；

二、砌块建筑有错层，其楼板高差较大；

三、各部分结构刚度截然不同。

防震缝应沿砌块建筑的全高设置，其两侧应布置墙。基础可不设防震缝。防震缝的宽度根据砌块建筑高度和设计烈度的不同，一般可参照表5.2.13选用。

第七章　施工和质量检验

第一节　施工准备

第 7.1.1 条　砌块堆放地点宜布置在起重设备的回转半径范围内。堆放场地应压实、平整并做好排水。砌块应保持干净，避免粘结泥土、脏物。施工现场宜经常保持足供半个楼层以上配套使用的砌块和构件。

第 7.1.2 条　砌块应垂直堆放。空心砌块堆放高度以一皮为宜，开口端应向下放置。密实砌块应上下皮交叉叠放，顶面二皮叠成阶梯形，堆置高度不宜超过3米；采用集装架时，堆垛高度不宜超过三格，集装架的净距不小于20厘米。

第 7.1.3 条　砌块装卸和运输应平稳，避免冲击。布置垂直运输用塔架、轻型塔吊或台灵架位置时，应考虑其起吊有效高度和回转半径，缆风绳应尽可能避开在建建筑物。

第 7.1.4 条　吊装可采用剪刀摩擦式、剪刀单齿式或多齿式夹具，灌垂直缝可采用工具式模板，铺水平灰缝宜采用平面铺灰器，切割密实砌块可用切割机。

第二节　砌块砌筑

第 7.2.1 条　砌块砌筑前，应在基础平面和楼层平面按砌块设计排列图，放出第一皮砌块的轴线、边线和洞口线，对于空心砌块还应放出分块线。

第 7.2.2 条　当设计无规定时，砌块排列应按下列原则：

一、尽量采用主规格砌块；

二、砌块应错缝搭砌，搭砌长度不得小于块高的三分之一，也不应小于15厘米；

三、纵横墙交接处，应交错搭砌；

四、必须镶砖时，砖应分散布置。

第 7.2.3 条　在每一楼层或250立方米砌体中，每种标号的砂浆或细石混凝土应至少制作一组试块（每组三块）。如砂浆或细石混凝土标号或配合比变更时，也应制作试块以便检查。现场砌筑砂浆须随拌随用，砂浆稠度以5～7厘米为宜。砌筑时，铺灰长度不宜过长，一般密实砌块不超过3～5米，空心砌块不超过2～3米。

第 7.2.4 条　砌筑前应清除砌块表面的污物及粘土，并对砌块作外观检查。砌筑砌块从转角处或定位砌块处开始，内外墙应同时砌筑，纵横墙交接处应交错搭砌，每个楼层砌筑完成后应复核标高，如有误差须找平校正。

第 7.2.5 条　砌块建筑在相邻施工段之间或临间断处的高度差不应超过一个楼层，并应留阶梯形斜槎。附墙垛应与墙体同时交错搭砌。

第 7.2.6 条　砌块砌筑应做到横平竖直，砌体表面平整清洁，砂浆饱满，灌缝密实，超过3厘米的垂直缝应用细石混凝土灌实，其标号不低于200号。

第 7.2.7 条　设计规定的洞口、沟槽、管道和预埋件等，一般应于砌筑时预留或预埋。空心砌块墙体不得打凿通长沟槽。

第 7.2.8 条　常温施工时，砌块及空心砌块的插筋孔应提前浇水湿润，湿润程度以砌块表面呈现水影为准。

第 7.2.9 条 当采用退榫法砌筑时，砌块就位时的榫面不得高出砂浆表面，内外墙面的榫孔不得贯通。

第 7.2.10 条 砌块就位并经校正平直、灌垂直缝后，随即进行水平和垂直缝的勒缝（原浆勾缝），勒缝（原浆勾缝）深度一般为3～5毫米。灌垂直缝后的砌块不得碰撞或撬动，如发生移动，应重新铺砌。预制板、梁、圈梁安装时必须坐浆。

第 7.2.11 条 门窗框的固定必须牢靠，每边固定点不得少于三处。当窗宽小于80厘米时，每边固定点不得少于二处。

第 7.2.12 条 孔内插筋应自基础伸出，插筋连接处必须保证搭接长度。应随砌随在孔内灌混凝土，每次灌孔高度应比砌块顶面低10厘米左右。

第三节 安 全 技 术

第 7.3.1 条 砌块施工宜组织专业小组进行。施工人员必须认真执行有关安全技术规程和本工种的操作规程。

第 7.3.2 条 吊装砌块和构件时应注意其重心位置，禁止用起重拔杆拖运砌块；不得起吊有破裂脱落危险的砌块。起重把杆回转时，严禁将砌块停留在操作人员上空或在空中整修、加工砌块。吊装较长构件时应加稳绳。吊装时不得在其下一层楼内进行任何工作。

第 7.3.3 条 堆放在楼板上的砌块不得超过楼板的允许承载力。采用里脚手施工时，在二层楼面以上必须沿建筑物四周设置安全网，并随施工高度逐层提升，屋面工程未完工前不得拆除。

第 7.3.4 条 安装砌块时，不准站在墙上操作和在墙上设置受力支撑、缆绳等。在施工过程中，对稳定性较差的窗间墙、独立柱应加稳定支撑。

第 7.3.5 条 当遇到下列情况时，应停止吊装工作：

一、因刮风，使砌块和构件在空中摆动不能停稳时；

二、噪音过大，不能听清指挥信号时；

三、起吊设备、索具、夹具有不安全因素而没有排除时；

四、大雾或照明不足时。

第四节 冬、雨 季 施 工

第 7.4.1 条 冬季施工的一般规定：

一、冬季施工时砌块不得浇水湿润，也不得使用被水浸后受冻的砌块。砌块在砌筑前，应清除冰霜等冻结物；

二、砌块工程的冬季施工不宜使用冻结法；

三、砂浆用外加剂的掺量须经试验确定；

四、如设计未作规定，当平均气温低于－10°C时，抗冻砂浆的标号应按常温施工时提高一级；

五、对砌筑好的砌体要覆盖保温，避免受冻。在解冻期应对砌体进行观察和检查，当发现裂缝、不均匀下沉等情况时，应分析原因，并立即采取措施，消除或减弱其影响。

第 7.4.2 条 雨天施工不得使用过湿的砌块，以避免砂浆流淌，影响砌体质量；雨后继续施工时，应复核砌体垂直度。

第五节 砌体抹灰

第 7.5.1 条 砌体抹灰以喷涂为宜。抹灰前应将砌体墙面清除干净，并在前一天洒水湿润；门窗框与墙的交接处应分层填嵌密实。

第 7.5.2 条 室内墙面的阳角和门口侧壁的阳角处，如设计对护角线无规定时，可用水泥混合砂浆抹出护角，护角高度不低于1.5米。外墙窗台、雨篷、压顶等应做好流水坡度和滴水线槽。外墙勾缝应用水泥砂浆，不宜做凸缝。

第六节 砌块质量标准

第 7.6.1 条 砌块起运时应有出厂合格证，并按表7.6.1-1、表7.6.1-2的规定检查其规格尺寸及外观质量。

密实砌块规格尺寸的允许偏差和外观质量标准

表 7.6.1-1

序号	项目	允许偏差(毫米)和外观质量
1	表面疏松	不允许
2	贯穿面棱的裂缝	不允许
3	直径大于50毫米的灰团、空洞、爆裂和突出高度大于20毫米的局部凸起部分	不允许
4	尺寸允许偏差	
	长度	+5、-10
	高度	+5、-10
	厚度	±8
5	翘曲	不大于10
6	条面、顶面相对两棱高低差，即大小头	
	倾斜	不大于8
7	缺棱掉角深度	不大于50

空心砌块规格尺寸的允许偏差和外观质量标准

表 7.6.1-2

序号	项目	允许偏差(毫米)和外观质量
1	长度	+5、-10
2	高度	+5、-10
3	厚度	+5、-3
4	壁、肋厚	+5、-3
5	大面的不平整翘曲	+5、-5
6	每面两对角线之差	10
7	表面疏松	不允许
8	贯穿面棱裂缝	不允许

第七节 砌体质量标准

第 7.7.1 条 砌体质量检验应符合下列规定：

一、砌筑砂浆或细石混凝土强度。

同标号砂浆或细石混凝土的平均强度不得低于设计标号；

任意一组试块的最低值，对于砂浆不得低于设计标号的75%，对于细石混凝土不得低于设计标号的85%。

检查方法：检查28天标准养护试块的抗压强度。

二、组砌方法应正确，不应有通缝，转角处和交接处的斜槎应通顺、密实。

检查方法：观察检查。

三、墙面应保持清洁，勾缝密实，深浅一致，横竖缝交接处应平正。

检查方法：观察检查。

四、预埋件、预留孔洞的位置应符合设计要求。

五、砌体的允许偏差和检查方法见表7.7.1。

砌体允许偏差和外观质量标准　　表 7.7.1

项次	项目			允许偏差(毫米)	检查方法
1	轴线位置			10	用经纬仪、水平仪复查或检查施工记录
2	基础或楼面标高			±15	用经纬仪、水平仪复查或检查施工记录
3	垂直度	每楼层		5	用吊线法检查
		全高	10米以下	10	用经纬仪或吊线尺检查
			10米以上	20	用经纬仪或吊线尺检查
4	表面平整			10	用2米长直尺和塞尺检查
5	水平灰缝平直度	清水墙		7	灰缝上口处用10米长的线拉直并用尺检查
		混水墙		10	
6	水平灰缝厚度			+10、-5	与线杆比较，用尺检查
7	垂直缝宽度			+10、-5 >30毫米 （用细石混凝土）	用尺检查
8	门窗洞口宽度(后塞框)			+10、-5	用尺检查
9	清水墙面游丁走缝			20	用吊线和尺检查

附录一　砌块强度的试验方法

随机选取主规格砌块三块，用1:3水泥砂浆抹平上下表面，找平后的上下面应互相平行，并与砌块的大面垂直。

找平后的试件在室温下养护三天，放在试验机上，以每秒0.5～1公斤/厘米²的速度加荷，直至破坏。

根据破坏荷载，按下式确定每块砌块的抗压强度R_k

$$R_k=\frac{P}{A}$$

式中　P——破坏荷载，以公斤计；

A——按毛面积计算的受压面积，以厘米²计。

以三个砌块的平均抗压强度作为该组试件的砌块强度。

对于粉煤灰硅酸盐密实砌块，还需乘以自然碳化系数。

附录二　砌块强度近似计算值

1.密实砌块的抗压强度，应按试验值乘以自然碳化系数后采用（当自然碳化系数无试验数据时，可近似取人工碳化系数的1.15倍，但不得大于0.9）。

2.当确无试验条件时，R_k可近似取用下列折算值：

对平模蒸养的密实砌块：$R_k=(0.8\sim0.9)TR_1$

对空心砌块：$R_k=(0.6\sim0.65)(1-k)R_1$

式中　R_1——砌块材料标号；

T——自然碳化系数；

k——砌块的空心率。

附录三 砌块砌体抗压强度的试验方法

1.试件规格和材料

试件高度H以三皮砌块的高度为准，厚度d为砌块厚度，宽度B以主规格砌块长度为准，砌体中部应有一条垂直灰缝，试件形状如附图3.1所示。

试件所用砌块的强度按附录一的方法确定；砂浆试块与砌体在同样条件下养护，并在砌体试验时进行抗压试验，每组砌体至少做一组砂浆试块。

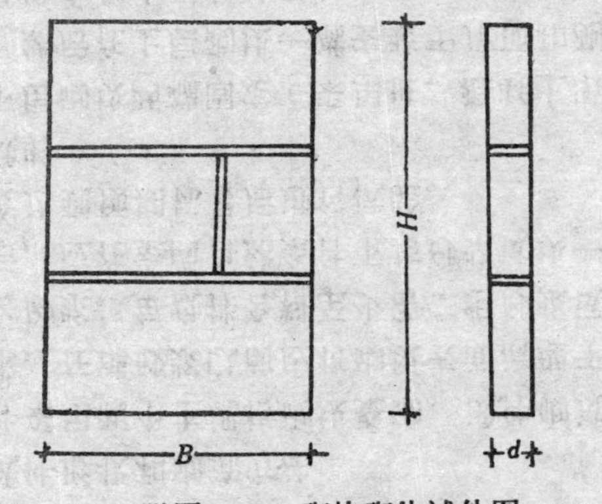

附图 3.1 砌块砌体试件图

2.试件砌筑方法

砌体的砌筑按本规程有关条文进行。试件砌筑在平整的地坪或钢垫板上，试件顶部用1:3水泥砂浆抹平，其厚度以10毫米为宜。竖向轴线误差不得超过5毫米。试件一般在室内自然条件下养护。

3.试验

试件的轴心受压试验在长柱压力机或静力试验台座上进行，如上下压头面积不足时，需加具有足够刚度的垫梁。

试验前将试件尺寸、质量等情况进行检查、记录，然后按下列步骤进行：

（1）对中：使荷载中心与砌体几何中心相重合。

（2）加荷：采用分级加荷，每级荷载取破坏荷载的1/10左右。每级荷载均匀连续施加，加荷速度一般为每分钟3～5公斤/厘米^2，每级荷载加完后恒载2～3分钟，以作观测和记录。

（3）观察：注意观察第一条裂缝出现和裂缝发展情况，记下初裂荷载，在裂缝处标出荷载吨位；当裂缝急剧增加和扩展，同时测力计上指针停顿及回转，即可认为试件失去承载能力，达到破坏状态，记下破坏荷载值，试验结束。

4.计算

砌体轴心受压的破坏强度按下式计算：

$$R=\frac{N\psi}{\varphi A}$$

式中 R——砌体的受压强度，以公斤/厘米^{2}计；

N——砌体的破坏荷载，以公斤计；

A——砌体的受压毛面积，以厘米^{2}计；

φ——纵向弯曲系数，按本规程有关条文采用；

ψ——截面换算系数（查照GBJ3—73附录四）。

附录四　砌体水平灰缝抗剪强度的试验方法

1.试件形状和砌筑方法

试件采用两个主规格砌块叠砌。试件砌筑应符合一般施工要求，在铺砂浆以前应将砌块表面清理干净。砌筑试件所用之砂浆，每盘拌合料至少留二组砂浆试块。试件砌筑完成后，应在室内自然条件下与砂浆试块一起养护，待砂浆强度达到预期标号后进行试验。

2.试验

将下层砌块两端固定（采用桩、混凝土墩或其它试验装置），然后在上层砌块一端安装千斤顶和测力计。千斤顶加力轴线应与水平灰缝平行，并尽可能靠近受剪面，以减少弯矩影响，如附图4.1所示。加荷力求缓慢、连续、均匀，当试件出现滑动开始卸荷时，即认为达到破坏状态，记下破坏荷载值，试验结束。

3.计算

剪切强度R_j按下式计算：$R_j=\frac{Q}{A}$

式中　Q——剪切破坏荷载，以公斤计；

A——受剪面积（毛面积），以厘米^{2}计。

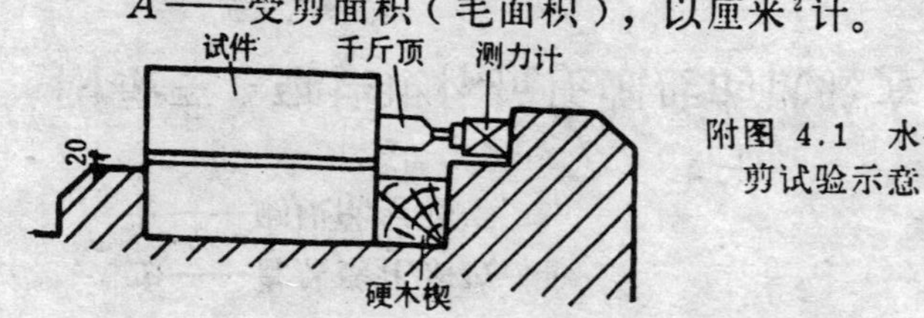

附图 4.1　水平抗剪试验示意图

附录五　刚弹性方案单层单跨砌块建筑的静力计算方法

在水平荷载（风载）作用下，刚弹性方案单层单跨砌块建筑的静力计算，可按下列步骤进行：

1.根据屋盖类别和横墙间距，由表3.1.1查得相应的侧移折减系数m，并绘出计算简图[附图5.1（1）]；

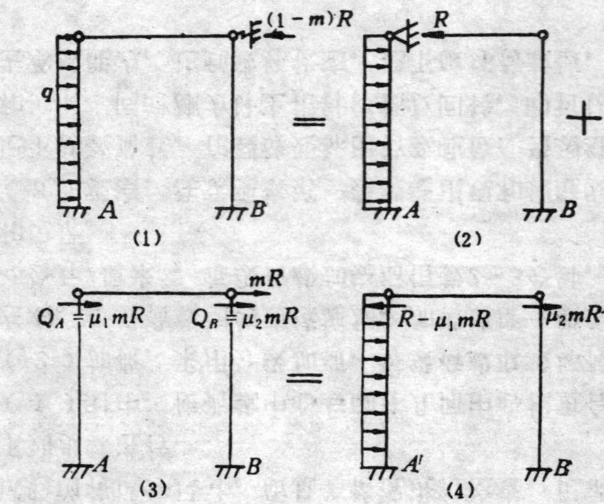

附图 5.1　刚弹性方案单层单跨砌块建筑的静力计算简图

注：μ_1、μ_2——柱顶剪力分配系数。

2.假定排架无侧移，求出在已知荷载下不动支点的反力R和柱顶剪力[附图5.1（2）]；

3.将柱顶反力mR反向作用于排架上，根据各柱的刚度比进行分配，求出各柱顶剪力[附图5.1（3）]；

4.叠加[附图5.1（2）、（3）]两种情况的柱顶剪力，即得最后的柱顶剪力[附图5.1（4）]。

附录六　具有少量镶砖的砌块墙体的计算

1.砌体横截面内具有少量镶砖的组合墙体（附图6.1）受压时，应分别按照下列公式进行计算：

（1）在墙体厚度 d 方向的计算

$$KN \leqslant \varphi \alpha A R_z$$

式中　$A = bd = A_k + A_q = b_k d + b_q d$

$$R_z = \frac{RA_k + R_q A_q}{A} \cdot C_0 \geqslant \frac{RA_k}{A}$$

R_z——组合墙体的换算抗压强度；

R——砌块砌体的抗压强度；

R_q——砖砌体的抗压强度；

C_0——组合砌体的砌合影响系数。当砌块高度为380～680毫米时，$C_0=0.9$；砌块高度为680～940毫米时，$C_0=0.8$；

α——纵向力的偏心影响系数，按第4.1.1条表4.1.1采用；

φ——纵向弯曲系数，按第4.1.2条的规定采用。

（2）在墙体宽度 b 方向的计算

当沿墙宽 b 方向承受垂直偏心荷载时，还应对宽度方向按偏心受压构件进行计算。

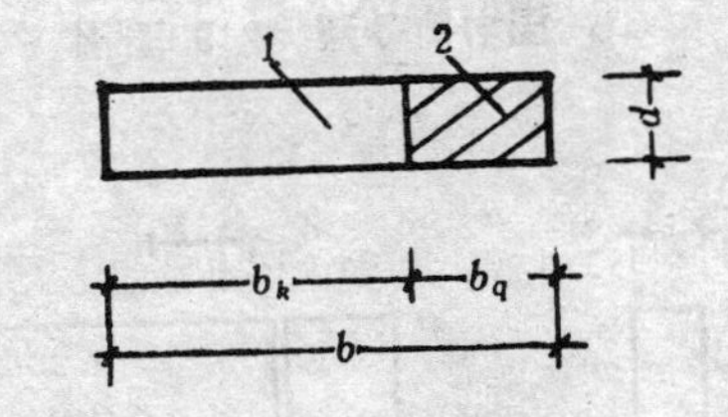

附图 6.1　组合墙体横截面图

1—砌块砌体；2—砖砌体；$b_q \ngtr \frac{1}{2} b_k$

①组合墙体横截面的重心应按换算成同一材料的截面（A_z）的重心采用。

换算截面时，砌块砌体和砖砌体的宽度分别按其实际宽度（b_k或b_q）采用，而厚度应按下式计算：

砌块砌体的厚度$d_k=d$；

砖砌体的厚度$d_q = d \times \frac{R_q}{R}$。

②墙体偏心受压时，按下式计算：

$$KN \leqslant \varphi A_c R_{zc}$$

式中　φ——纵向弯曲系数，按第4.1.2条的规定采用；

A_c——应力图形为矩形时，组合墙体受压部分的截面面积；

R_{zc}——组合墙体受压部分的换算抗压强度。

当荷载N作用点偏向砖砌体一边时（附图6.2）

$$A_c = A_{k1} + A_q = b_{k1} d + b_q d$$

$$R_{zc}=\frac{RA_{k1}+R_qA_q}{A_c}C_0\geqslant\frac{R_qA_q}{A_c}$$

$$b_{k1}=2(y-e_0)-b_q$$

当荷载N作用点偏向砌块砌体一边时(附图6.3)

$$A_c=A_k+A_{q1}=b_kd+b_{q1}d$$

$$R_{zc}=\frac{RA_k+R_qA_{q1}}{A_c}C_0\geqslant\frac{RA_k}{A_c}$$

$$b_{q1}=2(y-e_0)-b_k$$

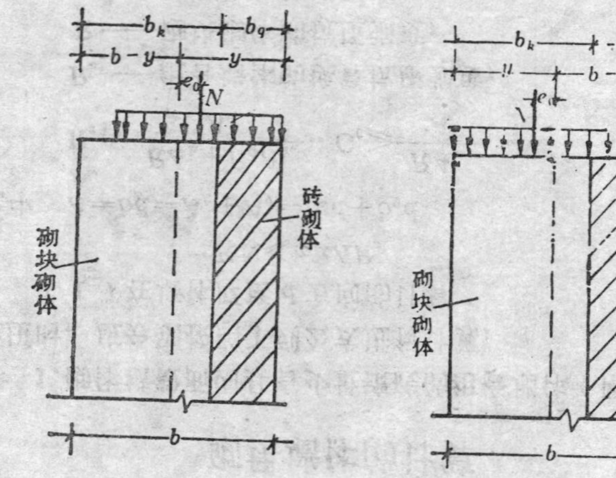

附图 6.2 组合墙体偏心受压情况之一

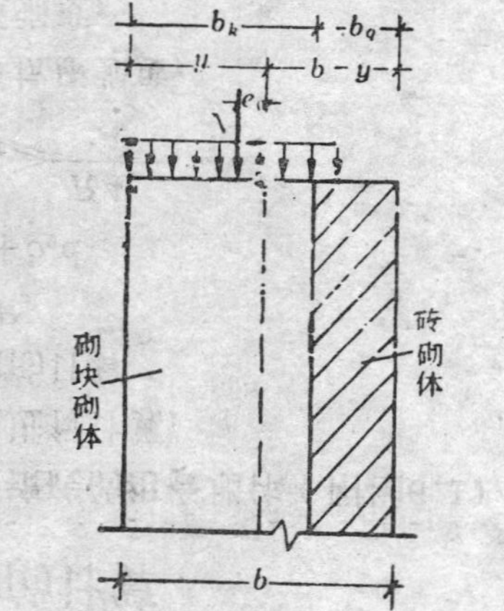

附图 6.3 组合墙体偏心受压情况之二

2.在砌块墙体中有水平 砖砌体 带的混 合墙体（附图6.4）受压时，应按下式计算：

$$KN\leqslant\varphi\alpha AR_h$$

式中 $R_h=C_hR_q$——混合墙体的抗压强度，当$R_h>R$时，仍采用R；

R_q——砖砌体的抗压强度；

R——砌块砌体的抗压强度；

C_h——考虑上下砌块对砖砌体侧向变形的限制作用对强度的提高系数，当砖砌体高度$h\leqslant d$时，取$C_h=1.2$；当$h\geqslant 3d$时，取$C_h=1$；当$2d<h<3d$时，取$C_h=1.1$。

其它符号意义同前。

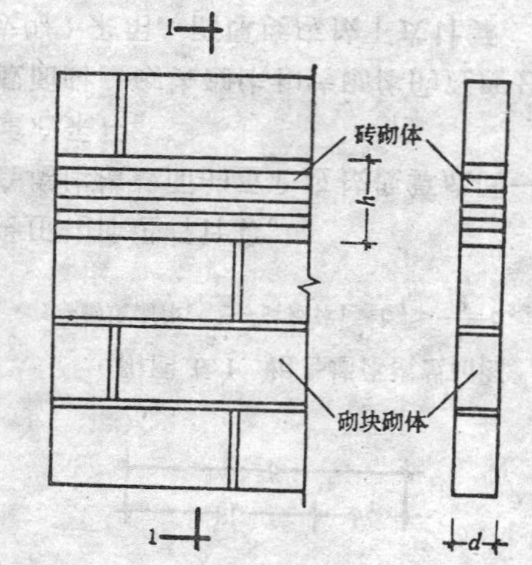

附图 6.4 混合墙体图

附录七　中型砌块砌体抗剪强度验算

1.砌块砌体的抗剪强度可按下式验算：

$$KQ_{im}\leqslant\frac{R_\tau A_{im}}{m_z\xi}$$

式中 Q_{im}——墙体承受的分配地震剪力；

A_{im}——墙体的横截面面积；

K——砌块砌体抗震安全系数，按本规程第6.1.8条规定采用；

ξ——截面剪应力不均匀系数，取 $\xi=1.2$；

R_τ——砌块砌体抗剪强度，可按下式计算；

$$R_\tau=R_z\sqrt{1+\frac{\sigma_0}{R_z}}$$

R_z——砌块砌体主拉应力强度（公斤/厘米^2），可按本规程表2.0.4中R_j采用；

σ_0——砌体验算截面的平均压应力（公斤/厘米^2）；

m_z——砌块砌体整体系数。密实砌块，$m_z=1.10$；空心砌块，$m_z=1.20$。

2.验算多层砌块建筑抗震强度时，非承重纵横墙体的抗剪强度可提高1/3。

参考资料一　砌块剪力墙结构抗弯强度验算

一、水平荷载分配

地震区采用中型砌块建筑时，每个楼层都应当设置钢筋混凝土圈梁，此圈梁一般兼作开洞剪力墙的连系梁。当梁的强度满足下式要求时，在地震力作用下可考虑在梁两端形成塑性铰，并按本方法进行结构的荷载分配和抗弯强度验算：

$$1.2M_{lf}\leqslant M_{lu}\leqslant M_{lQ/1.2} \qquad (1)$$

式中 M_{lf}——连系梁抗裂弯矩；

M_{lu}——按纵向钢筋计算的连系梁极限抵抗弯矩；

$M_{lQ}=lQ_{kh}$——按斜截面抗剪强度计算的连系梁极限抵抗弯矩。

（一）纵、横向地震荷载（包括风荷载）由纵、横墙分别承担。纵向地震荷载按墙体刚度EJ_d比分配给各纵墙。横向地震荷载的70%按各横墙刚度EJ_d比进行分配，其余30%按各横墙的（楼层）负荷面积比分配，即：

$$Q_{im}=\left(0.7\frac{J_d}{\Sigma J_d}+0.3\frac{F}{\Sigma F}\right)Q_0 \qquad (2)$$

式中 Q_{im}——横墙所分配的地震荷载（剪力）；

J_d——横墙的等效惯性矩；

F——横墙的（楼层）负荷面积。

（二）砌块剪力墙等效惯性矩J_d，按下列公式计算：

$$J_d=\begin{cases}\Sigma J_i/(1+3.64\gamma-1.33\alpha_s) & \text{(倒三角形荷载)}\\ \Sigma J_i/(1+4\gamma-1.33\alpha_s) & \text{(均布荷载)}\\ \Sigma J_i/(1+3\gamma-\alpha_s) & \text{(顶点集中荷载)}\end{cases} \quad (3)$$

$$\gamma=\frac{E\Sigma J_i}{H^2G\Sigma\frac{A_i}{\mu_{yi}}} \quad (4)$$

$$\alpha_s=\overline{M}_{lu}/(M_{zu}+\overline{M}_{lu}) \quad (5)$$

式中 J_i、A_i——墙肢 i 之惯性矩和截面面积；

μ_{yi}——墙肢 i 之剪应力不均匀对变形的影响系数，查表1～3。当为矩形截面时，取 $\mu=1.05$；

$\overline{M}_{lu}$——连系梁对墙肢总极限约束弯矩，按(8)式计算；

M_{zu}——剪力墙墙体极限抗弯矩，按(7)式计算。

T 型 截 面 μ_y 值 　　表 1

H/t	B/t												
	1	2	3	4	5	6	7	8	9	10	11	12	13
2	1.05	1.14	1.17	1.19	1.20	1.21	1.20	1.20	1.19	1.19	1.18	1.17	1.16
4	1.05	1.17	1.27	1.38	1.48	1.57	1.67	1.76	1.85	1.94	2.03	2.12	2.20
6	1.05	1.13	1.21	1.29	1.37	1.45	1.53	1.61	1.69	1.77	1.85	1.93	2.01
8	1.05	1.11	1.17	1.23	1.29	1.36	1.42	1.49	1.55	1.61	1.68	1.74	1.81
10	1.05	1.09	1.14	1.19	1.24	1.29	1.35	1.40	1.45	1.51	1.56	1.61	1.67
12	1.05	1.08	1.12	1.16	1.21	1.25	1.29	1.34	1.38	1.43	1.47	1.52	1.56
14	1.05	1.08	1.11	1.14	1.18	1.22	1.26	1.29	1.33	1.37	1.41	1.45	1.49
15	1.05	1.07	1.10	1.13	1.17	1.20	1.24	1.28	1.31	1.35	1.39	1.42	1.46
16	1.05	1.07	1.10	1.13	1.16	1.19	1.23	1.26	1.29	1.33	1.36	1.40	1.43
17	1.05	1.07	1.09	1.12	1.15	1.18	1.21	1.25	1.28	1.31	1.34	1.38	1.41

续表

H/t	B/t												
	1	2	3	4	5	6	7	8	9	10	11	12	13
18	1.05	1.07	1.09	1.12	1.14	1.17	1.20	1.23	1.26	1.29	1.32	1.36	1.39
19	1.05	1.07	1.09	1.11	1.14	1.17	1.19	1.22	1.25	1.28	1.31	1.34	1.37
20	1.05	1.06	1.08	1.11	1.13	1.16	1.18	1.21	1.24	1.27	1.29	1.32	1.35
21	1.05	1.06	1.08	1.10	1.13	1.15	1.18	1.20	1.23	1.25	1.28	1.31	1.33
22	1.05	1.06	1.08	1.10	1.12	1.15	1.17	1.19	1.22	1.24	1.27	1.29	1.32
24	1.05	1.06	1.08	1.09	1.11	1.14	1.16	1.18	1.20	1.22	1.25	1.27	1.29
26	1.05	1.06	1.07	1.09	1.11	1.13	1.15	1.17	1.19	1.21	1.23	1.25	1.27
28	1.05	1.06	1.07	1.09	1.10	1.12	1.14	1.16	1.17	1.19	1.21	1.23	1.25
30	1.05	1.06	1.07	1.08	1.10	1.11	1.13	1.15	1.16	1.18	1.20	1.22	1.24
35	1.05	1.06	1.06	1.08	1.09	1.10	1.11	1.13	1.14	1.16	1.17	1.19	1.21
40	1.05	1.06	1.06	1.07	1.08	1.09	1.10	1.12	1.13	1.14	1.15	1.17	1.18
50	1.05	1.05	1.06	1.06	1.07	1.08	1.09	1.10	1.11	1.12	1.13	1.14	1.15

注：B—翼缘宽度；H—截面高度；t—腹板和翼缘厚度。

工 型 截 面 μ_y 值 　　表 2

H/t	B/t												
	1	2	3	4	5	6	7	8	9	10	11	12	13
10	1.05	1.12	1.20	1.29	1.38	1.47	1.56	1.65	1.74	1.84	1.93	2.02	2.12
12	1.05	1.10	1.17	1.24	1.32	1.39	1.47	1.54	1.62	1.70	1.78	1.85	1.93
14	1.05	1.09	1.15	1.21	1.27	1.33	1.40	1.47	1.53	1.60	1.67	1.73	1.80
16	1.05	1.09	1.13	1.18	1.24	1.29	1.35	1.41	1.46	1.52	1.58	1.64	1.70
18	1.05	1.08	1.12	1.16	1.21	1.26	1.31	1.36	1.01	1.46	1.52	1.57	1.62
20	1.05	1.08	1.11	1.15	1.19	1.23	1.28	1.32	1.37	1.42	1.46	1.51	1.56
21	1.05	1.07	1.11	1.14	1.18	1.22	1.27	1.31	1.35	1.40	1.44	1.48	1.53
22	1.05	1.07	1.10	1.14	1.17	1.21	1.25	1.29	1.34	1.38	1.42	1.46	1.50
23	1.05	1.07	1.10	1.13	1.17	1.20	1.24	1.28	1.32	1.36	1.40	1.44	1.48

续表

H/t	B/t												
	1	2	3	4	5	6	7	8	9	10	11	12	13
24	1.05	1.07	1.10	1.13	1.16	1.20	1.23	1.27	1.31	1.34	1.38	1.42	1.46
25	1.05	1.07	1.09	1.12	1.15	1.19	1.22	1.26	1.29	1.33	1.37	1.40	1.44
26	1.05	1.07	1.09	1.12	1.15	1.18	1.21	1.25	1.28	1.32	1.35	1.39	1.42
27	1.05	1.07	1.09	1.12	1.14	1.17	1.21	1.24	1.27	1.31	1.34	1.37	1.41
28	1.05	1.07	1.09	1.11	1.14	1.17	1.20	1.23	1.26	1.29	1.33	1.36	1.39
29	1.05	1.06	1.08	1.11	1.14	1.16	1.19	1.22	1.25	1.28	1.32	1.35	1.38
30	1.05	1.06	1.08	1.11	1.13	1.16	1.19	1.22	1.24	1.27	1.30	1.33	1.37
32	1.05	1.06	1.08	1.10	1.12	1.15	1.18	1.20	1.23	1.26	1.29	1.31	1.34
34	1.05	1.06	1.08	1.10	1.12	1.14	1.17	1.19	1.22	1.24	1.27	1.29	1.32
36	1.05	1.06	1.07	1.09	1.11	1.13	1.16	1.18	1.20	1.23	1.25	1.28	1.30
38	1.05	1.06	1.07	1.09	1.11	1.13	1.15	1.17	1.19	1.22	1.24	1.26	1.29
40	1.05	1.06	1.07	1.09	1.10	1.12	1.14	1.16	1.18	1.21	1.23	1.25	1.27
45	1.05	1.06	1.07	1.08	1.10	1.11	1.13	1.15	1.16	1.18	1.20	1.22	1.24
50	1.05	1.06	1.06	1.08	1.09	1.10	1.12	1.13	1.15	1.17	1.18	1.20	1.22

王型截面 μ_y 值　　表 3

H/t	B/t												
	1	2	3	4	5	6	7	8	9	10	11	12	13
20	1.05	1.08	1.12	1.18	1.24	1.31	1.37	1.43	1.50	1.57	1.63	1.70	1.76
22	1.05	1.07	1.12	1.17	1.22	1.28	1.34	1.40	1.46	1.52	1.58	1.64	1.70
24	1.05	1.07	1.11	1.16	1.21	1.26	1.31	1.37	1.42	1.48	1.53	1.59	1.64
26	1.05	1.07	1.10	1.15	1.19	1.24	1.29	1.34	1.39	1.44	1.49	1.54	1.59
28	1.05	1.07	1.10	1.14	1.18	1.22	1.27	1.32	1.36	1.41	1.46	1.51	1.55
30	1.05	1.06	1.09	1.13	1.17	1.21	1.25	1.30	1.34	1.38	1.43	1.47	1.52
32	1.05	1.06	1.09	1.12	1.16	1.20	1.24	1.28	1.32	1.36	1.40	1.44	1.49
34	1.05	1.06	1.09	1.12	1.15	1.19	1.23	1.26	1.30	1.34	1.38	1.42	1.46
36	1.05	1.06	1.08	1.11	1.15	1.18	1.21	1.25	1.29	1.32	1.36	1.40	1.43

续表

H/t	B/t												
	1	2	3	4	5	6	7	8	9	10	11	12	13
38	1.05	1.06	1.08	1.11	1.14	1.17	1.20	1.24	1.27	1.31	1.34	1.38	1.41
40	1.05	1.06	1.08	1.11	1.13	1.16	1.19	1.23	1.26	1.29	1.32	1.36	1.39
41	1.05	1.06	1.08	1.10	1.13	1.16	1.19	1.22	1.25	1.28	1.32	1.35	1.38
42	1.05	1.06	1.08	1.10	1.13	1.16	1.19	1.22	1.25	1.28	1.31	1.34	1.37
43	1.05	1.06	1.08	1.10	1.13	1.15	1.18	1.21	1.24	1.27	1.30	1.33	1.36
44	1.05	1.06	1.08	1.10	1.12	1.15	1.18	1.21	1.24	1.27	1.30	1.33	1.36
45	1.05	1.06	1.07	1.10	1.12	1.15	1.18	1.20	1.23	1.26	1.29	1.32	1.35
46	1.05	1.06	1.07	1.10	1.12	1.15	1.17	1.20	1.23	1.25	1.28	1.31	1.34
47	1.05	1.06	1.07	1.10	1.12	1.14	1.17	1.20	1.22	1.25	1.28	1.31	1.33
48	1.05	1.06	1.07	1.09	1.12	1.14	1.17	1.19	1.22	1.24	1.27	1.30	1.33
49	1.05	1.06	1.07	1.09	1.11	1.14	1.16	1.19	1.21	1.24	1.27	1.29	1.32
50	1.05	1.06	1.07	1.09	1.11	1.14	1.16	1.18	1.21	1.24	1.26	1.29	1.31

二、抗弯强度验算

砌块剪力墙结构的抗弯强度，按下列公式验算(图1)：

$$M\leqslant[M]=\frac{M_{zu}}{K_z}+\frac{\overline{M}_{lu}+M_g}{K_g} \quad (6)$$

$$M_{zu}=\Sigma\eta_i N_i Z_i \quad (7)$$

$$\overline{M}_{lu}=\begin{cases}2n'\varphi'\dfrac{s}{l}M_{lu} & (\text{双肢墙})\\ 1.6n'\varphi'\left(\dfrac{s_1}{l_1}+\dfrac{s_2}{l_2}\right)M_{lu} & (\text{三肢墙})\end{cases} \quad (8)$$

$$M_g=\Sigma\eta_i A_{gi} R_g Z_{ai} \quad (9)$$

式中 M_g——剪力墙受拉钢筋的极限抵抗弯矩；

K_z K_g——砌体及钢筋抗弯安全系数；

Z_i——墙肢 i 之轴向压力 N_i 至极限剪压区

$A_u=(N_i+A_{gi}R_g)/R$形心间的距离；

Z_{ai}——墙肢 i 之受拉纵向钢筋 A_{gi}至 A_u形心间的距离；

$N_i=N_{qi}\pm N_{Qi}$——墙肢 i 之轴向压力，其中N_{qi}为房屋竖向荷载产生，$N_Q=n'\varphi' M_{lu}/l$ 为侧向力产生，压为正；

$M_{lu}\approx 0.9R_gA_gh_0$——单根连系梁之极限抵抗弯矩，$h_0$为连系梁有效高度；

n'——设置钢筋混凝土连系梁的总层数；

φ'——连系梁内力重分布不完全系数，根据α_l值（或近似按α_s值）查表 4；

η_i——墙肢 i 的协同工作系数。对于大墙肢，取 1.0；对于小墙肢：当大小墙肢刚度 EJ 相差大于 10 倍时，取 0.8；当相差2～10倍时，取0.9；当相差小于 2 倍时，取0.95；

$2s$、$2s_1$、$2s_2$——相邻墙肢重心线间距离；

$2l$、$2l_1$、$2l_2$——连系梁计算跨度，取净跨加梁高一半。

连系梁内力重分布不完全系数φ'　　表 4

α_l	≤3	4	5	7	9	≥10
$\alpha_s=\overline{M}_{lu}/(M_{zu}+\overline{M}_{lu})$	≤0.18	0.21	0.24	0.29	0.32	≥0.34
φ'	1.00	0.95	0.90	0.85	0.80	0.75

表中　$\alpha_l=\left[\dfrac{6(n')^2hE_l\tilde{J}_l\Sigma S_l^2}{l^3E\Sigma J_l}\right]^{1/2}$，$\tilde{J}_l=J_l\Big/\left(1+\dfrac{3\mu E_lJ_l}{l^2G_lA_l}\right)$

三、计算实例

今以兰州粉煤灰砌块建筑足尺抗震试验模型为例，验算在 7 度地震作用下之抗弯强度。

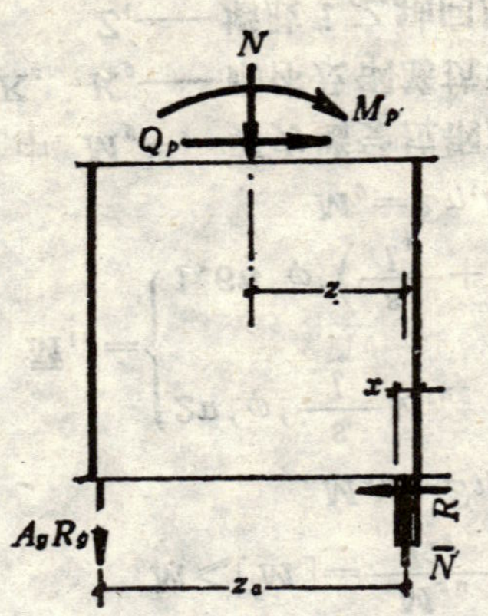

（一）主要技术条件

五层，层高h=2.8m，三开间，平面布置见图 2。砌块抗压强度大于100号，底层砂浆强度 R_2=58.4kg/cm²

②轴横墙连系梁，系钢筋混凝土现浇圈梁兼，尺寸为 24×30cm（包括楼板厚），上下各配2ϕ10钢筋，200号混凝土；④轴横墙窗过梁下部为钢筋混凝土圈梁，上部为砌块，高90厘米；连梁总高为1.2米。产生地震力之建筑物总重量W=437.3t。

图 1

（二）截面几何特征

①轴墙（图3）：

$$A=2.8\text{m}^2$$

$$J=18.4\text{m}^4$$

查表 3 得：

$$\mu_y=1.19$$

$$\gamma=\frac{\mu_yEJ}{H^2GA}=\frac{1.19\times 18.4}{14^2\times 0.3\times 2.8}=0.133$$

$$J_d=\frac{J}{1+3.64\gamma}=\frac{18.4}{1+3.64\times 0.133}=12.4\text{m}^4$$

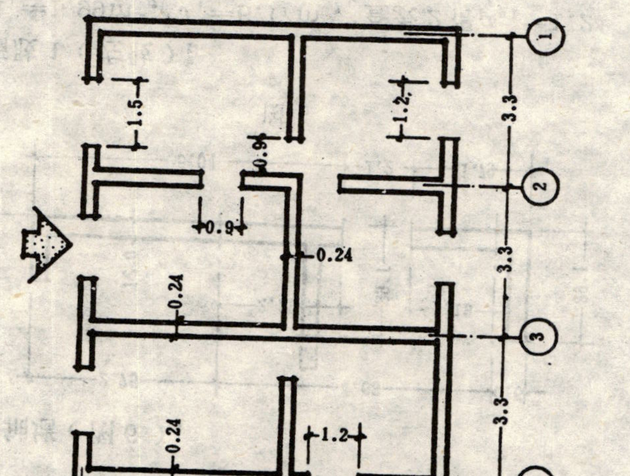

图 2　兰州模型平面图

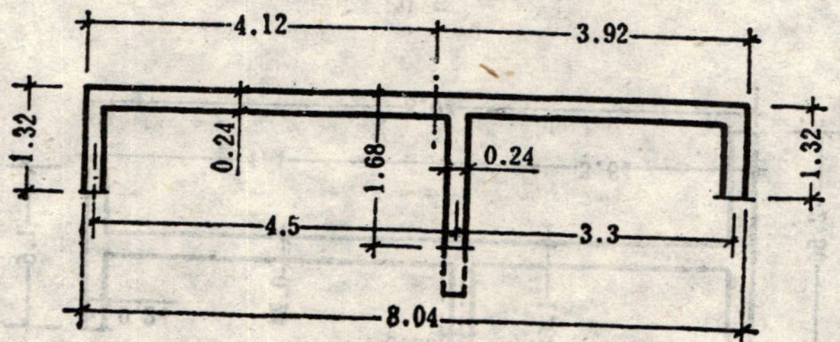

图 3

②轴墙（图 4）：

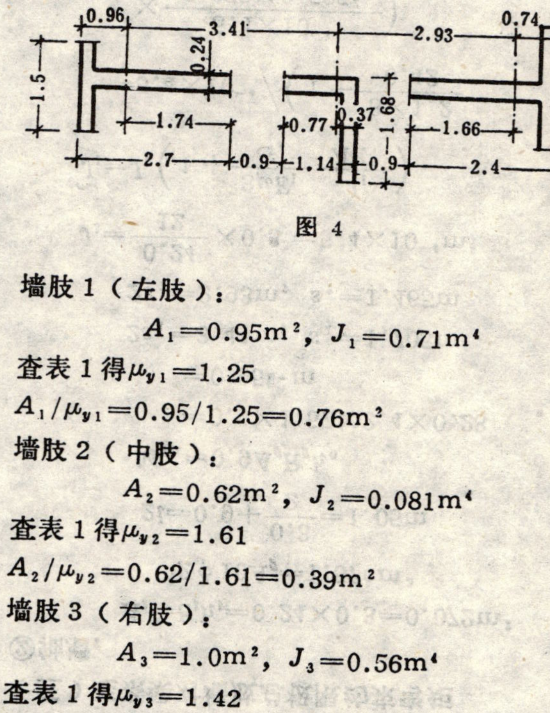

图 4

墙肢 1（左肢）：

$$A_1=0.95\text{m}^2,\ J_1=0.71\text{m}^4$$

查表 1 得$\mu_{y1}=1.25$

$A_1/\mu_{y1}=0.95/1.25=0.76\text{m}^2$

墙肢 2（中肢）：

$$A_2=0.62\text{m}^2,\ J_2=0.081\text{m}^4$$

查表 1 得$\mu_{y2}=1.61$

$A_2/\mu_{y2}=0.62/1.61=0.39\text{m}^2$

墙肢 3（右肢）：

$$A_3=1.0\text{m}^2,\ J_3=0.56\text{m}^4$$

查表 1 得$\mu_{y3}=1.42$

$A_3/\mu_{y3}=1.0/1.42=0.70$

$\Sigma A_i/\mu_{yi}=0.76+0.39+0.70=1.85\text{m}^2$

$\Sigma J_i=0.71+0.081+0.56=1.35\text{m}^4$

$$\gamma=\frac{E\Sigma J_i}{H^2G\Sigma\frac{A_i}{\mu_{yi}}}=\frac{1.35}{14^2\times0.3\times1.85}=0.0124$$

③轴墙（图 5）：

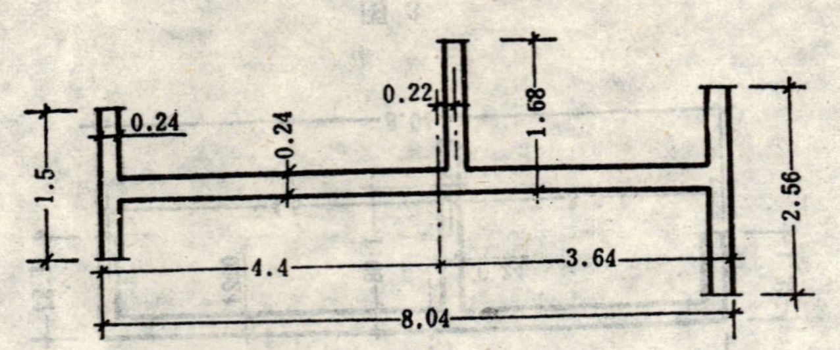

图 5

$A=3.1m^2$

$J=22.8m^4$

$\mu_y=1.26$

$\gamma=0.158$

$J_d=14.5m^4$

④轴墙（图6）：

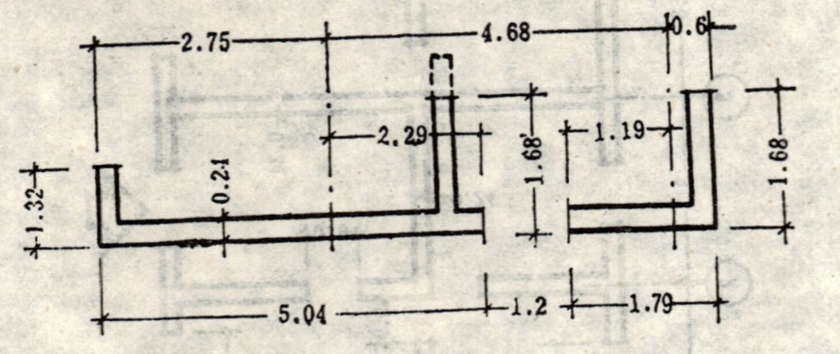

图 6

墙肢1（左肢）：

$A_1=1.99m^2$，$J_1=6.17m$，查表2得$\mu_{y1}=1.24$

$A_1/\mu_{y1}=1.99/1.24=1.6m^2$

墙肢2（右肢）：

$A_2=0.78m^2$，$J_2=0.24m^4$，查表1得$\mu_{y2}=$ .45

$A_2/\mu_{y2}=0.78/1.45=0.54$

$\sum A_i/\mu_{yi}=1.6+0.54=2.14m^2$

$\Sigma J_i=6.17+0.24=6.41m^4$

$$\gamma=\frac{6.41}{14^2\times0.3\times2.14}=0.051$$

（三）连系梁对墙肢总极限约束弯矩

②轴墙：

$A_l=b_lh_l=0.24\times0.3=0.072m^2$

$2\phi10A_g=1.57cm^2$

$$2l=0.9+\frac{0.3}{2}=1.05m$$

$M_{lu}\approx0.9A_gR_gh_0$

$=0.9\times1.57\times2.4\times0.28$

$=0.95t\text{-}m$

$2s_1=3.41m$，$s_1=1.705m$

$2s_2=2.93m$，$s_2=1.465m$

$$J_l=\frac{0.24}{12}\times0.3^3=5.4\times10^{-4}m^4$$

$$\widetilde{J}_l=J_l\left(1+\frac{3\mu E_l}{G_l}\frac{J_l}{A_ll^2}\right)$$

$$=5.4\times10^{-4}\Big/\left(1+\frac{3\times1.2}{0.42}\times\frac{5.4\times10^{-4}}{0.072\times0.525^2}\right)$$

$=4.38\times10^{-4}m^4$

$$\alpha_t=\left[\frac{6(n')^2h}{E\Sigma J_i}\Sigma\frac{s_i^2E_i\tilde{J}_i}{l^3}\right]^{1/2}$$

$$=\left[\frac{6\times5^2\times2.8\times2.6\times10^6\times4.38\times10^{-4}}{1.35\times2.5\times10^5\times0.525^3}\times(1.705^2+1.465^2)\right]^{1/2}=7.03$$

查表 4 得$\varphi'=0.84$

$$\therefore \overline{M}_{lu}=1.6n\ \varphi\ \left(\frac{s_1}{l_1}+\frac{s_2}{l_2}\right)\cdot M_{lu}=1.6\times5\times0.84\ \frac{1.705+1.465}{0.525}\times0.95$$

$$=38.6\text{t-m}$$

$$N_Q=n'\varphi'\frac{M_{lu}}{l}=5\times0.84\times\frac{0.95}{0.525}=7.6\text{t}$$

④轴墙：

$$A_l=0.24\times1.2=0.288\text{m}^2$$

$$h_0=\begin{cases}1.165\text{m（正）}\\0.28\text{m（反）}\end{cases}$$

对于正向，因$h_0/l=1.165/0.9=1.29>1.0$，故按深梁理论，近似取$z_a=0.5h_0=0.5\times1.165=0.6\text{m}$。

$$\therefore M_{lu}=\begin{cases}A_gR_gz_a\\0.9A_gR_gh_0\end{cases}=\begin{cases}1.57\times2.4\times0.6\\0.9\times1.57\times2.4\times0.28\end{cases}$$

$$=\begin{cases}2.3\text{t-m（正）}\\0.95\text{t-m（反）}\end{cases}$$

$2s=4.68\text{m}$，$s=2.34\text{m}$

$2l=0.9+0.6=1.5\text{m}$，$l=0.75\text{m}$（正）

$$J_l=\frac{0.24}{12}\times1.2^3=0.03456\text{m}^4$$

$$\tilde{J}_l=0.0104\text{m}^4$$

$$\overline{E}_l=(26\times0.3+2.5\times0.9)\times10^5/1.2=8.4\times10^5\text{t/m}^2$$

$$\alpha_t=5.5$$

查表 4 得$\varphi=0.88$

$$\overline{M}_{lu}=5\times\frac{4.68}{0.75}\times0.88\times\frac{2.3+0.95}{2}$$

$$=49.3\text{t-m}$$

$$N_Q=5\times0.88\times\frac{2.3+0.95}{0.75\times2}=10.6\text{t}$$

（四）墙肢轴向压力

墙体总面积：$\Sigma A=2.8+(0.95+0.62+1.0)+3.1+(1.99+0.78)=11.24\text{m}^2$

墙体自重：$W_z=\gamma H\Sigma A=1.8\times14\times11.24=283.2\text{t}$

楼层荷重：$W_l=W-W_z=437.3-283.2=154.1\text{t}$

①轴墙：

$$N=1.8\times14\times2.8+\frac{154.1}{4}=109.1\text{t}$$

②轴墙：

墙肢 1：$N=N_q-N_Q=(1.8\times14\times0.95-7.6)+38.5\times\dfrac{3.15}{8.04}=31.4\text{t}$

墙肢 2：$N=1.8\times14\times0.62+38.5\times\dfrac{2.04}{8.04}=25.4\text{t}$

墙肢 3： $N=N_G+N_Q=(1.8\times14\times1+7.6)+38.5\times\frac{2.85}{8.04}=46.4t$

③轴墙：

$N=1.8\times14\times3.1+38.5=116.6t$

④轴墙：

墙肢 1： $N=(1.8\times14\times1.99-10.6)+38.5\times\frac{5.64}{8.04}=66.5t$

墙肢 2： $N=(1.8\times14\times0.78+10.6)+38.5\times\frac{2.4}{8.04}=44.6t$

（五）墙体极限抵抗弯矩

查表得$R=50.3kg/cm^2=503t/m^2$

①轴墙：

极限剪压区高度 $x=\frac{N}{BR}=\frac{109.1}{1.32\times503}=0.16m$

轴压力N在截面上作用点位置可规定为：墙体自重和侧力产生的附加轴力，作用于截面形心；楼层荷重，作用于横墙或墙肢宽度中心。

$$M_{zu}=70.6\times(3.92-0.08)+38.5\times(4.02-0.08)=422.8t\text{-}m$$

②轴墙：

墙肢 1： $x=\frac{31.4}{0.24\times503}=0.26m$

$$M_{zu1}=16.3\times(1.74-0.13)+15.1\times(1.35-0.13)=45.0t\text{-}m$$

$\eta_1=1.0$

墙肢 2： $x=\frac{25.4}{1.68\times503}=0.03m$

$$M_{zu2}=15.6\times(0.37-0.015)+9.8\times(0.57-0.015)=11.0t\text{-}m$$

$\eta_2=0.9$

墙肢 3： $x=0.05m$

$M_{zu3}=39t\text{-}m$

$\eta_3=0.95$

$\therefore\ M_{zu}=\Sigma\eta_iM_{zui}=45+0.9\times11+0.95\times39=92t\text{-}m$

③轴墙：

$x=0.09m$

$M_{zu}=433.8t\text{-}m$

④轴墙：

墙肢 1： $x=0.56m$

$M_{zu1}=140t\text{-}m$

$\eta_1=1.0$

墙肢 2： $x=0.05m$

$M_{zu2}=27t\text{-}m$

$\eta_2=0.8$

$\therefore\ M_{zu}=161.6t\text{-}m$

（六）地震力计算

1.地震力分配系数的确定

②轴墙J_d值

$\alpha_s=\overline{M}_{1u}/(M_{zu}+\overline{M}_{1u})=38.6/(92+38.6)$

$=0.298$

$J_d=\Sigma J_i/(1+3.64\gamma-1.33\alpha_s)=1.35/(1+3.64$

$\times0.0124-1.33\times0.298)=2.08m^4$

④轴墙J_d值

$\alpha_s=0.235$

$J_d=7.34m^4$

$\Sigma J_d=36.3m^4$

模型试验加荷比例为：①轴墙∶②轴 墙∶③轴墙∶④轴墙$=0.263:0.232:0.263:0.242$

横向地震荷载按各横墙刚度比和负荷面积比的分配率（加荷比即相当负荷面积比）：

①轴墙：$\eta_1=0.7\dfrac{J_d}{\Sigma J_d}+0.3\dfrac{F}{\Sigma F}=0.7$

$\times\dfrac{12.4}{36.3}+0.3\times0.263=0.318$

②轴墙：$\eta_2=0.7\times\dfrac{2.08}{36.3}+0.3\times0.232=0.11$

③轴墙：$\eta_3=0.7\times\dfrac{14.5}{36.3}+0.3\times0.263=0.359$

④轴墙：$\eta_4=0.7\times\dfrac{7.34}{36.3}+0.3\times0.242=0.214$

2.各横墙之地震力

$Q_0=C\alpha_1W=0.45\times0.23\times437.3=45.3t$

$Q_1=0.318\times45.3=14.4t$

$Q_2=0.11\times45.3=5.0t$

$Q_3=0.359\times45.3=16.3t$

$Q_4=0.214\times45.3=9.7t$

（七）强度验算

①轴墙：

$[Q]=\dfrac{M_{zu}}{K\bar{H}}=\dfrac{422.8}{2\times9.64}=21.9t>Q_1=14.4t$

②轴墙：

$[M]=\dfrac{M_{zu}}{K_z}+\dfrac{\bar{M}_{lu}}{K_q}=\dfrac{92}{2}+\dfrac{38.6}{1.12}=80t\text{-}m$

$>M=Q_2\bar{H}=5.0\times9.64=45.4t\text{-}m$

③轴墙：

$[Q]=\dfrac{433.8}{2\times9.64}=22.5t>Q_3=16.3t$

④轴墙：

$[M]=\dfrac{161.6}{2}+\dfrac{49.3}{1.12}=125t\text{-}m>9.7$

$\times9.64=93.5t\text{-}m$

（反向及纵向抗弯强度验算略）

参考资料二　砌块构造要求

中型砌块的构造除应满足本规程要求外，应根据本地区使用材料的力学性能和成型工艺确定。在满足建筑热工和其它使用要求的基础上，力求形状简单，细部尺寸合理，具有良好的受力性能。有条件的地区应对各种不同孔型和构造尺寸进行比较试验。无试验根据时可参照表 4、表 5 及图 7 进行产品设计。

混凝土空心砌块构造尺寸调查实录　　　　表 4

项　　目	孔　型		
	单　排　孔	单排圆孔	多　排　孔
空心率(%)	50～60	40～50	35～45
壁厚 δ（毫米）	25～35	25～30	25～35
肋距 h（毫米）	10δ～12δ	$d+30$～40	

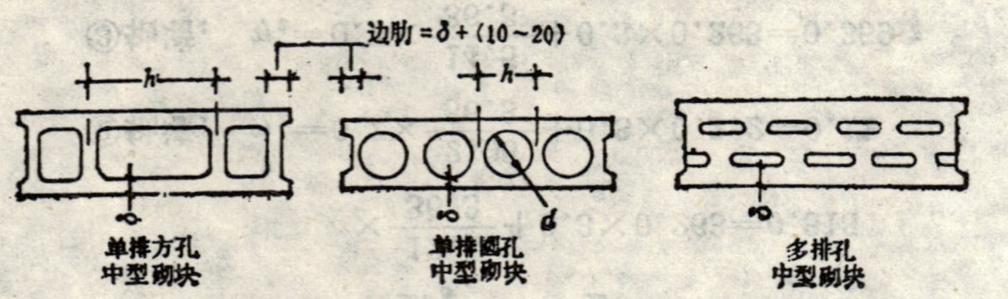

图 7　砌块构造尺寸图

工业废料空心砌块构造尺寸调查实录　　　　表 5

项　　目	孔　型		
	单　排　孔	单排圆孔	多　排　孔
空心率(%)	35～45	30～45	30～40
壁厚 δ（毫米）	35～40	25～35	30～40
肋距 h（毫米）	8δ～12δ	$d+40$～50	

中华人民共和国行业标准

设置钢筋混凝土构造柱多层砖房抗震技术规程

Aseismic technical specification for multistorey masonry building with reinforced concrete tie column

JGJ/T 13-94

主编单位:中国建筑科学研究院
批准部门:中华人民共和国建设部
施行日期:1 9 9 4 年 9 月 1 日

关于发布行业标准《设置钢筋混凝土构造柱多层砖房抗震技术规程》的通知

建标[1994]265 号

根据原城乡建设环境保护部(88)城标字第 141 号文的要求，由中国建筑科学研究院负责修订的《设置钢筋混凝土构造柱多层砖房抗震技术规程》，业经审查，现批准为推荐性行业标准，编号 JGJ/T 13-94，自一九九四年九月一日起施行。部标准《多层砖房设置钢筋混凝土构造柱抗震设计与施工规程》(JGJ 13-82)同时废止。

本规程由建设部建筑工程标准技术归口单位中国建筑科学研究院负责管理和解释，由建设部标准定额研究所组织出版。

中华人民共和国建设部
一九九四年四月二十日

1 总 则

1.0.1 为贯彻执行地震工作以预防为主的方针，使设置钢筋混凝土构造柱(以下简称构造柱)多层砖房的设计与施工做到技术先进，经济合理，安全适用，确保质量，以充分发挥其抗震能力，制定本规程。

1.0.2 按本规程设计的设置构造柱的多层砖房，当遭到低于本地区设防烈度的多遇地震影响时，一般不受损坏或不需修理仍可继续使用；当遭受本地区设防烈度的地震影响时，可能损坏，经一般修理或不需修理仍可继续使用；当遭受高于本地区设防烈度的预估罕遇地震影响时，不致倒塌或发生危及生命的严重破坏。

1.0.3 本规程适用于抗震设防烈度为6～9度地区设置构造柱的粘土砖多层砖房和底层框架—抗震墙砖房(以下简称底层框架砖房)的抗震设计与施工。

1.0.4 本规程系根据国家标准《建筑结构设计统一标准》GBJ 68-84规定的原则进行修订的，符号、计量单位和基本术语系按照国家标准《建筑结构设计通用符号、计量单位和基本术语》GBJ 83-85的规定采用。

1.0.5 进行多层砖房抗震设计与施工时，除执行本规程外，尚应符合现行有关标准的规定。

本规程必须与《建筑结构荷载规范》GBJ 9-87、《建筑抗震设计规范》GBJ 11-89等相关的标准配套使用，不得与未按《建筑结构设计统一标准》GBJ 68-84制订、修订的各种建筑结构标准、规范及规程混用。

2 主要符号

2.0.1 材料性能

MU——砖强度等级；

M——砂浆强度等级；

f_v——砌体抗剪强度设计值；

f_{vE}——砌体抗震抗剪强度设计值；

E——砌体弹性模量；

E_c——混凝土弹性模量；

G——砌体剪变模量。

2.0.2 几何参数

H_i、H_j——分别为质点i、j的计算高度；

H——抗震墙层间计算高度；

A——墙体水平截面面积；

A_g——墙体水平截面毛面积；

A_1——墙体折算水平截面面积；

A_2——墙段扣除孔洞及构造柱混凝土截面积后的砖砌体水平截面净面积；

A_c——墙段内构造柱混凝土水平截面面积；

A_s——墙段层间竖向截面中钢筋总截面面积；

B——抗震墙计算宽度；

d——钢筋直径；

s_e——门(窗)洞中心至墙段中心的距离；

a——钢筋弯折宽度；

b——钢筋弯折长度；

t——抗震墙厚度；

l_1 ——洞间墙长度；

l_2、l_3 ——洞口长度；

l_l ——钢筋绑扎搭接长度；

I_1 ——墙段水平截面折算惯性矩。

2.0.3 计算系数

α_1 ——相应于结构基本自振周期的水平地震影响系数；

α_{max} ——地震影响系数最大值；

ζ_N ——砖砌体强度的正应力影响系数；

γ_{RE} ——构件承载力抗震调整系数；

ν_0 ——复合夹心墙抗震能力提高系数；

η_c ——构造柱参与墙体工作系数。

3 一般规定

3.1 基本要求

3.1.1 设置构造柱的多层砖房总高度和层数，不应超过表 3.1.1 的规定。

设置构造柱的多层砖房总高度和总层数限值　　表 3.1.1

抗震墙布置	烈度							
	6		7		8		9	
	高度(m)	层数	高度(m)	层数	高度(m)	层数	高度(m)	层数
横墙较多	24	八	21	七	18	六	12	四
横墙较少	21	七	18	六	15	五	9	三

注：① 房屋的高度是指室外地坪到主建筑物檐口的高度。半地下室可从地下室室内地面算起，全地下室可从室外地坪算起；

② 横墙较多是指横墙间距均不大于 4.2 m，或横墙间距大于 4.2 m 的房间的面积在某一层内不大于该层总面积的 1/4，否则为横墙较少；

③ 本表适用于最小墙厚为 240 mm 及 240 mm 以上的实心墙；

④ 房屋的层高不宜超过 4 m。

3.1.2 构造柱应按下列设置原则布置：

3.1.2.1 构造柱设置部位，一般情况应符合表 3.1.2 的要求。

3.1.2.2 外廊式和单面走廊式多层砖房，应根据房屋实际层数增加一层的层数，按表 3.1.2 的要求设置构造柱，且单面走廊两侧的纵墙均应按外墙处理。

3.1.2.3 当第 3.1.2.2 款和表 3.1.1 中横墙较少两种情况同时出现时，可按房屋实际层数增加一层的层数设置构造柱。

3.1.3 防震缝两侧应设置抗震墙，并应视为房屋的外墙，按第 3.1.2条规定设置构造柱。

多层砖房构造柱设置　　表 3.1.2

房屋层数				设置的部位	
6度	7度	8度	9度		
四、五	三、四	二、三		外墙四角，错层部位横墙与外纵墙交接处，较大洞口两侧，大房间内外墙交接处	7～8度时，楼、电梯间的四角
六～八	五、六	四	二		隔一开间（轴线）横墙与外墙交接处，山墙与内纵墙交接处 7～9度时，楼、电梯间的四角
	七	五、六	三、四		内墙（轴线）与外墙交接处，内墙局部较小墙垛处 7～9度时，楼、电梯间的四角 8度时无洞口内横墙与内纵墙交接处 9度时内纵墙与横墙（轴线）交接处

3.1.4　构造柱应沿整个建筑物高度对正贯通，不应使层与层之间构造柱相互错位。突出屋顶的楼、电梯间，构造柱应伸到顶部，并与顶部圈梁连接，内外墙交接处应沿墙高每隔 500 mm 设 2ϕ6 拉结钢筋，且每边伸入墙内不应小于 1 m。局部突出的屋顶间的顶部及底部均应设置圈梁。

3.1.5　单面走廊房屋除满足第 3.1.2 条的要求外，尚应在单面走廊房屋的山墙设置不少于 3 根的构造柱，封闭式单面走廊一侧的外纵墙构造柱设置应满足第 3.1.2 条的要求。8 度和 9 度时敞开式外廊砖柱应配置竖向钢筋，且外廊砖柱顶部应在两个方向均有可靠连接。

3.1.6　当多层砖房抗震墙不满足抗震强度要求时，可采用水平配筋砖砌体。

3.1.7　多层砖房结构材料性能指标，除有特殊规定外，应符合下列要求：

3.1.7.1　粘土砖的强度等级不应低于 MU7.5；砖砌体的砂浆强度等级不应低于 M2.5；当配置水平钢筋时砂浆强度等级不应低于 M5。

3.1.7.2　构造柱和圈梁的混凝土强度等级不应低于 C15，构造柱混凝土骨料的粒径不宜大于 20 mm。

3.1.7.3　钢筋宜采用Ⅰ级钢筋。

3.2　抗震结构体系

3.2.1　当构造柱沿外纵墙隔开间设置时，宜设置在有横墙处。

3.2.2　隔开间或每开间设置构造柱的多层砖房，应沿设有构造柱的横墙及内、外纵墙在每层楼盖和屋盖处均设置闭合的圈梁。

3.2.3　仅在外墙四角设置构造柱时，应在无圈梁楼层的两个方向增设与构造柱连接的配筋砖带，且沿外墙伸过 1 个开间，其它情况应沿外纵墙和外横墙拉通。配筋砖带截面高度不应小于 4 皮砖，砂浆强度等级不应低于 M5。

3.2.4　内走廊房屋沿横向设置的圈梁或现浇混凝土带，均应穿过走廊拉通，并隔一定距离将穿过走廊部分的圈梁局部加强。局部加强的圈梁最大间距应符合表 3.2.4 的要求，其截面最小高度不宜小于 240 mm。

局部加强的圈梁最大间距（m）　　表 3.2.4

设防烈度	最大间距
6、7	15
8	11

3.2.5　底层框架砖房的底层，应采用现浇或装配整体式钢筋混凝土楼盖，并宜适当加大第二层砖房构造柱截面及其纵向钢筋截面面积。

4 地震作用和截面抗震验算

4.1 地震作用计算

4.1.1 设置构造柱、水平钢筋和复合夹心墙的多层砖房地震作用，应按现行国家标准《建筑抗震设计规范》GBJ 11-89 第 4.1.1 条、第 4.1.3 条、第 4.1.4 条、第 4.2.1 条、第 4.2.3 条和第 4.2.4 条计算。

4.1.2 设防烈度为 6 度的多层砖房，可不进行地震作用计算，但抗震措施应符合有关要求。

4.2 抗震承载力验算

4.2.1 一般情况下，墙体截面抗震承载力应按下式验算：

$$V \leqslant \frac{f_{vE}A}{\gamma_{RE}}\nu_0 \quad (4.2.1\text{-}1)$$

$$f_{vE} = \zeta_N f_v \quad (4.2.1\text{-}2)$$

式中 V ——墙体剪力设计值（地震作用分项系数取 1.3）；

f_{vE} ——墙体沿阶梯形截面破坏的抗震抗剪强度设计值；

f_v ——非抗震设计的粘土砖砌体抗剪强度设计值，应按现行国家标准《砌体结构设计规范》GBJ 3-88 采用；

ζ_N ——砖砌体强度的正应力影响系数，可按表 4.2.1 采用；

A ——墙体水平截面面积，复合夹心墙按承重叶墙计算；

γ_{RE} ——承载力抗震调整系数。两端均有构造柱的抗震墙 $\gamma_{RE} = 0.9$，自承重抗震墙 $\gamma_{RE} = 0.75$，其它抗震墙 $\gamma_{RE} = 1.0$；

ν_0 ——复合夹心墙承重叶墙抗震能力提高系数。当 $A_2/A_g \geqslant 0.6$ 时，取 $\nu_0 = 1.15$；当 $A_2/A_g < 0.6$ 时，取 $\nu_0 = 1.00$；

A_2 ——墙段扣除孔洞及柱混凝土截面积后的砖砌体水平截面净面积；

A_g ——墙段水平截面毛面积，复合夹心墙按承重叶墙计算。

粘土砖砌体强度的正应力影响系数 表 4.2.1

σ_0/f_v	0.0	1.0	3.0	5.0	7.0	10.0	15.0
ξ_N	0.80	1.00	1.28	1.50	1.70	1.95	2.32

4.2.2 当隔开间或每开间设置，且墙段中有 2 根以上（包括 2 根）构造柱时，可考虑构造柱对截面抗震承载力的有利影响，按下式进行验算：

$$V \leqslant \frac{f_{vE}A_1}{\gamma_{RE}}\nu_0 \quad (4.2.2\text{-}1)$$

$$A_1 = A_2 + \eta_c \frac{E_c}{E}A_c \quad (4.2.2\text{-}2)$$

式中 A_1 ——墙段折算水平截面面积；

A_c ——墙段构造柱混凝土水平截面积之和；

η_c ——构造柱参予墙体工作系数。当 $H/B \geqslant 0.5$ 时，取 $\eta_c = 0.30$；当 $H/B < 0.5$ 时，取 $\eta_c = 0.26$；

H ——墙段层间计算高度；

B ——墙段计算宽度；

E_c ——混凝土弹性模量；

E ——砖砌体弹性模量。

4.2.3 设置构造柱的墙体进行抗震承载力验算时，墙段应按下列方法划分：

4.2.3.1 对于横墙，一般取同一轴线上的横墙为一墙段。如门洞高度超过本规程第 4.2.7 条的限值，或内走廊房屋穿过内走廊的圈梁或现浇混凝土带不是按第 3.2.4 条规定的局部加强者，则取门洞及走廊两侧的墙体各自为一墙段。

4.2.3.2 对于内、外纵墙，可选相邻两构造柱轴线间的墙体为一墙段，并按轴线将构造柱分成两半(图 4.2.3(a))。

对于相邻两构造柱间开洞较多的内纵墙，应按各洞间墙肢为一墙段进行第二次地震剪力分配(图 4.2.3(b))。

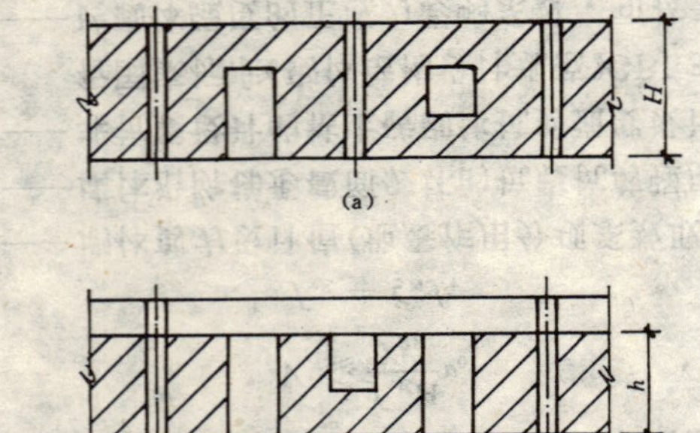

图 4.2.3 纵墙墙段划分示意图

4.2.3.3 一端或两端有构造柱，但该层墙体上部或下部无钢筋混凝土圈梁的墙段，则作为无构造柱墙段考虑。

4.2.3.4 设置在墙段中的构造柱，当两侧均有不小于 1 m 宽的砖墙体时，该柱可按中间柱考虑，η_c 应乘以 1.5。

4.2.4 采用高效保温材料填心的复合夹心墙多层砖房，当符合本规程第 5.4.1 条规定时，应以承重叶墙为计算单元进行截面抗震承载力验算。

4.2.5 设置构造柱和水平钢筋的粘土砖墙截面抗震承载力，应按下式验算：

$$V \leqslant \frac{1}{\gamma_{RE}}(f_{vE}A + 0.15f_yA_s) \quad (4.2.5\text{-}1)$$

当隔开间或每开间设置，且墙段中有 2 根以上构造柱时，截面抗震承载力可按下式验算：

$$V \leqslant \frac{1}{\gamma_{RE}}(f_{vE}A_1 + 0.15f_yA_s) \quad (4.2.5\text{-}2)$$

式中 f_y ——钢筋抗拉强度设计值；

A_s ——层间竖向截面中钢筋总截面面积。

4.2.6 对抗震墙截面的抗震承载力验算，可只选择不利墙段进行截面抗震承载力验算。

4.2.7 为了计算层间剪力在各抗震墙内的分配，墙段的刚度计算可按下式进行：

$$K_0 = \lambda_w \frac{GA_g}{H\xi} \quad (4.2.7\text{-}1)$$

当 $H/B < 1$ 时，

$$\lambda_w = \varphi_0 \frac{A_1}{A_g} \quad (4.2.7\text{-}2)$$

当 $1 \leqslant H/B \leqslant 4$ 时，

$$\lambda_w = \frac{\varphi_0}{\left(1 + \frac{GA_1}{\xi} \cdot \frac{H^2}{12EI_1}\right)} \quad (4.2.7\text{-}3)$$

当 $H/B > 4$ 时，设置构造柱的墙段在刚度计算时可不考虑。

式中 ξ ——因剪应力不均匀分布引起的对变形的影响系数，矩形截面取 1.2；

λ_w ——墙段考虑开孔和弯曲作用影响的刚度修正系数；

I_1 ——水平截面积 A_c 按 E_c/E 折算后与砖墙净截面积 A_1 一起按工字形截面计算的惯性矩；

φ_0 ——开孔影响系数，按附录 A 表 A.0.1 取值；

G ——砖砌体剪变模量，G 取 $0.4E$。

5 构造措施

5.1 构造柱

5.1.1 多层粘土砖房设置构造柱最小截面可采用 240 mm×180 mm。纵向钢筋可采用 4ϕ12;箍筋采用 ϕ4 ～ ϕ6，其间距不宜大于 250 mm。

当设防烈度为 7 度时，多层砖房超过六层;8 度时多层砖房超过五层及 9 度时，构造柱的纵向钢筋宜采用 4ϕ14;箍筋间距不应大于 200 mm。

房屋四角的构造柱截面和钢筋可适当增大。

为便于检查混凝土浇灌质量，应沿构造柱全高留有一定的混凝土外露面。若柱身外露有困难时，可利用马牙槎作为混凝土外露面(图 5.1.1)。

5.1.2 构造柱必须与圈梁连接。在柱与圈梁相交的节点处应适当加密柱的箍筋，加密范围在圈梁上、下均不应小于 450 mm 或 1/6 层高，箍筋间距不宜大于 100 mm。

5.1.3 墙与构造柱连接处应砌成马牙槎，每一马牙槎高度不宜超过 300 mm(图 5.1.3)，且应沿高每 500 mm 设置 2ϕ6 水平拉结钢筋，每边伸入墙内不宜小于 1.0 m。

5.1.4 构造柱可不必单独设置柱基或扩大基础面积。构造柱应伸入室外地面标高以下 500 mm。

5.1.5 当构造柱设置在无横墙的进深梁墙垛处时，应将构造柱与进深梁连接。构造柱与现浇钢筋混凝土进深梁连接节点构造可按图 5.1.5(a)采用;与预制装配式进深梁连接节点构造可按图 5.1.5(b)采用;当使用预制装配式叠合梁时，连接节点构造可按图 5.1.5(c)采用。

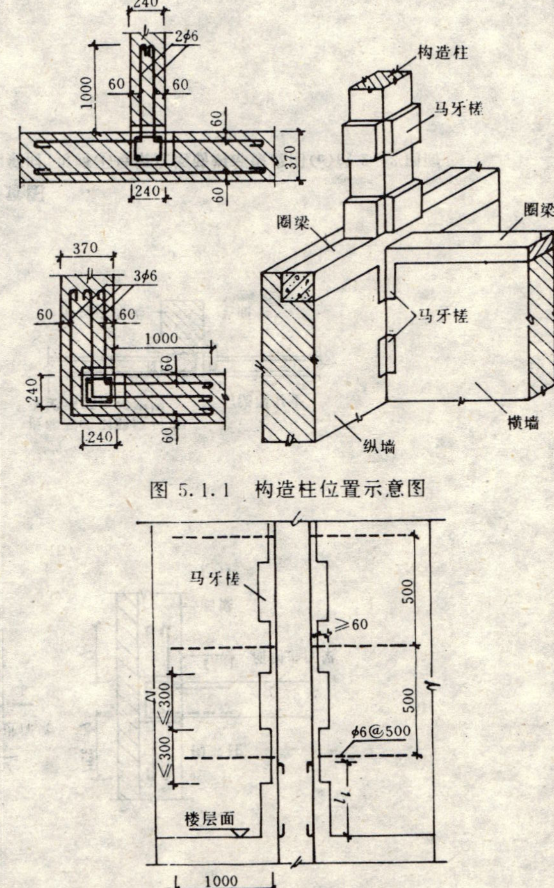

图 5.1.1 构造柱位置示意图

图 5.1.3 拉结钢筋布置及马牙槎示意图

注：拉结钢筋伸入墙内的长度是指从墙的马牙槎外齿边(即构造柱边)算起的长度。当墙上门窗洞边到构造柱边(即墙马牙槎外齿边)的长度小于 1.0 m 时，则伸至洞边止。

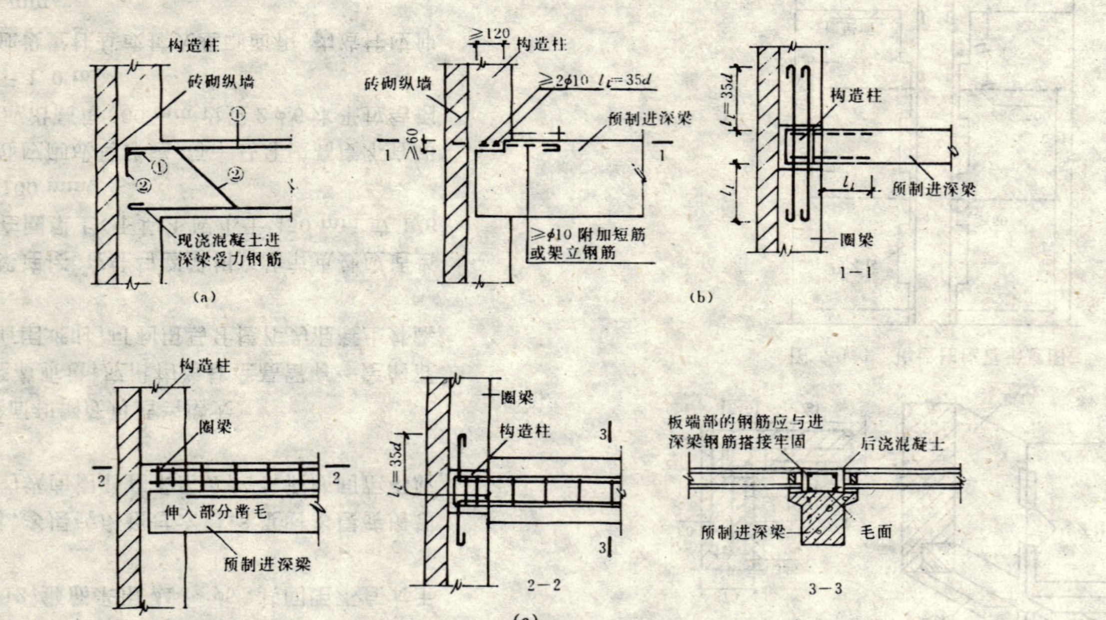

图 5.1.5 构造柱与梁连接示意图

注：图(a)中，①号钢筋为架立钢筋，②号钢筋为弯起钢筋。当梁内不设弯起钢筋时，可将①号架立钢筋端部做成图(c)的 2—2 剖面型式锚固在圈梁中。

5.1.6 与构造柱连接的进深梁跨度宜小于 6.6 m。对截面高度大于 300 mm 的进深梁，在梁端各 1.5 倍进深梁截面高度范围内宜加密箍筋。梁端进行局部抗压计算时，宜按砌体抗压强度考虑。当进深梁跨度大于 6.6 m 时，应考虑构造柱处节点约束弯矩对墙体的不利影响。

5.1.7 当预制进深梁的宽度大于构造柱的宽度时，构造柱的纵向钢筋可弯曲绕过进深梁，伸入上柱与上柱钢筋搭接。当钢筋的折角小于 1/6 时，可采用图 5.1.7(a)的搭接方式。当钢筋的折角大于 1/6 时，可采用图 5.1.7(b)的搭接方式，且参照本规程第 5.1.2 条加密箍筋。

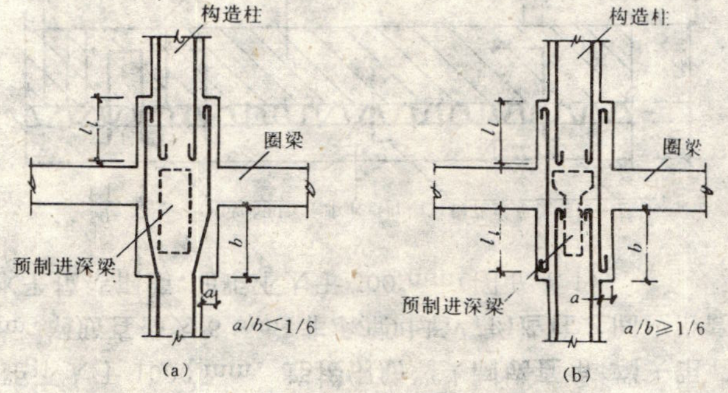

图 5.1.7 预制进深梁宽度大于构造柱宽度时构造柱的钢筋搭接示意图

5.1.8 对于纵墙承重的多层砖房，当需要在无横墙处的纵墙中设置构造柱时，应在楼板处预留相应构造柱宽度的板缝，并与构造柱混凝土同时浇灌，做成现浇混凝土带。现浇混凝土带的纵向钢筋不少于 4ϕ12，箍筋间距不宜大于 200 mm。

5.1.9 构造柱的竖向钢筋末端应作成弯钩，接头可以采用绑扎，其搭接长度宜为 35 倍钢筋直径。在搭接接头长度范围内的箍筋间距不应大于 100 mm。

5.1.10 斜交抗震墙交接处应增设构造柱，且构造柱有效截面面积不小于 240 mm×180 mm。在斜交抗震墙段内设置的构造柱间距不宜大于抗震墙层间高度。

5.2 水平配筋

5.2.1 水平配筋砖抗震墙应选择合适的配筋用量。配筋率宜为 0.07%～0.2%。

5.2.2 墙段内的水平钢筋宜沿层高均匀布置。

5.2.3 水平钢筋两端应制成直钩。墙段两端设置构造柱时，水平钢筋应锚入构造柱内；无构造柱墙段的水平钢筋应伸入与其相交的墙体内，伸入长度为 40 倍钢筋直径。

5.2.4 水平钢筋直径不宜超过 6 mm。当灰缝中的水平钢筋根数为 2 根及 2 根以上时，宜采用与其垂直的横向钢筋连接。横向钢筋直径不大于 4 mm，间距为 300 mm。对于 240 mm 厚砖墙，一层灰缝内配筋不应多于 3 根；370 mm 厚砖墙的一层灰缝内配筋不宜多于 4 根。

5.3 底层框架—抗震墙砖房

5.3.1 底层框架砖房的第二层以上部分构造柱和圈梁的设置原则，应按本规程第三章的规定执行。

5.3.2 底层框架砖房的构造柱纵向钢筋宜锚固在底层框架柱内，钢筋锚固长度不小于 35 倍钢筋直径。当构造柱的纵向钢筋锚固在框架梁内时，除满足锚固长度外，还应对框架梁相应位置作适当加强。

5.3.3 底层框架砖房的底层楼盖采用装配整体式钢筋混凝土楼板时，应在预制楼板上先现浇厚度不小于 40 mm 的细石混凝土，内放双向直径不小于 4 mm、间距不大于 300 mm 的钢筋网片，然后再砌墙体。

5.3.4 底层框架砖房设置构造柱的截面不宜小于 240 mm×240

mm，纵向钢筋不宜少于 4ϕ14，箍筋间距不宜大于 200 mm。构造柱应与每层圈梁连接。

5.3.5 底层框架砖房上部承重砖墙及厚度不小于 240 mm 的自承重墙的中心线，宜同底层框架梁、抗震墙的中心线相重合；构造柱宜同框架柱上下贯通。

5.4 复合夹心墙

5.4.1 采用高效保温材料夹心墙体的多层砖房，除按表 3.1.2 要求设置构造柱外，还应对空腔两侧的叶墙之间采取可靠的连接措施。墙面连接钢筋采用梅花形布置，沿高间距不大于 500 mm，水平间距不大于 1000 mm。连接钢筋端头制成直角，端头距墙面为 60 mm，钢筋直径为 6 mm；非承重叶墙与构造柱之间应沿高设置 2ϕ6 水平拉结钢筋，间距不大于 500 mm(图 5.4.1)。

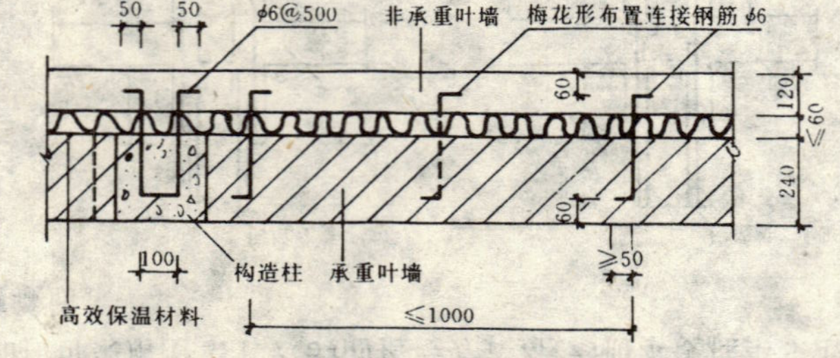

图 5.4.1 复合夹心墙连接钢筋布置

5.4.2 复合夹心墙的钢筋混凝土圈梁布置应满足第 3.2.2 条的要求。圈梁截面应跨过复合夹心墙的空腔(图 5.4.2)。

5.4.3 复合夹心墙的空腔宽度不宜大于 80 mm，空腔两侧的承重叶墙厚度不应小于 240 mm，非承重叶墙厚度不应小于 120 mm。叶墙的砌筑砂浆不应小于 M5。

5.4.4 复合夹心墙宜从室内地面标高以下 240 mm 开始砌筑，从此至房屋楼板或其它水平支点间的距离为复合夹心墙的受压构件计算高度。非承重叶墙高厚比应满足《砌体结构设计规范》GBJ 3-88 的允许高厚比值。

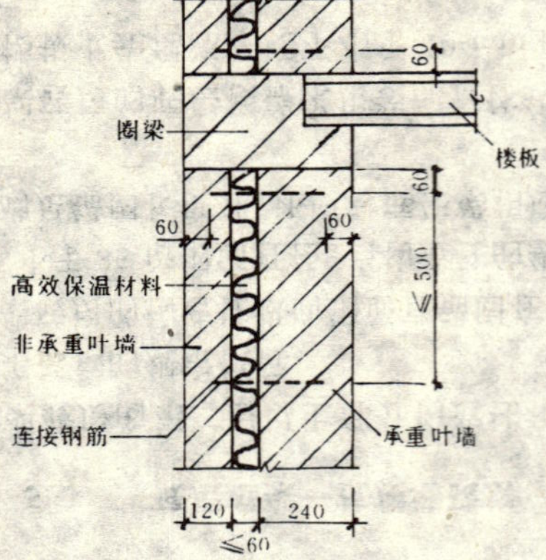

图 5.4.2 复合夹心墙圈梁示意图

5.4.5 复合夹心墙的窗(门)洞口四边可采用丁砖或钢筋连接空腔两侧的叶墙。沿窗(门)洞口边的连接钢筋采用 ϕ6，间距 300 mm。连接丁砖的强度等级不宜低于 MU10，丁砖竖向间距为 1 皮砖的厚度，窗洞下边的丁砖应通长砌筑，且用高强度等级的砂浆灌缝。

6 施工技术

6.0.1 设置构造柱的多层砖房应分层按下列顺序进行施工：绑扎钢筋、砌砖墙、支模、浇灌混凝土柱。钢筋混凝土圈梁应现浇。

6.0.2 马牙槎尺寸应符合第 5.1.3 条要求。在墙体施工中，从每层柱脚开始，先退后进。

6.0.3 构造柱和圈梁的模板可用木模或钢模。在每层砖墙砌好后，立即支模。模板必须与所在墙的两侧严密贴紧，支撑牢靠，防止板缝漏浆。

6.0.4 在浇灌构造柱混凝土前，必须将砖砌体和模板浇水润湿，并将模板内的落地灰、砖渣和其它杂物清除干净。在砌墙时，应在各层柱底部（圈梁面上）以及该层二次浇灌段的下端位置，留出 2 皮砖的洞眼，以便清除模板内的落地灰、砖渣和其它杂物。清除完毕应立即封闭洞眼。

6.0.5 构造柱的混凝土坍落度宜为 50～70 mm，以保证浇捣密实。亦可根据施工条件、季节不同，在保证浇捣密实的情况下加以调整。混凝土随拌随用，拌合好的混凝土应在 1.5 h 内浇灌完，超过 1.5 h 的混凝土不得使用，并不得再次拌合后使用。

6.0.6 构造柱的混凝土浇灌可以分段进行，每段高度不宜大于 2.0 m。在施工条件较好并能确保浇灌密实时，亦可每层一次浇灌。预制大梁、圈梁和柱的接头处，则必须在同一层内一次浇灌。

6.0.7 浇捣构造柱混凝土时，宜用插入式振捣棒，分层捣实。振捣棒随振随拔，每次振捣层的厚度不应超过振捣棒长度的 1.25 倍。振捣时，振捣棒应避免直接碰触砖墙，并严禁通过砖墙传振。

6.0.8 钢筋应除锈、调直。对预留的伸出钢筋，不应在施工中任意弯折。如有歪斜，应在浇灌混凝土前校正到准确位置。箍筋应按要求位置与竖筋用金属丝绑扎牢固。

复合夹心墙的连接钢筋应采取有效防锈措施。

6.0.9 在冬期施工时，要注意清除模板内和砖上的冰碴。混凝土外加剂的选择和掺量须按有关规定确定。对已浇好的混凝土，要采用保温措施，避免受冻。

6.0.10 施工时应有防雨措施，下雨时不宜露天浇灌混凝土。未下雨而露天浇灌的混凝土也要及时覆盖，以防雨水冲刷。要特别注意根据露天料场砂石含水量的变化，调整水灰比，确保混凝土的强度。

6.0.11 在砌完一层墙后和浇灌该层柱混凝土前，应及时对已砌好的独立墙片加稳定支撑。必须在该层柱混凝土浇完之后，才能进行上一层的施工。

6.0.12 施工质量应符合下列要求：

6.0.12.1 柱与墙连接的马牙槎内的混凝土、砖墙灰缝的砂浆，都必须密实饱满。水平灰缝砂浆饱满度不得低于 80%。

同强度等级的混凝土或砂浆的强度平均值不得低于强度设计值。任意一组试件的最小值，对于混凝土，不得低于强度标准值的 95%；对于砂浆，不得低于强度标准值的 80%。混凝土试件强度的平均值不得低于强度标准值的 115%。

有关砖砌体的砌筑方法、灰缝质量和尺寸允许偏差，均按照现行砌体工程施工及验收的有关规定执行。

6.0.12.2 构造柱从基础到顶层必须垂直，对准轴线，其尺寸的允许偏差见表 6.0.12。在逐层安装模板前，必须根据柱轴线随时校正竖筋的位置和垂直度。

构造柱混凝土保护层宜为 20 mm，且不小于 15 mm。

6.0.13 预制进深梁的梁垫可与构造柱的混凝土同时浇灌。现浇混凝土进深梁与梁垫应分开浇灌。大跨度预制进深梁在楼（屋）盖板安装后，宜浇灌与其连接的混凝土圈梁。

6.0.14 房屋两端外横墙（山墙）不宜开施工洞口。在单元分隔墙上开设的施工洞口应预留水平拉结钢筋。

构造柱尺寸允许偏差 **表 6.0.12**

项次	项目			允许偏差(mm)	检查方法
1	柱中心线位置			10	用经纬仪检查
2	柱层间错位			8	用经纬仪检查
3	柱垂直度	每层		10	用吊线法检查
		全高	10 m 以下	15	用经纬仪或吊线法检查
			10 m 以上	20	用经纬仪或吊线法检查

6.0.15 当采用预制楼梯时，楼梯梁(平台)不应在墙中预留洞口。严禁在抗震墙上剔凿洞口。

6.0.16 复合夹心墙的施工应符合下列要求：

6.0.16.1 复合夹心墙的施工顺序为：在沿夹心墙高度设置的连接钢筋间距范围内，宜先砌筑承重叶墙，清除墙面多余砂浆后，安装高效保温材料，再砌筑非承重叶墙，然后铺置连接钢筋。

6.0.16.2 非承重叶墙采用清水墙作为外饰面时，其勾缝砂浆的水泥与砂浆之比不应低于 1∶1。

6.0.16.3 安装高效保温材料时，相邻保温材料之间应排放紧密，局部空隙最大宽度不应大于 10 mm，空隙长度之和不应大于保温材料边长的 30%。

附录 A 墙段开孔影响系数

A.0.1 墙段开孔影响系数 φ_0，按表 A.0.1 采用。

墙段开孔影响系数 **表 A.0.1**

Δ_p	0.9	0.8	0.7	0.6	0.5	0.4
φ_0	0.98	0.94	0.88	0.76	0.68	0.56

注：Δ_p 为孔洞系数，$\Delta_p = A/A_g$

表 A.0.1 中，开孔影响系数的适用范围如下：

(1)门洞高度不超过墙段层间计算高度的 80%；

(2)内墙门、窗洞边离墙段端部净距离不小于 500 mm；

(3)当窗洞高度大于墙段高的 50%时，与开门洞同样处理；当小于墙段高 50%时，φ_0 值可乘 1.1；当 λ_w 大于 1.0 时，φ_0 值取 1.0；

(4)在同一墙段内开有两个洞口，且洞间距离小于 500 mm 时，洞间墙亦作为开孔处理(图 A.0.1(a))。

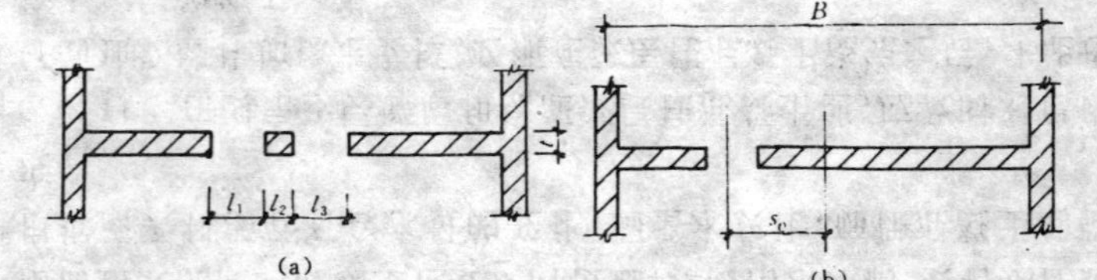

图 A.0.1 开孔计算示意图

注：① 当 $l_2 \geqslant 500$ mm 时，孔洞面积 $= (l_1 + l_3)t$；

当 $l_2 < 500$ mm 时，孔洞面积 $= (l_1 + l_2 + l_3)t$。

② 当 $s_e \leqslant B/4$ 时，不作偏孔洞处理；

当 $s_e > B/4$ 时，应作偏孔洞处理，φ_0 值应乘以 0.9。

附录B　本规程用词说明

B.0.1　为便于在执行本规程条文时区别对待，对要求严格程度不同的用词说明如下：

（1）表示很严格，非这样做不可的：

正面词采用“必须”；

反面词采用“严禁”。

（2）表示严格，在正常情况下均应这样做的：

正面词采用“应”；

反面词采用“不应”或“不得”。

（3）表示允许稍有选择，在条件许可时首先应这样做的：

正面词采用“宜”或“可”；

反面词采用“不宜”。

B.0.2　条文中指定应按其它有关标准、规范执行时，写法为“应符合……的规定”或“应按……执行”。

附加说明

本规程主编单位、参加单位和主要起草人名单

主编单位： 中国建筑科学研究院

参加单位： 大连理工大学

国家地震局工程力学研究所

北京市建筑设计院

上海建筑材料工业学院

空军工程设计研究局

辽宁省建筑设计院

主要起草人： 龚思礼　刘立泉　刘　雯　吴明舜　张前国　邬瑞锋　周炳章　郑　伟　奚肖凤　夏敬谦　黄泉生　曹骏一　解明雨

中华人民共和国行业标准

设置钢筋混凝土构造柱多层砖房抗震技术规程

JGJ/T 13-94

条文说明

前　　言

本规程是根据原城乡建设环境保护部(88)城标字第141号文的要求，由中国建筑科学研究院会同有关设计、科研和高等院校等单位，对原《多层砖房设置钢筋混凝土构造柱抗震设计与施工规程》JGJ 13-82进行修订而成。

为便于设计、施工、科研、学校等单位的有关人员在使用本规程时能正确理解和执行条文规定，《设置钢筋混凝土构造柱多层砖房抗震技术规程》JGJ/T 13-94编制组按章、节、条顺序编制了本规程的条文说明，供国内使用者参考。在使用中如发现本规程及条文说明有欠妥之处，请将意见函寄中国建筑科学研究院工程抗震研究所(邮政编码：100013)。

1994年4月

目　次

1　总　则 ………………………………………… 3-15
3　一般规定 ……………………………………… 3-16
　3.1　基本要求 …………………………………… 3-16
　3.2　抗震结构体系 ……………………………… 3-17
4　地震作用和截面抗震验算 …………………… 3-18
　4.1　地震作用计算 ……………………………… 3-18
　4.2　抗震承载力验算 …………………………… 3-18
5　构造措施 ……………………………………… 3-22
　5.1　构造柱 ……………………………………… 3-22
　5.2　水平配筋 …………………………………… 3-23
　5.3　底层框架—抗震墙砖房 …………………… 3-23
　5.4　复合夹心墙 ………………………………… 3-24
6　施工技术 ……………………………………… 3-25

1　总　则

1.0.1　主要阐明编制目的。本技术规程条文内容包括设计和施工两部分。根据各地经验，施工质量是保证构造柱充分发挥作用的一个重要方面。

1.0.2　本条所阐述的设防要求，与原《多层砖房设置钢筋混凝土构造柱抗震设计与施工规程》(以下简称“原规程”)有所改动，是与《建筑抗震设计规范》GBJ 11-89(以下简称《规范》)第 1.0.1 条提出的设防要求一致的。

《规范》抗震设防的 3 个水准的要求，是“小震不坏，大震不倒”的具体化。根据我国华北、西北和西南地区地震发生概率的统计分析，50 年内超越概率约为 63.2%的地震烈度为众值烈度，比基本烈度约低 1.5 度，《规范》取为第一水准烈度；50 年内超越概率约 10%的烈度相当于现行地震区划图(1990 年地震烈度区划图)规定的基本烈度，《规范》取为第二水准烈度；50 年内超越概率 2%～3%的烈度可作为罕遇地震的概率水准，《规范》取为第三水准烈度。当基本烈度 6 度时为 7 度强，7 度时为 8 度强，8 度时为 9 度弱，9 度时为 9 度强。

与各烈度水准相应的抗震设防目标是：一般情况下(不是所有情况下)，遭遇第一水准烈度(众值烈度)时，建筑处于正常使用状态，从结构抗震分析角度，可以视为弹性体系，采用弹性反应谱进行弹性分析；遭遇第二水准烈度(基本烈度)时，结构进入非弹性工作阶段，但非弹性变形或结构体系的损坏控制在可修复的范围；遭遇罕遇地震时，结构有较大的非弹性变形，但应控制在规定的范围内，避免倒塌。

唐山地震震害分析和近几年试验表明，在多层砖房中，由构造柱与圈梁共同对墙体的约束作用，可以增加建筑物的延性，提高建筑物的抗侧力能力，防止或延缓建筑物在地震影响下发生突然倒塌，或减轻建筑物的损坏程度。因此，可以认为设置构造柱主要是一种防倒塌的措施，而不是使设置了构造柱的砖房不出现任何损坏。这也是编制本规程的基本指导思想。

1.0.3 我国砌体房屋所用材料，绝大多数是普通粘土砖。因此，本规程同“原规程”一样，主要是根据我国普通粘土砖试验研究成果编制的。

本规程新增加了底层框架砖房与构造柱的连接做法的规定，是根据设计、施工经验总结的，目的是为了提高砖房与框架结合部位的抗震能力，以便加强这类结构的整体抗震性能。

与《规范》一致，本规程除了适用于 7～9 度地震区的粘土砖多层砖房和底层框架砖房外，还增加了 6 度地震区的设防要求。

1.0.5 主要指明除遵守本规程有关规定外，尚应遵守其它有关的规范、规程。

3 一般规定

3.1 基本要求

3.1.1 多层砖房的抗震能力，除依赖于墙体间距的大小，砖和砂浆强度等级，结构的整体性和施工质量等因素外，还与房屋的总高度有直接的联系。本条根据《规范》对“原规程”作了补充修订。

历次地震的宏观调查资料说明：二三层砖房在不同烈度区的震害，比四五层的震害轻得多，六层及六层以上砖房在地震时震害明显加重。海城和唐山地震中，相邻的砖房，四五层的比二三层的破坏严重，倒塌的百分比也高得多。

国外在地震区对砖结构房屋的高度限制较严。有些国家在地震区不允许用无筋砖结构，有些国家对有筋和无筋砖结构的高度和层数作了相应的限制。结合我国具体情况，修订后的高度限值是指设置了构造柱的房屋高度限值。

多层砌体房屋的总高度，主要是依据计算分析、部分震害调查和足尺模型试验确定的。确定房屋高度限值时，还应考虑横墙的数量。本条表 3.1.1“横墙较多”一栏即为《规范》表 5.1.2 第一栏，“横墙较少”一栏即为《规范》第 5.1.2 条，对医院、教学楼等建筑物，高度限值应降低 3 m。

各地反映关于横墙较少的规定，宜给出一个限值。为此，编制组曾在北京、天津、上海、西安、沈阳、唐山、渡口、成都、昆明等地对有抗震设计经验的工程技术人员进行了调查，并用模糊集理论进行了分析，补充给出了所有横墙间距不大于 4.2 m 或横墙间距大于 4.2 m 的房间面积只占同一层总面积的 1/4 以下时，称为横墙较多，否则为横墙较少。

3.1.2 对于构造柱在多层砖砌体结构中的应用，根据唐山地震的经验和试验研究资料，得到了比较一致的结论，即：①构造柱能使砌体的抗剪强度提高10%～30%左右，提高幅度与墙体高宽比、竖向压力和开洞情况有关；②构造柱主要是对砌体起约束作用，使之有较高的变形能力和延性；③构造柱应当设置在震害较重、连接构造比较薄弱和易于应力集中的部位。

本次修订，改变了原规程房屋高度超过限值时才需加设构造柱的规定，提出根据房屋用途、结构部位、烈度和承担地震作用的大小来设置构造柱的原则。

另外，根据实际工程情况，补充了在楼梯、电梯间的横墙与内纵墙交接处设置构造柱的要求，以保证楼梯、电梯间在地震时作为比较安全的疏散通道。

3.1.3 按照《规范》及其它有关规范设置防震缝的要求，防震缝两侧应设置抗震墙，将房屋分割成若干独立的建筑单元。此时，防震缝两侧的墙体是独立而互相分开的（基础可以不分开），所以应当根据第3.1.2条的规定按外墙要求设置构造柱。

3.1.4 多层砌体房屋的墙体沿高度方向同样应当具有连续约束的要求。为此，构造柱沿房屋高度方向应连续、贯通到顶，并不应使构造柱在层与层之间有错位或跳层。

构造柱作为防倒塌的主要抗震措施之一，应在墙体中沿全高设置。有资料表明，构造柱不通到顶层时，强烈地震中上层同样可能造成突然倒塌。

对于局部突出屋顶层的小房间，考虑到这类建筑物在地震时可能有较明显的动力放大，因此，对这类小房间除在计算时考虑外，还应当特别加强它的构造措施。当房屋构造柱能通到突出层时，则应直接通到突出小房间的4个转角及其它中间的内外墙交接处。当突出顶层的小房间的构造柱无法与房屋的构造柱相连时，在有条件的情况下，可将突出的小房间的构造柱，通至顶层房屋底部的圈梁处作为锚固。

3.1.5 单面走廊房屋可分为两种情况。一种是挑廊或独立砖柱外廊，又称敞开式外廊，由于独立砖柱的抗震能力较差，在这类结构中又是主要承重构件，因此规程规定在8度和9度地震区应配置竖向钢筋；另一种是封闭式单面走廊，单面走廊两侧的墙体均按外墙设置构造柱，同时外纵墙由于缺少横墙的支撑，在平面外方向较为薄弱，因此应在外纵墙尽端与中间一定的间距内设置构造柱后，将内横墙的圈梁穿过单面走廊与外纵墙的构造柱连接，以增强外廊的纵墙与横墙的拉结，从而保证外廊纵墙在水平地震效应作用下的稳定性。

3.1.6 配筋砌体试验研究表明：砌体配筋后，由于钢筋限制了砌体在受到水平力作用下裂缝的展开，并使砌体的延性得到改善，从而提高了砌体的抗震性能。当配筋砌体两端设构造柱时，效果更加显著。

3.1.7 构造柱与砖墙是共同起作用的一个整体。钢筋混凝土的弹性模量远远高于砖砌体的弹性模量，为了使两者能更好地协同工作，应当尽量提高砖砌体的强度。因此，根据目前实际生产情况规定，砖的强度等级不宜低于MU7.5，砂浆的强度等级不宜低于M2.5。

考虑到砖混结构墙体的强度较低，因此后浇的混凝土的强度等级无须过高，一般采用不低于C15即可。

由于构造柱的截面尺寸较小，为保证混凝土浇灌饱满，对于混凝土的骨料粒径应有一定限制，不得过大。根据实践经验，以不大于20 mm为宜。

构造柱与圈梁，对受水平地震效应作用下的墙体起到约束作用，以提高多层砖房的抗震性能。构造柱及圈梁内钢筋应力并不很高，因此钢筋宜采用Ⅰ级钢。

3.2 抗震结构体系

本节根据《规范》的规定对“原规程”作了补充。

3.2.1 构造柱主要作为抗震墙体的边缘构件，最好设置在有横墙的内外墙交接处。特别是当构造柱的间距比较大，例如间距为 8 m 左右时，构造柱排列可能在有横墙处，也可能在无横墙处，此时应当尽量将柱设置在有横墙处。因为，当构造柱设置在无横墙的纵向墙垛中时，构造柱主要对纵向地震力起抗震作用，横向的作用较小；如果设置在有横墙的纵横墙交接处，则在纵、横向，构造柱都能发挥应有的作用。

3.2.2 多层砖房设置构造柱后，每层圈梁应与构造柱拉结，方能使构造柱有效地发挥作用；另一方面试验研究也表明圈梁能够有效地阻止墙体裂缝向本层以外发展，并增强装配式预制钢筋混凝土楼板的整体性，有效地防止楼板在地震作用下的塌落。因此，对设防烈度高和层数多的砖房，应每层设置钢筋混凝土现浇圈梁。为了保证圈梁有效的拉结作用，圈梁应闭合。

3.2.3 当仅在四角设置构造柱时，为保证构造柱在每层都有可靠的拉接，应在无圈梁的楼层设置配筋砖带。为保证有效的拉结作用，配筋砖带在外墙上应伸过一个开间。

3.2.4 对于内走廊房屋沿横向设置的圈梁或板缝中的现浇钢筋混凝土带均应穿过内走廊拉通，以保证圈梁闭合。横向圈梁或现浇钢筋混凝土带应相隔一定距离，将穿过内走廊的部分局部加强，以使内走廊两侧的墙体能够共同发挥作用，其间隔距离可按对圈梁的最大间距要求设置，即 6 度、7 度、8 度分别为 15 m、15 m 和 11 m，从而使走廊两侧的楼盖和墙体均有较好的整体性，保证结构共同工作。

3.2.5 底层框架砖房的底层顶板是底层框架—抗震墙体系与上部砖砌体体系的过渡层。在此过渡层部位通常出现应力及变形集中与突变的现象。另一方面也要求过渡层楼板有较好的刚度，能将上部传来的地震作用有效传给底层的抗震墙，使得底层抗震墙能充分发挥作用，因此底层应采用现浇钢筋混凝土楼板或预制楼板加 40 mm 钢筋混凝土面层的装配整体式楼盖。

由于底层的框架—抗震墙体系的延性比上部砖房的墙体延性优良，因此当底层与第二层的刚度接近时，有可能由于第二层延性较差，而出现薄弱层向第二层转移的情况，所以应适当加大第二层墙体的构造柱截面及纵向钢筋面积。

4 地震作用和截面抗震验算

4.1 地震作用计算

本节按照《规范》对“原规程”作了相应的补充。地震作用的计算完全按照《规范》的有关规定进行。

4.2 抗震承载力验算

本节按照《规范》的规定，对“原规程”作了补充，采用了新的验算表达式。

4.2.1 结构在设防烈度下的抗震验算实质上应该是弹塑性变形验算。但为减少验算工作量，并符合设计习惯，对多层砖房可以仅进行众值烈度地震作用下抗震墙承载力的验算，并将墙体的地震作用标准值乘以水平分项系数 1.3。

砌体结构抗剪承载力的验算，有两种半理论半经验的方法——主拉和剪摩。在砂浆强度等级大于 M2.5 且 $1 < \sigma_0/f_v \leqslant 4$ 时，两种方法的计算结果相近。根据《规范》采用的正应力影响系数的统一表达式，并考虑到与原 78 年规范保持延续性，可得：

$$\zeta_N = \frac{1}{1.2}\sqrt{1 + 0.45\sigma_0/f_v} \tag{1}$$

表 4.2.1 中的 ζ_N 值仅用于粘土砖砌体，其中包括复合夹心墙、水平配筋墙体结构形式。

承载力抗震调整系数 γ_{RE} 的取值，反映了不同抗震墙在众值烈度地震作用下承载力极限状态的可靠指标。当两端均有构造柱时；$\gamma_{RE} = 0.9$；自承重抗震墙由于垂直压应力较低，往往在抗侧力验算时，比承重抗震墙还要加厚，但因抗震安全性要求可以考虑降低，为此取 $\gamma_{RE} = 0.75$ 进行调整。

复合夹心墙抗震能力提高系数 ν_0，是根据不同连接材料、不同连接方式、不同开洞面积和不同圈梁、构造柱截面形式试验及结构分析提出的。复合夹心墙的承重叶墙厚 240 mm，非承重叶墙厚 120 mm。试验证明，夹心墙在破坏之前，空腔两侧的叶墙变形是协调的；当非承重叶墙没有构造柱时，由于墙面上分布有连接钢筋或丁砖与带构造柱的承重叶墙连接，加之墙顶的钢筋混凝土圈梁对两侧叶墙的约束作用，使非承重叶墙的脆性性质有一定的改善。从滞回曲线上可以看出，非承重叶墙的延性系数均大于 2，同带构造柱的承重叶墙的延性相差不多。空腔墙体的承载力，比相应尺寸（360 mm）的实心墙体承载能力有所降低。其中全包构造柱的空腔墙降低 5%左右，仅承重叶墙带构造柱的空腔墙降低 20%左右。但是，比 240 mm 厚的实心墙承载力提高 30%左右，开洞复合夹心墙提高 10%左右。考虑到目前设计习惯，规程提出以承重叶墙为计算单元，并通过复合夹心墙抗震能力提高系数 ν_0 进行修正。ν_0 的取值按复合夹心墙开洞的水平截面积分为两种情况：

$$\frac{A_2}{A_g} \geqslant 0.6 \text{ 时} \qquad \nu_0 = 1.15 \tag{2}$$

$$\frac{A_2}{A_g} < 0.6 \text{ 时} \qquad \nu_0 = 1.00 \tag{3}$$

从结构抗震强度分析结果可以看出，规程中给出的修正系数是满足工程安全要求的。

4.2.2 本条所给的截面抗震承载力验算公式同第 4.2.1 条所给的公式形式完全一样，仅把 A 换成了 A_1，即考虑墙段内构造柱水平截面的折算面积。尤其当墙段内出现 2 根以上构造柱，或墙段内构造柱截面有所增大时，更给设计人员验算抗震墙承载力带来方便。

取墙段折算水平截面面积 A_1 为：

$$A_1 = A_2 + \eta_c \frac{E_c}{E} A_c \tag{4}$$

一方面公式形式简化，另一方面与试验结果符合得较好。需要说明的是：

(1)公式所以取这样的形式，是因为试验表明墙体加了构造柱以后，抗侧力能力依然是主拉应力控制。但是，由于构造柱参与工作，剪应力分布趋于平缓，构造柱与墙体变形一致，因而可以折算成受剪面积共同承担作用的侧力。

(2)关于开孔影响，是一个复杂的问题，不仅有开孔的大小，还有开孔的形状与位置的影响。由于目前试验资料还不多，难于给出一个开孔墙体内应力计算的较精确的公式，这里取的是扣除全部开孔水平截面积，并对开孔加以某些限制，两方面考虑其影响的方法，亦即取墙的砖砌体净面积 A_2 再加上构造柱的折算面积。

(3) η_c 的取值。η_c 是一个小于 1.0 的系数，主要原因是剪应力到边缘分布下降。因此，从折算抗剪面积来说，它发挥的效应不及位于墙中的柱强，这是显然的。同时，也有墙、柱连接共同工作不能完全与理想情况一致的影响。η_c 的具体取值，是为了使计算值与试验值相一致。由于原计算公式中为 $G_c/G, G_c = 0.4E_c, G = 0.3E$，在分析拟合计算结果时，将 η_c 的取值降低为 0.22 和 0.24，目的是照顾到当时砌体剪变模量的通常习惯算法。根据材料的力学特性及有关规范的协调，将砌体的剪变模量改为 $G = 0.4E$。因此，η_c 分别取值为 0.26 和 0.30 两档。

4.2.3 本条给出了抗震承载力验算时划分墙段的方法。

墙段划分主要是根据抗震墙在地震作用下产生的破坏形态和试验中获得的结果确定的。国内已进行的带构造柱墙体的抗震试验，都是在墙体两端设置构造柱(或者中间设置构造柱)的情况下完成的。因此，在实际使用中，墙片的刚度均应取整个墙体进行计算，或取构造柱中线间墙段计算其刚度，然后取墙段刚度之和为该墙片的刚度。

进行墙体承载力验算，则应将分到墙片上的地震剪力再分到墙段上，计算该墙段产生的应力。所以，本条划分墙段的方法，不仅是抗震墙承载力验算的基本单元，同时也是用来计算刚度、进行地震剪力再分配的基本单元。

现行计算墙体刚度的方法有两种，第一种是取一片墙为一单元，把墙上开孔用影响系数来修正，第二种是取孔洞间墙体为一单元，如本规程图 4.2.3 所示。

对于开孔较多且构造柱间距大的内纵墙，除采用第一种方法计算刚度，参加层间地震剪力分配外，由于构造柱间距大，对墙体的约束强度影响明显减弱，如果不验算两根构造柱之间的孔洞间墙段是不合理的。所以，对这种情况，应按洞间墙的相对刚度进行地震剪力的二次分配。二次分配时洞间墙段划分方法，如本规程图 4.2.3(b)所示。

4.2.4 采用高效保温材料填心的复合夹心墙多层砖房，是保温节能建筑中的一种形式。经实测和单片墙抗震试验结果表明，当对叶墙采取可靠的拉结措施后，墙体在水平剪力作用下变形协调一致，且刚度和承载力均大于 240 mm 厚的实心墙。为反映这一特点，并方便设计人员掌握，规程中规定，以承重叶墙为计算单元计算复合夹心墙的刚度，验算复合夹心墙的承载能力。应该注意的是，120 mm 厚的非承重叶墙引起的地震作用效应，应根据各夹心及非夹心的抗震墙刚度进行分配。

4.2.5 公式 4.2.5-1 和 4.2.5-2 中的第一项反映的是设置构造柱后对抗震墙承载能力的影响，区别主要是 A 和 A_1 的计算方法不同。第二项系根据水平配筋墙体抗侧力性能的试验研究得出的。试验墙片的高宽比为 0.25～1.5，配筋率为 0.03%～0.17%，作用在墙片上的压应力为 0.3～0.8 MPa。

4.2.6 在抗震墙截面的抗震承载力验算中，为了减少设计人员的工作量，可以对垂直压应力较小、分配的地震力较大的不利墙段进行截面抗震承载力验算。

4.2.7 在进行层间地震剪力分配时，需要计算各个墙片的刚度。为了简化公式形式，又尽可能与目前工程设计中使用的不带构造柱墙体的计算公式相近，采用了 4.2.7 式。这里取带有构造柱的墙体刚度按一般设构造柱墙体刚度计算，但作了一些修正。修正系数分为高宽比小于 1.0 和不小于 1.0 两种。

对于高宽比小于 1.0 的墙体，即用折算面积替代墙体面积。这样，又可以与强度验算时计算折算面积的工作结合起来，力求做到简洁、易于使用。

对于高宽比不小于 1.0 的墙体，参考国内目前普遍采用的方法，做了适当的修正。由于试验数据不多，开孔影响系数是参照无构造柱墙体的有关系数给出的。

$$\eta = 1.2\Delta_p - 0.2 \tag{5}$$

其中，$\Delta_p = A/A_g$。我们假设它也适用于带构造柱的墙体，则对于 $H/B < 1.0$，有：

$$K_0 = \eta \frac{GA_{gc}}{H\xi} \tag{6}$$

所以，给出的 φ 相当于：

$$\varphi = \eta \frac{A_{gc}}{A_1} \tag{7}$$

而对于 $H/B \geq 1.0$ 的墙体，有：

$$K_0 = \frac{\eta}{\dfrac{\xi H}{GA_{gc}} + \dfrac{H^3}{12EI_{gc}}} = \frac{GA_g}{\xi H} \cdot \frac{A_{gc}}{A_g} \cdot \frac{\eta}{1 + \dfrac{GA_{gc}}{\xi H} \cdot \dfrac{H^3}{12EI_{gc}}} \tag{8}$$

所以，给出的 φ 相当于：

$$\varphi = \eta \cdot \frac{A_{gc}}{A_g} \cdot \frac{1 + \dfrac{GA_c}{\xi} \cdot \dfrac{H^2}{12EI_c}}{1 + \dfrac{GA_{gc}}{\xi} \cdot \dfrac{H^2}{12EI_{gc}}} \tag{9}$$

这里的 I_{gc}、A_{gc} 是指不开孔的墙体的折算惯性矩和折算截面积。由于 $\gamma = (1 + GA_c \cdot H^2/12EJ_c\xi)/(1 + GA_{gc} \cdot H^2/12EJ_{gc}\xi)$ 是一个小于 1 而又近于 1 的数（如表 1 所示），因此可知，这时的 φ 相当于：

$$\varphi = \eta \cdot \frac{A_{gc}}{A_g} \tag{10}$$

公式(7)和(10)是不一样的，其分母一个为 A_1，一个为 A_g。本规程在给出式 4.2.7 时，为了形式上简洁，照顾了两种情况。按式(7)算出的 φ' 值列于表 2。由表 2 可见，本规程式 4.2.7-1 与由式(7)计算的结果，是非常接近的。但是，考虑到在高宽比较大的情况下，构造柱在开孔的墙体中所起的作用，应该随着孔洞增大而增大，即打的折扣应该小一些。所以，为了照顾式(7)和式(10)两个方面均可以用，采取了如表 A.0.1 给出的数据。为了比较，仍以表 1 给出的墙片为例，将式(10)计算的结果列于表 3。

与不同的孔洞系数对应的 γ 值 表 1

Δ_p	0.9	0.8	0.7	0.6	0.5	0.4
γ	0.9979	0.9959	0.9938	0.9922	0.9905	0.9891

墙段开孔影响系数 表 2

Δ_p	0.9	0.8	0.7	0.6	0.5	0.4
η	0.88	0.76	0.64	0.52	0.4	0.28
φ'	0.96	0.92	0.86	0.8	0.70	0.58
φ	0.98	0.94	0.88	0.76	0.68	0.56
φ/φ'	1.02	1.02	1.02	0.95	0.97	0.96

墙段开孔影响系数 表 3

Δ_p	0.9	0.8	0.7	0.6	0.5	0.4
η	0.88	0.76	0.64	0.52	0.4	0.28
φ'	1.066	0.92	0.77	0.63	0.48	0.34
φ	0.98	0.94	0.88	0.77	0.68	0.56
φ/φ	0.93	1.02	1.14	1.21	1.42	1.64

由于缺少试验数据，这些数据只能是初步的。但是，考虑到 $H/B \geq 1.0$ 的情况是较少的，为了生产需要，暂用这些数据还是可以的。

这里取 $H/B \geqslant 1.0$ 作为界限，而不是像一般砖房设计中取0.4为界限，原因是为了简化，使大多数都可以用本规程4.2.7式进行验算。

当墙体开孔时，按一片墙体未开孔计算，而后修正。因此，对于计算的适用范围，应给予一定的规定。有些是参考了国内外文献提出的，有些则是试验给出的。例如，北京市建筑设计研究院进行的单片墙试验，墙高0.7 m，开孔高度分为0.5 m、0.55 m两种。试验结果，用建议的公式计算，一般尚能符合。两者门孔高度分别为墙高的0.71和0.79。所以规定门开孔高度不超过墙高的80%者，可以按一片墙计算，否则应按两片墙计算。

本规程根据以上资料，将开孔影响系数 φ_0 列如附录A。

5 构造措施

5.1 构造柱

5.1.1 本条基本保留了"原规程"的规定，并根据《规范》作适当的补充。《规范》规定：构造柱的最小截面为240 mm×180 mm。这是根据一个方向与墙厚相同，另一个方向小于墙厚考虑的。同时，试验资料表明，构造柱主要对墙体起约束作用，因此断面不必过大。

构造柱的配筋应随烈度、房屋层数、构造柱的部位而异。当仅在房屋四角、楼梯、电梯间四角及隔开间设置构造柱和7度五层、8度不高于五层时，构造柱纵向钢筋为4ϕ12，箍筋为ϕ4～ϕ6，间距不宜大于250 mm；7度时超过六层，8度时超过五层和9度时，构造柱的纵向钢筋为4ϕ14，箍筋间距不应大于200 mm。

目前实际工程中对于一般构造柱截面，多取240 mm×240 mm，而房屋四角，由于考虑到其受力复杂，易于损坏，又多有所加强，如取240 mm×300 mm，同本规程规定房屋四角构造柱截面可适当增大是一致的。

构造柱设置在砖墙体内，施工质量不易检查，而构造柱的混凝土施工质量又是重要因素。为此，要求构造柱应有一定的外露面，以便于进行施工质量的检查，亦可利用所留马牙槎的混凝土外露面部分来加以检查。

5.1.2 本条保持"原规程"的规定。多层砖房设置构造柱后，各层必须有圈梁与构造柱拉结。当在无横墙处设置构造柱时，则应通过现浇混凝土带与构造柱拉结，以达到每层的构造柱在楼盖处都有拉结的要求。如果采用进深梁与外墙垛相联时，则应将进深梁的钢筋与外墙垛的构造柱相联。

构造柱与圈梁相交接处的节点，试验证明是很重要的。试验中墙体首先破坏后，裂缝发展就延及构造柱的节点部位。为此，应适当加密柱节点处的箍筋，加密范围为1/6层高，在加密范围内的箍筋间距不大于100 mm。

5.1.3 关于墙内设置拉结钢筋的规定，与《规范》一致。至于马牙槎，目前实践经验表明，用不大于300 mm的大马牙槎，也可以保证连接，并便于施工。因此，本条规定马牙槎仍按"原规程"可以取高度不超过300 mm的大马牙槎，也可以取1皮砖的小马牙槎。考虑到因混凝土收缩而导致的脱开效应，一般墙体和构造柱之间均设马牙槎。

5.1.4 构造柱不必单独设置柱基或扩大基础面积，主要是考虑构造柱只对墙体起约束作用，不考虑轴力和弯矩等传给地基。另外，构造柱是组成墙体的一部分，上部垂直荷载都是与墙体共同承担的，因此构造柱必须与墙体基础有可靠的连接。

当基础设有圈梁时，构造柱底部可锚入该圈梁内。当基础无圈梁时，可在基础适当高度处打一混凝土座，将构造柱钢筋锚入此座内即可。

5.1.5 无横墙的外墙垛设置构造柱时，应与进深梁有拉结，且节点应按铰接做法考虑。当为现浇混凝土进深梁时，进深梁钢筋应伸入构造柱内，并留有弯钩。当为预制装配式进深梁时，最好能在进深梁端部伸出钢筋，做法可参照一般抗震构造节点做法，与圈梁连接，或现浇一段走向沿纵墙的小梁，以加强连接。若预制进深梁未留钢筋，则可在梁上做叠合层，放置钢筋与构造柱相连。

5.1.6 本条是新补充的。为了避免进深梁与带构造柱砖垛节点产生过大的约束弯矩，建议与构造柱连接的进深梁跨度不宜大于6.6 m。试验结果表明，当架立钢筋截面较大时，进深梁与构造柱的节点不是理想的铰接，但也不是完全的刚性节点。当梁的刚度比较小时，设置构造负弯矩钢筋的梁端，由于嵌固影响引起砖垛上的水平裂缝较早出现；未设置构造负弯矩钢筋的梁端上表面产生一些沿梁长向分布的竖缝。为了保证进深梁有足够的抗剪能力，本条规定在梁端1.5倍梁截面高度范围内宜加密箍筋。

关于梁端局部抗压计算问题，根据试验的破坏现象分析，认为带构造柱的砖垛在无梁垫的情况下，集中荷载引起的裂缝沿砖砌体马牙槎开展，造成砖剪断或弯坏。在裂缝延伸时，构造柱混凝土在马牙槎凸出截面处没有发生裂缝，并保持完好。由于目前这方面的试验资料不多，不宜提出组合砌体的抗压强度。所以，出于安全目的，规程规定局压计算时按砌体抗压强度考虑。

当进深梁跨度超过6.6 m时，梁与构造柱的节点约束弯矩一般应通过计算确定，并对梁的支撑构件进行截面承载力验算。

5.1.7 预制进深梁宽度大于构造柱相应边的宽度时，允许构造柱的纵向钢筋有弯折，但折角应小于1∶6。当梁的宽度较大时，可采用纵向钢筋搭接措施，并在搭接范围内加密箍筋，其间距为100 mm。

5.1.8 为保证构造柱与水平构件有一定拉结，纵墙承重房屋在无横墙的纵向墙垛处设置构造柱时，应在纵向墙垛宽度范围内预留一定宽度的板缝，做成混凝土现浇带。现浇带内配置不少于4ϕ12的纵向钢筋，并与构造柱钢筋连接。现浇带宽度不宜小于240 mm。现浇带的另一端，应与纵墙圈梁连接，以使内、外纵墙在横向有更好的连系。当现浇带的宽度过大时，其配筋量应根据实际荷载计算确定，但不应小于4ϕ12。

5.1.9 当构造柱采用Ⅰ级钢筋时，钢筋末端均做成弯钩。钢筋搭接可全部设置在同一截面，在搭接范围内箍筋间距不应大于100 mm。

5.1.10 在斜交抗震墙交接处设置的构造柱受力比较复杂，易出现应力集中或扭转影响，因此，该构造柱的截面面积应适当增大。构造柱的有效截面面积是指沿建筑结构两个主轴方向边长的乘积。

在地震作用下斜交抗震墙平面外受力的可能性较大，因此斜交抗震墙一般不宜过长。当斜交抗震墙两端的构造柱间距大于8

m 时，应在墙中增设构造柱，避免斜交抗震墙出现外甩现象，以便增强结构的整体性。

5.2　水平配筋

本节为新补充的内容。

5.2.1、5.2.2　根据砖抗震墙的承载力确定水平配筋的用量，配筋率一般为 0.07%～0.2%。水平筋沿层高均匀布置，是为施工方便。

5.2.3　为保证水平钢筋充分发挥作用，在水平钢筋两端应采取可靠的锚固措施。

5.2.4　水平钢筋一般不宜超过砖砌体的灰缝厚度，采用直径不大于 6 mm 的钢筋为宜。为增加与砂浆的共同工作性能，除了砂浆强度等级不应低于 M5 外，还应将 2 根以上的水平钢筋用横向短筋连接，形成钢筋网片。有条件时，横向钢筋最好采用焊接连接。

5.3　底层框架—抗震墙砖房

本节为新补充的内容。

5.3.1　底层框架砖房的上部砖结构在水平地震作用下的破坏机理同多层砖房类似，故作此规定。

5.3.2　一般情况下，构造柱的位置与底层框架柱的位置对应，故要求构造柱的纵向钢筋宜锚固在底层框架柱内。但当底层框架柱距超过 1 个开间，而上部砖房的构造柱按每开间设置时，构造柱要锚固在底层框架梁上。由于构造柱同其邻接的墙体弹性模量相差较大，传导下来的力会在梁的构造柱部位产生较大的压力（其相邻的砖砌体部分则压力很小），相当于有一集中荷载作用于梁上，对梁在该部位产生较大剪力，故应予以加强：或加密、加粗箍筋，或加元宝筋。由于实际工程的具体情况千变万化，规程难作统一规定，只提醒设计者予以注意，如何加强由设计人员按实际情况处理。

5.3.3　本条要求当底层框架楼盖采用预制板时，应在预制楼板上沿整个楼盖铺设连续的钢筋网，并现浇豆石混凝土。钢筋网是构造措施，不考虑受力。规定先浇混凝土，后砌墙，是保证使楼盖成为一个整体，加强其水平刚度，以利于传递水平地震作用。

5.3.4　底层框架一般在地震作用下具有较大的变形，对上部砖房带来不利影响。为此，这类结构的砖房构造柱截面及配筋都比普通砖房的要求严了一档。

5.3.5　要求底层框架砖房的上层承重砖墙及厚度不小于 240 mm 的自承重墙的中心线同底层框架梁、抗震墙的中心线相重合，以避免因上层墙体偏心对梁造成扭转力矩，也避免将上述墙体设置在次梁上。这里所述框架梁，是指直接同框架柱相连接的梁，而不是架在框架梁上的次梁。

5.4　复合夹心墙

本节为新补充的内容。

5.4.1　复合夹心墙空腔两侧的叶墙之间的连接材料可以采用钢筋或丁砖连接。从试验构件的变形、承载能力和稳定性得知，采用钢筋和丁砖作为连接材料的复合夹心墙体的差别不大。不同的是，采用丁砖连接的复合夹心墙在破坏时由于丁砖发生错动或断裂，造成叶墙除产生交叉斜裂缝外，还在丁砖附近产生了一些水平及竖向裂缝。因此，其整体性比采用钢筋连接的复合夹心墙要差。其中，采用竖向丁砖的破坏现象比采用水平丁砖连接的复合夹心墙的破坏要严重。复合夹心墙采用钢筋连接，可以结合墙体水平配筋的构造措施，将钢筋网片横跨空腔的钢筋交错布置，不仅加强了连接钢筋的锚固能力，而且提高了叶墙的抗震承载力，有利于约束墙体开裂后不致迅速倒塌。

5.4.2　在楼（屋）盖处，将圈梁截面跨过复合夹心墙的空腔，不仅对叶墙有良好的约束作用，更主要的是满足多层砖房在竖向荷载（自重）作用下，每层高度范围内可近似视为两端铰支的竖向构件要求。

5.4.3 空腔宽度不宜大于 80 mm，主要是根据我国节能标准对严寒地区的要求，并通过抗震性能试验确定的。

5.4.4 非承重叶墙的高厚比问题往往被忽视，甚至误认为是属于建筑内外装修的形式与选材问题。为了引起人们注意，特别在此提到《砌体结构设计规范》GBJ 3-88 中的非承重墙允许高厚比值。

5.4.5 复合夹心墙的窗(门)洞口边的连接钢筋或丁砖分布间距应适当加强。有条件的地区可采用混凝土框的方法，以便提高窗(门)洞口边的整体性。

6 施工技术

6.0.1 本条阐明本章的施工技术基本原则和要求。由于构造柱作用的发挥是与圈梁作用密切相关的，本规程第 3.2.2 条给出了圈梁设置要求，且柱梁应有可靠连接。因此，本条要求必须采用现浇混凝土圈梁。

6.0.2 施工部门普遍反映，构造柱混凝土的浇注中，马牙槎上口不易浇实。本条提出的做法汲取了唐山的施工经验。实践证明对提高质量有较好的作用。

6.0.3 构造柱模板随着墙厚的不同，其支模的方法也不同。目前施工单位对模板用材和支模方法也很不一致，还不能确定哪种方法好。因此，这里未就所用材料作出明确规定。条文中对分层支模、标高等要求都是从一般施工技术要求提出的。

6.0.4 清除模板内的垃圾是浇混凝土前的基本要求。但由于构造柱是先砌墙、后浇柱，因此对砖墙浇水润湿和除清落地灰等，就更加重要了。

6.0.5 由于构造柱断面小，又存在着马牙槎，给振捣混凝土带来很大不便。为保证构造柱的质量，可适当提高混凝土的和易性。施工部门普遍反映，将混凝土的坍落度适当加大，以加大到 50～70 mm 为宜，并根据不同季节和施工条件作相应的调整。

6.0.6 根据有关规定，要求混凝土柱应分段灌注。边长大于 400 mm 且无交叉箍筋时，每段的高度不应大于 3.5 m；如有轻混凝土灌注时，每段高度也不应大于 3.5 m。构造柱边长为 240 mm，其每次灌注高度应比 3.5 m 小，可定为不大于 2.0 m 为宜。这样对层高 3.0 m 左右的房屋，为保证构造柱施工质量，可分两次灌注。但是，施工单位反映，每层楼一次浇注比较方便。为了不与《规范》矛盾，又可在保证质量的条件下便利施工，在条文中作了灵活处理，即规定“在施工条件较好，并能确保浇灌密实时，亦可每层一次浇灌”。

6.0.7 构造柱断面小，施工经验表明，宜用插入式振捣棒振捣。

6.0.8 本条是对钢筋，特别是竖向钢筋的要求。有的施工单位误认为构造柱钢筋为构造筋，因此忽视钢筋的质量，这显然是不对的。实际上，在水平地震力作用下，构造柱与墙体共同工作，从抗震要求出发，竖筋的材质、连接、锚固都应当按受力钢筋要求制作。

复合夹心墙的连接钢筋，对于保证这类结构的稳定性起着重要作用。连接钢筋部分暴露在空腔中，在潮湿条件下容易锈蚀。因此，除认真除锈外，还应采用镀锌或其它有效措施进行防锈处理。防锈处理后的连接钢筋对抗震墙的抗震性能不应产生影响。本条是新补充的规定。

6.0.9 本条是参照现行行业标准《中型砌块建筑设计与施工规程》和《装配式大板居住建筑设计和施工规程》中有关内容，并听取了施工单位的意见提出的。主要提出了清除冰碴和采取保温措施。

6.0.10 本条也是参照上述规程中有关内容，并听取了施工单位的意见提出的。

6.0.11 本条是总结各地所出现的施工中工程事故提出的。许多单位反映，带构造柱砖墙在砌完墙而未浇柱之前，基本上是独立而不相连的墙片。由于对这种独立的墙片未加稳定支撑而被风刮倒的情况曾有出现，故在这一条中规定，对于这种独立墙片必须加稳定支撑，只有柱浇注完毕，才能进行上一层的工序。

6.0.12 关于施工质量、强度和尺寸允许偏差，主要是参考了《中型砌块建筑设计与施工规程》和北京市有关施工单位制订的一些质量检验标准拟定的。有关数字没有做过大的改动。

6.0.13 根据大开间试验结果表明，构造柱与进深梁的连接节点有一定的约束弯矩影响，除设计时采取有关措施外，施工质量和施工程序方面也应加以注意。本条的主要目的是避免约束弯矩的产生，引起支承墙体的变形。本条为新增内容。

6.0.14 根据目前的施工质量状况，在无门洞墙体上开洞的现象普遍，而且施工中不采取任何加强措施，施工完毕将开洞的抗震墙又处理得不认真。因此，为保证抗震墙的承载能力不致损失过大而制定本条。本条为新规定内容。

中华人民共和国行业标准

混凝土小型空心
砌块建筑技术规程

Technical Specification for Concrete
Small-Sized Hollow Block Masonry, Building

JGJ/T 14—95

主编单位：四川省建筑科学研究院
批准部门：中华人民共和国建设部
施行日期：1995年12月1日

关于发布行业标准《混凝土小型空心砌块建筑技术规程》的通知

建标［1995］323号

各省、自治区、直辖市建委（建设厅），计划单列市建委，国务院有关部门：

根据建设部建标［1991］727号文的要求，由四川省建筑科学研究院会同哈尔滨建筑大学等有关单位共同修订的《混凝土小型空心砌块建筑技术规程》经审查，现批准为推荐性行业标准，编号JGJ/T 14—95，自1995年12月1日起施行。原《混凝土空心小型砌块建筑设计与施工规程》JGJ 14—82同时废止。

该标准由建设部建筑工程标准技术归口单位中国建筑科学研究院归口管理，由四川省建筑科学研究院负责解释。

该标准由建设部标准定额研究所组织出版。

中华人民共和国建设部
1995年6月8日

1 总　　则

1.0.1 为使混凝土小型空心砌块砌体结构的设计与施工做到因地制宜、就地取材，减轻地震破坏，技术先进、经济合理、安全适用、确保质量，制定本规程。

1.0.2 本规程适用于非抗震设防区和抗震设防烈度为 6 至 8 度地区,以混凝土小型空心砌块为墙体材料的砌体结构设计与施工。

1.0.3 本规程根据现行国家标准《建筑结构设计统一标准》规定的原则修订，符号、计量单位和基本术语按现行国家标准《建筑结构设计通用符号、计量单位和基本术语》的规定采用。

1.0.4 在进行混凝土小型空心砌块砌体结构设计与施工时,除遵守本规程外，尚应符合国家现行有关标准《砌体结构设计规范》GBJ 3、《建筑抗震设计规范》GBJ 11、《混凝土结构设计规范》GBJ 10、《建筑热工设计规范》GBJ 50176 等的规定。

2 术语、符号

2.1 术　　语

2.1.1 普通混凝土小型空心砌块

以碎石或卵石为粗骨料制作的混凝土，主规格尺寸为 390mm×190mm×190mm，空心率为 25%至 50%的小型空心砌块，简称普通混凝土小砌块。

2.1.2 轻骨料混凝土小型空心砌块

以浮石、火山渣、煤渣、自然煤矸石、陶粒为粗骨料制作的混凝土小型空心砌块，简称轻骨料混凝土小砌块。

2.1.3 单排孔小砌块

沿厚度方向只有一排孔洞的小砌块。

2.1.4 双排孔或多排孔小砌块

沿厚度方向有双排条形孔洞或多排条形孔洞的小砌块。

2.1.5 对孔砌筑

砌筑墙体时，上下层小砌块的孔洞对准。

2.1.6 错孔砌筑

砌筑墙体时，上下层小砌块的孔洞相互错位。

2.1.7 反砌

砌筑墙体时，小砌块的底面朝上。

2.1.8 芯柱

小砌块墙体的孔洞内浇灌混凝土称素混凝土芯柱；小砌块墙体的孔洞内插有钢筋并浇灌混凝土称钢筋混凝土芯柱。

2.2 符　　号

2.2.1 几何参数

A——构件截面毛面积；

A_l——局部受压面积；

$A_{c,a}$——芯柱截面总面积；

A_0——影响局部抗压强度的计算面积；

A_b——垫块面积；

A_s——钢筋截面面积；

B——结构总宽度；

H——结构或墙体总高度，构件高度；

H_i——第 i 层高；

H_0——构件的计算高度；

L——结构（单元）总长度；

a——距离，边长，梁端实际支承长度；

a_0——梁端有效支承长度；

b——截面宽度，边长；

b_f——带壁柱墙的计算截面翼缘宽度，翼墙计算宽度；

b_s——在相邻横墙、窗间墙间或壁柱间范围内的门窗洞口宽度；

s——相邻横墙、窗间墙间或壁柱间的距离；

e——轴向力合力作用点到截面重心的距离，简称偏心矩；

h——墙的厚度或矩形截面轴向力偏心方向的边长，梁的高度；

h_b——小砌块高度；

h_0——截面有效高度；

h_T——T 形截面的折算厚度；

y——截面重心到轴向力所在方向截面边缘的距离。

2.2.2 作用、效应与抗力

f_1——小砌块抗压强度平均值；

f_2——砂浆抗压强度平均值；

f——砌体抗压强度设计值；

f_{tm}——砌体弯曲抗拉强度设计值；

f_v——砌体抗剪强度设计值；

f_{VE}——砌体抗震抗剪强度设计值；

f_y——钢筋抗拉强度设计值；

K——结构（构件）的刚度；

f_c——混凝土轴心抗压强度设计值；

N——轴向力设计值；

N_k——轴向力标准值；

N_c——局部受压面积上轴向力设计值，梁端支承压力设计值；

N_0——上部轴向力设计值；

M——弯矩设计值；

V——剪力设计值；

F——集中力设计值；

F_{EK}——结构总水平地震作用标准值；

G_{eq}——地震时结构（构件）的等效总重力荷载代表值；

σ_{CK}——恒荷载标准值产生的平均压应力。

2.2.3 计算系数

γ_m——结构构件材料性能分项系数；

γ_a——调整系数；

γ——局部抗压强度提高系数；

γ_{RE}——承载力抗震调整系数；

α_{max}——水平地震影响系数最大值；

ψ——组合值系数，影响系数；

β——墙、柱的高厚比；

φ——轴向力影响系数；

ζ——计算系数，局压系数；

λ——构件长细比，比例系数；

ρ——配筋率，比率；

μ_1——非承重墙允许高厚比的修正系数；

μ_2——有门窗洞口墙允许高厚比的修正系数。

2.2.4 其他

MU——小砌块强度等级；

M——砂浆强度等级；

n——总数，如楼层数、质点数、钢筋根数、跨数等。

3 材料和砌体的计算指标

3.0.1 小砌块和砂浆的强度等级，应按下列规定采用：

小砌体的强度等级：MU20、MU15、MU10、MU7.5、MU5、MU3.5。

砂浆的强度等级：M10、M7.5、M5、M2.5。

注：确定掺有粉煤灰15%以上的混凝土小砌块强度等级时，砌块的抗压强度应乘以碳化系数。

3.0.2 对主规格为390mm×190mm×190mm的单排孔混凝土小砌块，当对孔砌筑时，其龄期28d的以毛截面计算的砌体抗压强度设计值，应按表3.0.2采用。

混凝土小砌块砌体的抗压强度设计值（MPa） **表3.0.2**

小砌块强度等级	砂浆强度等级				砂浆强度
	M10	M7.5	M5	M2.5	0
MU20	5.28	4.74	4.20	3.85	2.48
MU15	4.29	3.85	3.41	2.97	2.02
MU10	2.98	2.67	2.37	2.06	1.40
MU7.5	—	2.06	1.83	1.59	1.08
MU5	—	—	1.27	1.10	0.75
MU3.5	—	—	—	0.8	0.54

注：①对错孔砌筑的砌体，应取表中数值乘以0.8。

②对独立柱或厚度为双排小砌块的砌体，应取表中数值乘以0.7。

③对T型截面砌体，应取表中数值乘以0.85。

④对用不低于C15混凝土灌实的砌体，可取表中数值乘以系数Φ_t。

$\Phi_t=[0.8/(1-\delta)]\leqslant 1.5$，$\delta$为小砌块的空心率，对部分孔洞用混凝土灌实的砌体，可依照上式按面积比折算。

3.0.3 空心率不大于35%的双排孔或多排孔轻骨料混凝土小砌块，其砌体抗压强度设计值，应按下列规定采用：

3.0.3.1 可按表 3.0.2 中的数值乘以 1.1 后采用。

3.0.3.2 对用不低于 C15 轻骨料混凝土灌实的砌体，可再乘以系数 Φ_l；

3.0.3.3 对厚度方向为双排孔轻骨料混凝土小砌块的砌体，应按表 3.0.2 中数值乘以 0.9。

3.0.4 龄期为 28d 的以毛截面计算的混凝土小砌块砌体弯曲抗拉强度设计值和抗剪强度设计值，可按表 3.0.4 采用。

小砌块砌体的弯曲抗拉强度设计值、抗剪强度设计值（MPa） 表 3.0.4

强度类别	破坏特征	砂浆强度等级			
		M10	M7.5	M5	M2.5
弯曲抗拉	沿齿缝截面	0.12	0.10	0.08	0.06
	沿通缝截面	0.08	0.07	0.06	0.04
抗剪	沿通缝或阶梯形截面	0.10	0.08	0.07	0.05

注：对空心率不大于 35%的双排孔或多排孔轻骨料混凝土小砌块砌体，可按表中数值乘以 1.1。

3.0.5 下列情况的砌体，其强度设计值应分别乘以调整系数 γ_a；

3.0.5.1 梁跨度不小于 7.5m 的多层房屋，应按表 3.0.2 中的数值，γ_a 为 0.9；

3.0.5.2 使用水泥砂浆砌筑砌体时，对表 3.0.2 中的数值，γ_a 为 0.85；对表 3.0.4 中的数值，γ_a 为 0.75；

3.0.5.3 验算施工中房屋的构件时，并取 γ 为 1.10；

3.0.6 砂浆尚未硬化的新砌砌体，可按砂浆强度为零确定砌体抗压强度设计值。

3.0.7 砌体的弹性模量、剪变模量、摩擦系数、线膨胀系数，应按现行国家标准《砌体结构设计规范》GBJ 3 中混凝土小砌块砌体相应指标执行。

4 静力设计

4.1 基本设计规定

4.1.1 本规程采用以概率理论为基础的极限状态设计方法，用分项系数的设计表达式进行计算。

4.1.2 小砌块砌体结构应按承载能力极限状态设计，并应有相应的构造措施满足正常使用极限状态的要求。

4.1.3 根据小砌块砌体结构破坏可能产生的后果（危及人的生命、造成经济损失、产生社会影响）的严重性，小砌块砌体结构按表 4.1.3 划分为三个安全等级，设计时应根据具体情况适当选用。

小砌块砌体结构的安全等级 表 4.1.3

安全等级	破坏后果	建筑物类型
一级	很严重	重要的工业与民用建筑物
二级	严重	一般的工业与民用建筑物
三级	不严重	次要的建筑物

4.1.4 小砌块砌体结构承载能力极限态设计表达式，整体稳定性验算表达式，弹性方案、刚弹性方案、刚性方案的静力计算规定及其相应的横墙间距要求，应按现行国家标准《砌体结构设计规范》的规定执行

4.1.5 梁支承在墙上时，梁端支承压力 N_l 到墙边的距离，对屋盖梁应取梁端有效支承长度 a_0 的 0.33 倍，对楼盖梁应取梁端有效支承长度 a_0 的 0.4 倍（图 4.1.5）。多层房屋由上面楼层传来的荷载 N_u，可视为作用于上一楼层的墙、柱的截面重心处。

4.1.6 带壁柱墙的计算截面翼缘宽度 b_f，可按下列规定采用；

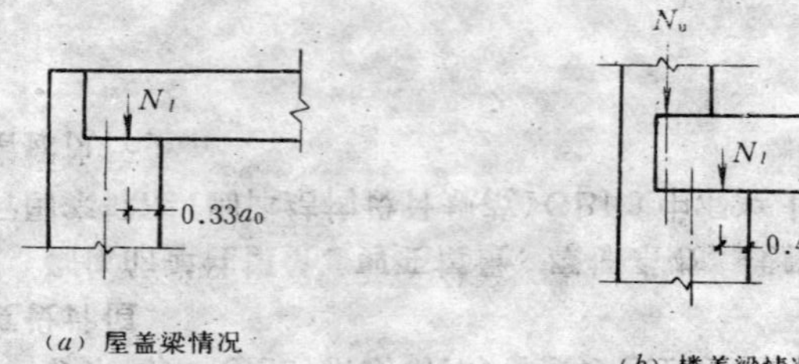

图 4.1.5 梁端支承压力位置

4.1.6.1 多层房屋，当有门窗洞口时，可取窗间墙宽度；当无门窗洞口时，可取相邻壁柱间的距离；

4.1.6.2 单层房屋，可取壁柱宽加 2/3 墙高，但不应大于窗间墙宽度和相邻壁柱间的距离；

4.1.6.3 计算带壁柱墙体的条形基础时，可取相邻壁柱间的距离。

4.2 受压构件承载能力计算

4.2.1 受压构件的承载能力应按下列公式计算

$$N \leqslant \varphi f A \tag{4.2.1}$$

式中 N——荷载产生的轴向力设计值；

φ——高厚比 β 和轴向力偏心距 e 对受压构件承载能力的影响系数，可按附录 A 附表 A-1 采用，或按附录 A 的公式计算；

f——砌体抗压强度设计值；

A——截面毛面积；对带壁柱墙，其翼缘宽度可按第 4.1.6 条采用。

注：对矩形截面构件，当轴向力偏心方向的截面边长大于另一方向的边长时，除按偏心受压计算外，还应对较小边长方向，按轴心受压进行验算。

4.2.2 根据房屋类别、构件支承条件等应按下列规定取用构件高度 H：

4.2.2.1 在房屋底层，为楼板到构件下端支点的距离。下端支点的位置，可取在基础顶面；当埋置较深时，则可取在室内地面或室外地面下 300～500mm 处。

4.2.2.2 在房屋其他层次，为楼板或其他水平支点间的距离。

4.2.2.3 对于山墙，可取层高加山墙尖高度的 1/2，山墙壁柱则可取壁柱处的山墙高度。

4.2.3 受压构件的计算高度 H_0 应按表 4.2.3 采用。

受压构件的计算高度 H_0 **表 4.2.3**

房屋类别		柱		带壁柱墙或周边拉结的墙		
		排架方向	垂直排架方向	$s>2H$	$2H \geqslant s>H$	$s \leqslant H$
单跨	弹性方案	$1.5H$	$1.0H$	$1.5H$		
	刚弹性方案	$1.2H$	$1.0H$	$1.2H$		
两跨或多跨	弹性方案	$1.25H$	$1.0H$	$1.25H$		
	刚性方案	$1.1H$	$1.0H$	$1.1H$		
刚性方案		$1.0H$	$1.0H$	$1.0H$	$0.4s+0.2H$	$0.6s$

注：①对上端为自由端的构件，$H_0=2H$；
②对独立柱，当无柱间支撑时，在垂直排架方向的 H_0。应按表中数值乘以 1.25 后采用。

4.2.4 轴向力的偏心距 e 应符合下列要求：

$$e \leqslant 0.7y \tag{4.2.4}$$

式中 e——轴向力的偏心距，应按各分项系数和组合值系数均取 1.0 的构件内力计算；

y——截面重心到轴向力所在偏心方向截面边缘的距离。

4.3 局部受压承载能力计算

4.3.1 砌体截面中受局部均匀压力时的承载能力，应按下列公式计算：

$$N_l \leqslant \gamma f A_l \tag{4.3.1}$$

式中 N_1——局部受压面积上轴向力设计值；

γ——砌体局部抗压强度提高系数；

A_1——局部受压面积；

f——砌体抗压强度设计值。局部荷载作用面用混凝土灌实一皮时，应按表 3.0.2 采用；在影响砌体局部抗压强度的计算面积范围内灌实不少于三皮时，可按表 3.0.2 的数值乘以该表注④规定的系数 Φ_1 采用。

4.3.2 砌体局部抗压强度提高系数 γ，可按下列公式计算：

$$\gamma = 1 + 0.35\sqrt{\frac{A_0}{A_1} - 1} \tag{4.3.2}$$

式中 A_0——影响砌体局部抗压强度的计算面积。（见图 4.3.2）计算所得 γ 值，尚应符合表 4.3.3 中 γ 限值。

对未灌实的空心砌块砌体，局部抗压强度提高系数 γ 为 1.0。

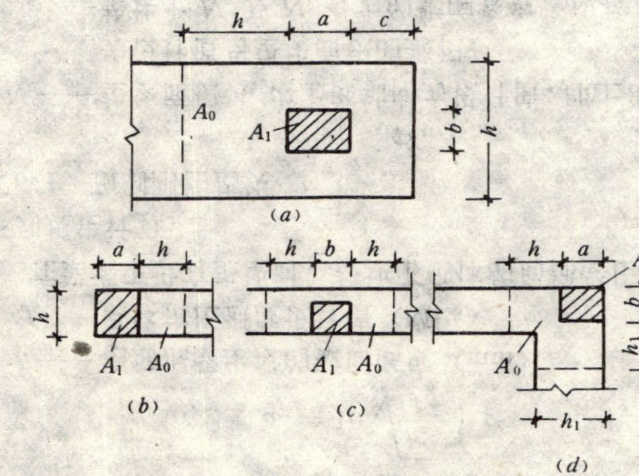

图 4.3.2 影响局部抗压强度的面积 A_0

4.3.3 影响砌体局部抗压强度的计算面积和 γ 限值。可按表 4.3.3 采用。

影响局部抗压强度的面积 A_0 值　　表 4.3.3

局部荷载位置	A_0	γ 限值	注
局部受压	$(a+c+h)\ h$	2.5	图 4.3.2 (a)
端部局部受压	$(a+h)\ h$	1.25	图 4.3.2 (b)
边部局部受压	$(b+2h)\ h$	2.0	图 4.3.2 (c)
角部局部受压	$(a+h)\ h+\ (b+h_1-h)\ h_1$	1.5	图 4.3.2 (d)

注：表中 a、b 为矩形局部总受压面积 A_1 的边长；h、h_1 分别为墙厚或柱的较小边长；c 为矩形局部受压面积的外边缘至构件边缘的较小距离，当大于 h 时，应取 h。

4.3.4 梁端支承处砌体的局部受压承载能力，应按下列公式计算：

$$\psi N_0 + N_1 \leqslant \eta\gamma f A_1 \tag{4.3.4-1}$$

$$\psi = 1.5 - 0.5\frac{A_0}{A_1} \tag{4.3.4-2}$$

式中 ψ——上部荷载的折减系数，按式（4.3.4-2）计算，当 $A_0A_1\geqslant 3$ 时，取 $\psi=0$；

N_0——局部受压面积内上部轴向力设计值，即上部平均压应力设计值与局部受压面积的乘积；

N_1——梁端支承压力设计值；

η——梁端底面压应力图形的完整系数，可取 0.7，对于过梁可取 1.0；

A_1——局部受压面积，即梁宽与梁端有效支承长度的乘积。

4.3.5 梁直接支承在砌体上时，梁端有效支承长度可按下列公式计算：

$$a_0 = 38\sqrt{\frac{N_1}{bf\mathrm{tg}\theta}} \tag{4.3.5-1}$$

式中 a_0——梁端有效支承长度（mm），但不应大于梁端实际支承长度；

b——梁的截面宽度（mm）；

tgθ——梁变形时，梁端轴线倾角的正切；

N_1——梁端支承压力设计值（kN）。

对于跨度不大于 6m 的钢筋混凝土梁，梁端有效支承长度可按下列公式计算：

$$a_0 = 10\sqrt{\frac{h_c}{f}} \tag{4.3.5-2}$$

式中 h_c——钢筋混凝土梁的截面高度（mm）；

f——砌体抗压强度设计值（MPa）。

4.3.6 在梁端下设有垫块时，垫块下砌体的局部受压承载能力，应按下列规定计算：

4.3.6.1 预制刚性垫块

$$N_0 + N_1 \leqslant \varphi\gamma_1 A_b \tag{4.3.6}$$

式中 N_0——垫块面积 A_b 内上部轴向力设计值，即上部平均压应力设计值与垫块面积的乘积；

φ——垫块上 N_0 及 N_1 合力的影响系数，应按用第 4.2.1 条及附录 A，当 $\beta \leqslant 3$ 时的 φ 值；

γ_1——垫块外砌体面积的有利影响系数，γ_1 为 0.8γ，但不小于 1.0。γ 应按式（4.3.2）以 A_b 代替 A_l 计算；

A_b——垫块面积，即为垫块伸入墙内的长度 a_b 与垫块宽度 b_b 的乘积。

刚性垫块的高度不宜小于 190mm，自梁边算起的垫块挑出长度不宜大于垫块高度 t_b。

在带壁柱墙的壁柱内设刚性垫块时（图 4.3.6），其计算面积应取壁柱面积，不应计算翼缘部分，同时壁柱上垫块伸入翼缘内的长度不应小于 100mm。

4.3.6.2 与梁端现浇成整体的垫块

梁端支承处砌体的局部受压承载能力仍应按第 4.3.4 条规定计算，此时 $A_l = a_0 b_b$。同时在计算有效支承长度的公式（4.3.5-1）中应以 b_b 代替 b。

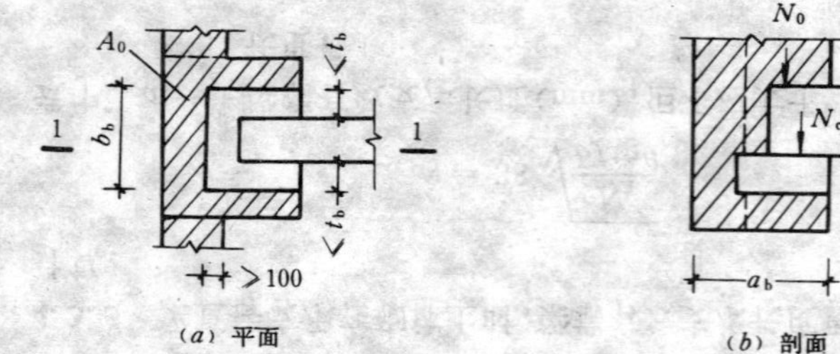

图 4.3.6 壁柱内设有垫块时梁端局部受压

4.4 墙、柱的允许高厚比

4.4.1 墙、柱高厚比：

对矩形截面 $$\beta = \frac{H_0}{h} \tag{4.4.1-1}$$

对 T 形截面 $$\beta = \frac{H_0}{h_T} \tag{4.4.1-2}$$

式中 H_0——墙、柱的计算高度，应按第 4.2.2 条确定；

h——墙厚或矩形面柱轴向力偏心方向的边长，当轴心受压时为截面较小边长；

h_T——T 形截面的折算厚度，可近似取 3.5i（i 为截面回转半径）。

4.4.2 墙、柱的高厚比应按下列公式验算：

$$\beta \leqslant \mu_1\mu_2[\beta] \tag{4.4.2-1}$$

$$\mu_2 = 1 - 0.4\frac{b_s}{s} \tag{4.4.2-2}$$

式中 $[\beta]$——墙、柱的允许高厚比，应按表 4.4.2-1 采用；

μ_1——非承重墙允许高厚比的修正系数，可按表 4.4.2-2 采用；

μ_2——有门窗洞口墙允许高厚比的修正系数；

b_s——在宽度 s 范围内的门窗洞口宽度；

s——相邻窗间墙或壁柱之间的距离。

注：①上端为自由端的允许高厚比，除按表 4.4.2-2 规定提高外，尚可提高 30%；
②当与墙连接的相邻两横墙间的距离 s 不大于 $\mu_1\mu_2$ [β] h 时，墙的高厚比可不受本条限制；
③当按公式（4.4.2-2）算得的 μ_2 值小于 0.7 时，应采用 0.7；当洞口高度不大于墙高的 1/5 时，可取 μ_2 等于 1.0。

墙、柱的允许高厚比［β］值　　表 4.4.2-1

砂浆强度等级	墙	柱
M2.5	22	15
M5	24	16
≥M7.5	26	17

非承重墙［β］值的修正系数 μ_1　　表 4.4.2-2

h (mm)	>190	190	140	90
μ_1	1.2	1.3	1.4	1.5

4.4.3 带壁柱墙的高厚比验算，应按下列规定进行：

4.4.3.1 当按公式（4.4.1-1）和公式（4.4.2-1）验算壁柱间墙的高厚比时，s 值应取相邻壁柱间的距离。设有钢筋混凝土圈梁的带壁柱墙，当 b/s 不小于 1/30 时，圈梁可视作壁柱间墙的不动铰支点（b 为圈梁宽度）。如具体条件不允许增加圈梁宽度，可按等刚度原则（墙体平面外刚度相等）增加圈梁高度，以满足壁柱间墙不动铰支点的要求。

4.4.3.2 当按公式（4.4.1-2）验算带壁柱墙的高厚比，在确定截面回转半径时，墙截面的翼缘宽度可按第 4.1.6 条的规定采用。

4.5 一般构造要求

4.5.1 一般砌体所用的材料，除满足强度计算要求外，尚应符合下列要求：

4.5.1.1 对室内地面以下的砌体，应采用普通混凝土小砌块和不低于 M5 的水泥砂浆。

4.5.1.2 五层及五层以上民用房屋的底层墙体，应采用不低于 MU5 的小砌块和 M5 砌筑砂浆。

4.5.2 在室外散水坡顶面以上，室内地面以下的砌体内，宜设置防潮层。

4.5.3 在墙体的下列部位，应用 C15 混凝土灌实砌体的孔洞。

4.5.3.1 底层室内地面以下或防潮层以下的砌体；

4.5.3.2 无圈梁的楼板支承面下的一皮砌块；

4.5.3.3 没有设置混凝土垫块的次梁支承处，灌实宽度不应小于 600mm。高度不应小于一皮砌块；

4.5.3.4 挑梁的悬挑长度不小于 1.2m 时，其支承部位的内外墙交接处，纵横各灌实 3 个孔洞，灌实高度不小于三皮砌块。

4.5.4 跨度大于 4.2m 的梁，其支承面下应设置混凝土或钢筋混凝土垫块。当墙中设有圈梁时，垫块宜与圈梁浇成整体。

当大梁跨度不小于 4.8m，且墙厚为 190mm 时，其支承处宜加设壁柱。

4.5.5 后砌隔墙和填充墙，沿墙高每隔 600mm 应与承重墙或柱内预留的钢筋网片或 2ϕ6 钢筋拉结，钢筋伸入墙内的长度不应小于 600mm。

4.5.6 预制钢筋混凝土板在墙上或圈梁上支承长度不应小于 80mm；当支承长度不足时，应采取有效的锚固措施。

4.5.7 山墙处的壁柱，宜砌至山墙顶部。在风压较大的地区，檩条应与山墙锚固，屋盖不宜挑出山墙。

4.5.8 墙体宜作双面粉刷，室外勒脚处应作水泥砂浆粉刷。

4.5.9 处于潮湿环境的轻骨料混凝土小砌块墙体，墙面应采用水泥砂浆粉刷等有效的防潮措施。

4.5.10 北方寒冷地区，房屋的外墙采用轻骨料混凝土小砌块时，在圈梁、过梁、芯柱及其他外墙保温性能受到削弱的部位，应采用轻骨料混凝土或其他有效保温构造措施。

4.6 墙体防裂的主要措施

4.6.1 根据具体情况，可综合采用下列预防顶层墙体开裂的措施；

4.6.1.1　在屋盖上设置保温层或隔热层；

4.6.1.2　在屋盖的适当部位设置分格缝；

4.6.1.3　在屋盖与顶层圈梁间设置滑动层或缓冲层(不适用于抗震设防区和风压大于 0.7kN/m² 的地区)；

4.6.1.4　在顶层端开间门窗洞边设置钢筋混凝土芯柱，窗台下设置水平钢筋网片或钢筋混凝土窗台板带；

4.6.1.5　加强顶层屋面圈梁：

4.6.1.6　提高顶层墙体砌筑砂浆的强度等级。

4.6.2　对于底层墙体，可综合采用下列防止开裂的措施：

4.6.2.1　加强地基圈梁的刚度；

4.6.2.2　提高底层窗台下砌筑砂浆的强度等级，设置水平钢筋网片或用 C15 混凝土灌实砌体孔洞。

4.6.3　小砌块房屋伸缩缝的最大间距，可按表 4.6.3 的规定采用。

小砌块房屋温度伸缩缝的最大间距（m）　　表 4.6.3

屋盖或楼盖类别		间　距
整体或装配整体式混凝土结构	有保温层或隔热层的屋盖	50
	无保温层或隔热层的屋盖	40
装配式无檩体系混凝土结构	有保温层或隔热层的屋盖	60
	无保温层或隔热层的屋盖	50
装配式有檩体系混凝土结构	有保温层或隔热层的屋盖	75
	无保温层或隔热层的屋盖	60
粘土瓦或石棉水泥瓦屋盖、木屋盖或楼盖		75

注：①当有实践经验和可靠依据时，可不遵守本表的规定。
②温差较大且变化频繁地区和严寒地区不采暖的房屋及构筑物的墙体，伸缩缝最大间距应按表 4.6.3 中数值予以适当减少。
③层高大于 5m 的单层房屋，其伸缩缝间距可按表 4.6.3 中数值乘以 1.30，但不应大于 75m。
④房屋的伸缩缝应与其他变形缝相重合，缝内应嵌以软质可塑材料，在进行立面处理时，必须使缝隙能起伸缩作用。

4.7　圈梁、过梁、芯柱

4.7.1　钢筋混凝土圈梁应按下列规定设置：

4.7.1.1　多层房屋或比较空旷的单层房屋，应在基础部位设置一道现浇圈梁，当房屋建造在软弱地基或不均匀地基上时，圈梁刚度应适当加强。

4.7.1.2　比较空旷的单层房屋，如车间、仓库、食堂，当檐口高度为 4～5m 时，应设置一道圈梁；当檐口高度大于 5m 时，宜适当增设。

4.7.1.3　一般多层民用房屋，应按表 4.7.1 的规定设置圈梁。

多层民用房屋圈梁设置要求　　表 4.7.1

圈梁位置	圈　梁　设　置　要　求
沿 外 墙	屋盖处必须设置，楼盖处隔层设置
沿内横墙	屋盖处必须设置，间距不大于 7m 楼盖处隔层设置，间距不大于 15m
沿内纵墙	屋盖处必须设置 楼盖处：房屋总进深小于 10m 者，可不设置； 房屋总进深等于或大于 10m 者，宜隔层设置

4.7.2　圈梁应符合下列构造要求：

4.7.2.1　圈梁宜连续地设在同一水平面上，并形成封闭状；当不能在同一水平上闭合时，应增设附加圈梁，其搭接长度不应小于两倍圈梁的垂直距离，且不应小于 1m；

4.7.2.2　圈梁截面高度不应小于 150mm，纵向钢筋不宜少于 4ϕ8，箍筋间距不应大于 300mm，混凝土强度等级不应低于 C15；

4.7.2.3　圈梁兼作过梁时，过梁部分的钢筋应按计算用量单独配置；

4.7.2.4　屋盖处圈梁宜现浇，楼盖处圈梁可采用预制槽型底模整浇，槽型底模应用不低于 C15 细石混凝土制作；

4.7.2.5　挑梁与圈梁相遇时，宜整体现浇，当采用预制挑梁时，应采取适当措施，保证挑梁、圈梁和芯柱的整体连接；

4.7.2.6 整体式钢筋混凝土楼盖可不设圈梁。

4.7.3 门窗洞口顶部应采用钢筋混凝土过梁，验算过梁下砌体局部受压承载力时，可不考虑上层荷载的影响。

4.7.4 过梁上的荷载，可按下列规定采用：

4.7.4.1 梁、板荷载：当梁、板下的墙体高度小于过梁净跨时，可按梁、板传来的荷载采用。梁、板下墙体高度不小于过梁净跨时，可不考虑梁、板荷载；

4.7.4.2 墙体荷载：当过梁上墙体高度小于1/2过梁净跨时，应按墙体的均布自重采用。墙体高度不小于1/2过梁净跨时，应按高度为1/2过梁净跨墙体的均布自重采用。

4.7.5 墙体的下列部位宜设置芯柱：

4.7.5.1 在外墙转角、楼梯间四角的纵横墙交接处的三个孔洞，宜设置素混凝土芯柱；

4.7.5.2 五层及五层以上的房屋，应在上述部位设置钢筋混凝土芯柱。

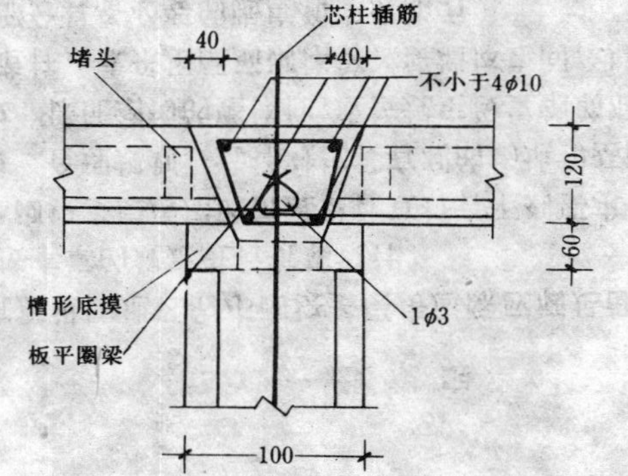

图 4.7.6 芯柱贯穿楼板的构造

4.7.6 芯柱应符合下列构造要求：

4.7.6.1 芯柱截面不宜小于120m×120mm，宜用不低于C15的细石混凝土浇灌；

4.7.6.2 钢筋混凝土芯柱每孔内插竖筋不应小于1ϕ10，底部应伸入室内地面下500mm或与基础圈梁锚固，顶部与屋盖圈梁锚固；

4.7.6.3 芯柱应沿房屋全高贯通，并与各层圈梁整体现浇；可采用图4.7.6的做法；

4.7.6.4 在钢筋混凝土芯柱处，沿墙高每隔600mm应设ϕ4钢筋网片拉结，每边伸入墙体不小于600mm。

5 抗震设计

5.1 一般规定

5.1.1 抗震设防地区的小砌块多层房屋除应满足静力设计要求外，尚应按本章的规定进行抗震设计。

5.1.2 小砌块多层房屋的抗震设计宜符合下列要求：

5.1.2.1 合理规划、选择对抗震有利的场地和基础；

5.1.2.2 保证结构的整体性，应按规定设置钢筋混凝土圈梁和芯柱、构造柱，或采用配筋砌体等，使墙体之间、墙体和楼盖之间的连接部分具备必要的强度和变形能力。

5.1.3 多层房屋的结构体系应符合下列要求；

5.1.3.1 应采用横墙承重或纵横墙共同承重的结构体系；

5.1.3.2 纵横墙的布置宜均匀对称，沿平面内宜对齐，沿竖向应上下连续，同一轴线上的窗间墙宜均匀；

5.1.3.3 房屋不应有错层，否则应设置防震缝；8 度设防时，立面高差在 6m 以上或各部分结构刚度、质量截然不同时，也应设防震缝；防震缝两侧均应设置墙体，缝宽可采用 5～100mm；

5.1.3.4 楼梯间不宜设置在房屋的尽端和转角处；

5.1.3.5 烟道、风道、垃圾道等不应削弱墙体；不宜采用无竖向配筋的附墙烟囱及出屋面烟囱；

5.1.3.6 不宜采用无锚固的钢筋混凝土预制挑檐。

5.1.4 小砌块的强度等级不应低于 MU5，砌筑砂浆的强度等级不应低于 M5。

5.1.5 多层房屋的总高度和层数，不应超过表 5.1.5 的规定；对医院、教学楼等横墙较少的房屋，层数应比表 5.1.5 的规定相应减少 1 层，房屋层高均不宜超过 3.6m。

多层房屋总高度（m）和层数限值 表 5.1.5

砌块墙体类别	最小墙厚（m）	烈度					
		6		7		8	
		高度	层数	高度	层数	高度	层数
普通混凝土小砌块	0.19	21	七	18	六	15	五
轻骨料混凝土小砌块	0.19	18	六	15	五	12	四

注：①本规程将“设防烈度”简称“烈度”，烈度为 6 度、7 度、8 度简称为 6 度、7 度、8 度。

②房屋总高度指室外地面至檐口高度，半地下室可从地下室室内地面算起，全地下室可从室外地面算起。

③当房屋的层高不超过 3m，并按照第 5.3.6 条的规定采取加强构造措施后，层数可增加 1 层，但医院、教学楼等横墙较少的房屋不应增加。

5.1.6 多层房屋的总高度与总宽度的最大比值，应符合表 5.1.6 的要求。

房屋最大高宽比 表 5.1.6

烈度	6	7	8
最大高宽比	2.5	2.5	2.0

注：单面走廊房屋的总宽度不包括走廊宽度。

5.1.7 多层房屋抗震横墙间距，不应超过表 5.1.7 的规定。

抗震横墙最大间距（m） 表 5.1.7

楼屋盖类别	烈度		
	6	7	8
现浇或装配整体式钢筋混凝土	15	15	11
装配式钢筋混凝土	11	11	7

5.1.8 多层房屋的局部尺寸限值，宜符合表 5.1.8 的要求。

房屋局部尺寸限值（m） 表 5.1.8

部位	烈度		
	6	7	8
承重窗间墙最小宽度	1.0	1.0	1.2

续表

部位	烈度		
	6	7	8
承重外墙尽端至门窗洞边的最小距离	1.0	1.0	1.5
非承重外墙尽端至门窗洞边的最小距离	1.0	1.0	1.0
内墙阳角至门窗洞边的最小距离	1.0	1.0	1.5
无锚固女儿墙（非出入口处）的最大高度	0.5	0.5	0.5

5.2 地震作用和结构抗震验算

5.2.1 小砌块房屋一般可在建筑结构的两个主轴方向分别考虑水平地震作用并进行抗震验算，各方向的水平地震作用应全部由该方向抗侧力构件承担。

5.2.2 质量和刚度明显不均匀、不对称的结构，应考虑水平地震作用的扭转影响。

5.2.3 计算地震作用时，建筑的重力荷载代表值应取结构和配件自重的标准值和各可变荷载组合值之和。各可变荷载的组合值系数应按表 5.2.3 采用。

组合值系数　　表 5.2.3

可变荷载种类		组合值系数
雪荷载		0.5
屋面积灰荷载		0.5
屋面活荷载		不考虑
按实际情况考虑的楼面活荷载		1.0
按等效均布荷载考虑的楼面活荷载	藏书库、档案库	0.8
	其他民用建筑	0.5

5.2.4 小砌块房屋可采用底部剪力法进行抗震计算，计算时，各楼层可考虑一个自由度，结构的水平地震作用标准值应按下列公式确定（图 5.2.4）：

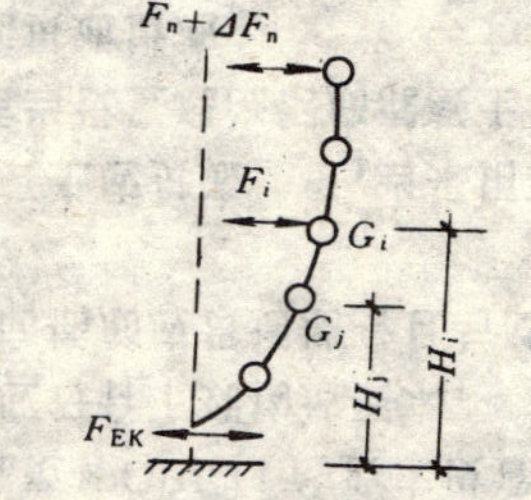

图 5.2.4 结构水平地震作用计算简图

$$F_{Ek}=a_{max}G_{eq} \quad (5.2.4\text{-}1)$$

$$F_i=\frac{G_iH_i}{\sum_{j=1}^{n}G_jH_j}F_{EK}(i=1,2\cdots,n) \quad (5.2.4\text{-}2)$$

式中 F_{EK}——结构总水平地震作用标准值；

a_{max}——水平地震影响系数最大值，按表 5.2.4 采用；

G_{eq}——结构等效总重力荷载，多质点可取总重力荷载代表值的 85%；

F_i——质点 i 的水平地震作用标准值；

G_i，G_j——分别为集中于质点 i，j 的重力荷载代表值，应按第 5.2.3 条确定；

H_i，H_j——分别为质点 i，j 的计算高度。

水平地震影响系数最大值　　表 5.2.4

烈度	6	7	8
a_{max}	0.04	0.08	0.16

5.2.5 采用底部剪力法时，突出屋面的屋顶间、女儿墙、烟囱等的地震作用效应，宜乘以增大系数 3，此增大部分不应往下传移。

5.2.6 结构的楼层水平地震剪力设计值应按下列公式计算：

$$V_i=1.3V_{ki}(i=1,2\cdots,n) \quad (5.2.6)$$

式中 V_i——第 i 层水平地震剪力设计值；

V_{ki}——第 i 层水平地震剪力标准值，由第 5.2.4 条的水平地震作用标准值计算获得。

5.2.7 进行地震剪力分配和截面验算时，墙段的层间抗侧力等效刚度应按下列原则确定：

5.2.7.1 高宽比小于1时，可只考虑剪切变形；

5.2.7.2 高宽比不大于4且不小于1时，应同时考虑弯曲和剪力变形；

5.2.7.3 高宽比大于4时，可不考虑刚度。

注：墙段的高宽比指层高与墙长之比，对于窗洞边的小墙段指洞净高与洞侧墙宽之比。

5.2.8 多层小砌块房屋，可只选择承载截面积较大及竖向应力较小的墙段进行截面抗剪验算。

5.2.9 小砌块砌体沿阶梯形截面破坏的抗震抗剪强度设计值，应按下列公式确定：

$$f_{VE}=\zeta_N f_V \quad (5.2.9)$$

式中 f_{VE}——砌体沿阶梯形截面破坏的抗震抗剪强度设计值；

f_v——非抗震设计的砌体抗剪强度设计值，应按本规程表3.0.4采用；

ζ_N——砌体强度的正应力影响系数，可按表5.2.9采用。

砌体强度的正应力影响系数 表5.2.9

σ_0/f_v		1.0	3.0	5.0	7.0	10.0	15.0	20.0
ζ_N	普通混凝土小砌块	1.25	1.75	2.25	2.60	3.10	3.95	4.80
	轻骨料混凝土小砌块	1.18	1.54	1.90	2.20	2.65	3.40	4.15

注：σ_0为对应于重力荷载代表值的砌体截面平均压应力。

5.2.10 轻骨料混凝土小砌块墙体的截面抗震抗剪承载能力，应按下列公式验算：

$$V\geqslant\frac{f_{VE}A}{\gamma_{RE}} \quad (5.2.10)$$

式中 V——墙体剪力设计值；

A——墙体截面面积；

γ_{RE}——承载力抗震调整系数，应按表5.2.10采用。

承载力抗震调整系数 表5.2.10

墙体	两端设芯柱或构造柱的承重抗震墙	自承重抗震墙	其他抗震墙
γ_{RE}	0.90	0.75	1.00

5.2.11 普通混凝土小砌块墙体的截面抗震受剪承载能力，应按下列公式验算：

$$V=\frac{1}{\gamma_{RE}}[f_{VE}\cdot A+(0.03f_cA_{c.a}+0.05f_yA_s)\zeta_c] \quad (5.2.11)$$

式中 f_c——芯柱混凝土轴心抗压强度设计值；

$f_{c.a}$——芯柱截面总面积；

f_Y——芯柱钢筋抗拉强度设计值；

A_s——芯柱钢筋截面总面积；

ζ_c——芯柱影响系数，可按表5.2.11采用。

芯 柱 影 响 系 数 表5.2.11

填孔率 ρ	$\rho<0.15$	$0.15\leqslant\rho<0.25$	$0.25\leqslant\rho<0.5$	$\rho\geqslant0.5$
ζ_c	0	1.0	1.10	1.15

注：填孔率指芯柱根数与孔洞总数之比。

5.3 抗震构造措施

5.3.1 6～8度设防的房屋，应按表5.3.1的要求设置钢筋混凝土芯柱；对医院、教学楼等横墙较少的房屋，应根据房屋增加一层后的层数，按表5.3.1的要求设置芯柱。在外墙采用轻骨料混凝土双排孔或多排孔小砌块而不能设置芯柱时，宜按现行国家标准《建筑抗震设计规范》GBJ 11的要求设置钢筋混凝土构造柱。

5.3.2 墙体的芯柱应符合下列构造要求：

5.3.2.1 芯柱竖向插筋应贯通墙身且与圈梁连接；插筋不应小于1ϕ12；

5.3.2.2 芯柱混凝土应贯通楼板，当采用装配式钢筋混凝土楼盖时，应优先采用适当设置现浇钢筋混凝土板带的方法，或采用图5.3.2的方式实施贯通措施：

混凝土小砌块房屋芯柱设置要求 表 5.3.1

房屋层数			设置部位	设置数量
6度	7度	8度		
四	三	二	外墙转角，楼梯间四角，大房间内外墙交接处	
五	四	二		
六	五	四	外墙转角，楼梯间四角，大房间内外墙交接处，山墙与内纵墙交接处，隔开间横墙（轴线）与外纵墙交接处	外墙转角，灌实3个孔；内外墙交接处，灌实4个孔
七	六	五	外墙转角，楼梯间四角，各内墙（轴线）与外墙交接处；8度时，内纵墙与横墙（轴线）交接处和洞口两侧	外墙转角，灌实5个孔；内外墙交接处，灌实4个孔；内墙交接处，灌实4～5个孔；洞口两侧各灌实1个孔

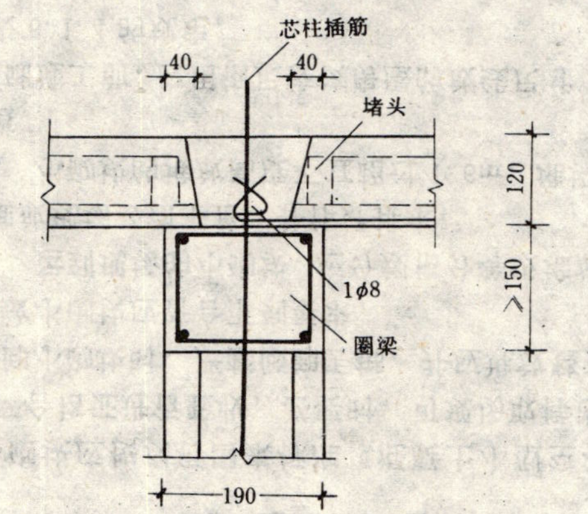

图 5.3.2 芯柱贯穿楼板构造

5.3.2.3 除按表 5.3.1 要求设置的芯柱外，根据计算需要设置其他芯柱时，芯柱宜均匀布置；8 度设防的 5 层房屋，芯柱的最大间距不应大于 2.4m；

5.3.2.4 芯柱应伸入室外地下 500mm 或锚入浅于 500mm 基础圈梁内。

5.3.3 房屋墙体交接处或芯柱、构造柱与墙体连接处，应设置拉结钢筋网片，网片可用 ϕ4 钢筋点焊而成，每边伸入墙内不宜小于 1m，且沿墙高每隔 600mm 设置。

5.3.4 房屋内均应设置现浇钢筋混凝土圈梁，不得采用槽形小砌块作模，并应按表 5.3.4 的要求设置。

现浇钢筋混凝土圈梁设置要求 表 5.3.4

墙类	烈度	
	6，7	8
外墙及内纵墙	屋盖处及每层楼盖处	屋盖处及每层楼盖处
内横墙	同上；屋盖处沿所有横墙，楼盖处间距不应大于 7m；构造柱对应部位	同上；各层所有横墙

5.3.5 房屋的圈梁，楼、屋盖及后砌非承重隔墙和附属结构构件，及楼梯间等方面的其他构造措施，应符合现行国家标准《建筑抗震设计规范》GBJ 11 多层砖房的有关要求。

5.3.6 当按表 5.1.5 的规定需要增加一层房屋时，除应符合上述各条要求外，尚应按下列规定采取加强的构造措施：

5.3.6.1 在纵横墙交接处和洞口两侧均应设置钢筋混凝土芯柱，其中外墙转角处，由灌实 5 个孔加强为灌实 7 个孔；内外墙交接处，由灌实 4 个孔，加强为 5 个孔，其中内墙应加强灌实 2 个孔；门、窗洞口两侧各灌实 1～2 个孔。当为 8 度设防时，按此要求设置的芯柱，其插筋不应小于 1ϕ16。

5.3.6.2 在房屋的第一、第二层和顶层，6 度、7 度和 8 度时，芯柱最大净距分别不宜大于 2.0m、1.6m 和 1.2m；

5.3.6.3 对房屋的顶层和底层，在窗台标高处沿纵横墙应设置水平现浇钢筋混凝土带，混凝土厚度不应小于 40mm，现浇钢筋混凝土带的钢筋不宜小于 2ϕ8，且应由分布钢筋拉结，混凝土强度等级不应低于 C15；

5.3.6.4 轻骨料混凝土小砌块外墙的房屋，宜按上述加强措施执行。

6 施工和验收

6.1 施 工 准 备

6.1.1 小砌块应按现行国家标准《混凝土小型空心砌块》GB 8239 及出厂合格证进行验收，必要时，可现场取样进行检验。

6.1.2 装卸小砌块时，严禁倾卸丢掷，并应堆放整齐。

6.1.3 堆放小砌块应符合下列要求：

6.1.3.1 运到现场的小砌块，应分规格分等级堆放，堆垛上应设标志，堆放现场必须平整，并作好排水；

6.1.3.2 小砌块的堆放高度不宜超过 1.6m，堆垛之间应保持适当的通道。

6.1.4 基础施工前，应用钢尺校核房屋的放线尺寸。其允许偏差不应超过表 6.1.4 的规定。

房屋放线尺寸允许偏差　　表 6.1.4

长度 L，宽度 B 的尺寸（m）	允许偏差（mm）
L（B）≤30	±5
30<L（B）≤60	±10
60<L（B）≤60	±15
L（B）>90	±20

6.1.5 砌完基础后，应在两侧同时填土，并应分层夯实；当两侧填土的高度不等或仅能在一侧填土时（如地下室墙等），其填土时间、施工方法、顺序应保证砌体不致破坏或变形。

6.1.6 砌筑底层墙体前，应对基础进行检查，符合要求后方可施工，并应根据砌块尺寸和灰缝厚度计算皮数和排数。

6.1.7 普通混凝土小砌块不宜浇水；当天气干燥炎热时，可在砌块上稍加喷水润湿：轻骨料混凝土小砌块施工前可洒水，但不宜过多。

6.2 施工基本要求

6.2.1 砌筑墙体时，应遵守下列基本规定：

6.2.1.1 龄期不足 28d 及潮湿的小砌块不得进行砌筑；

6.2.1.2 应在房屋四角或楼梯间转角处设立皮数杆，皮数杆间距不宜超过 15m；

6.2.1.3 应尽量采用主规格小砌块，小砌块的强度等级应符合设计要求，并应清除小砌块表面污物和芯柱用小砌块孔洞底部的毛边；

6.2.1.4 从转角或定位处开始，内外墙同时砌筑，纵横墙交错搭接；外墙转角处严禁留直搓，宜从两个方面同时砌筑；墙体临时间断处应砌成斜槎，斜槎长度不应小于高度的 2/3（一般按一步脚手架高度控制）；如留斜槎有困难，除外墙转角处及抗震设防地区，墙体临时间断处不应留直槎外，可从墙面伸出 200mm 砌成阴阳槎，并沿墙高每三皮砌块（600mm），设拉结筋或钢筋网片。接槎部位宜延至门窗洞口；

6.2.1.5 应对孔错缝搭砌。个别情况当无法对孔砌筑时，普通混凝土小砌块的搭接长度不应小于 90mm，轻骨料混凝土小砌块不应小于 120mm；当不能保证此规定时，应在灰缝中设置拉结钢筋或网片；

6.2.1.7 承重墙体不得采用小砌块与粘土砖等其他块体材料混合砌筑；

6.2.1.8 严禁使用断裂小砌块或壁肋中有竖向凹形裂缝的小砌块砌筑承重墙体。

6.2.2 砌体的灰缝应符合下列规定：

6.2.2.1 砌体灰缝应横平竖直，全部灰缝均应铺填砂浆；水平灰缝的砂浆饱满度不得低于 90%；竖缝的砂浆饱满度不得低于 80%；砌筑中不得出现瞎缝、透明缝；砌筑砂浆强度未达到设计要求的70%时，不得拆除过梁底部的模板；

6.2.2.2 砌体的水平灰缝厚度和竖直灰缝宽度应控制在8至12mm，砌筑时的铺灰长度不得超过800mm；严禁用水冲浆灌缝；

6.2.2.3 当缺少辅助规格小砌块时，墙体通缝不应超过两皮砌块；

6.2.2.4 清水墙面，应随砌随勾缝，并要求光滑、密实、平整；

6.2.2.5 拉结钢筋或网片必须放置于灰缝和芯柱内，不得漏放，其外露部分不得随意弯折。

6.2.3 砂浆的强度等级和品种必须符合要求。砌筑砂浆必须搅拌均匀，随拌随用，盛入灰槽（盆）内的砂浆如有泌水现象时，应在砌筑前重新拌和。水泥砂浆和水泥混合砂浆应分别在拌成后3h和4h内用完，施工期间最高气温超过30℃，必须分别在2h和3h内用完。砂浆稠度，用于普通混凝土小砌块时宜为50mm，用于轻骨料混凝土小砌块时宜为70mm。

6.2.4 混凝土及砌筑砂浆用的水泥、水、骨料、外加剂等必须符合现行国家标准和有关规定。

每一楼层或250m³的砌体，每种强度等级的砂浆至少制作两组（每组6个）试块，每层楼每种强度等级的混凝土至少制作一组（每组3个）试块。

6.2.5 需要移动已砌好砌体的小砌块或被撞动的小砌块时，应重新铺浆砌筑。

6.2.6 小砌块用于框架填充墙时，应与框架中预埋的拉结筋连接，当填充墙砌至顶面最后一皮，与上部结构的接触处宜用实心小砌块斜砌楔紧。

6.2.7 对设计规定的洞口、管道、沟槽和预埋件等，应在砌筑时预留或预埋，严禁在砌好的墙体上打凿。在小砌块墙体中不得预留水平沟槽。

6.2.8 基础防潮层的顶面，应将污物泥土除尽后，方能砌筑上面的砌体。

6.2.9 砌体内不宜设脚手眼；如必须设置时，可用190mm×190mm小砌块侧砌，利用其孔洞作脚手眼，砌体完工后用C15混凝土填实。但在墙体下列部位不得设置脚手眼；

6.2.9.1 过梁上部，与过梁成60度角的三角形及过梁跨度1/2范围内；

6.2.9.2 宽度不大于800mm的窗间墙；

6.2.9.3 梁和梁垫下及其左右各500mm的范围内；

6.2.9.4 门窗洞口两侧200mm内和墙体交接处400mm的范围内；

6.2.9.5 设计规定不允许设脚手眼的部位。

6.2.10 对墙体表面的平整度和垂直度、灰缝的厚度和饱满度应随时检查，校正偏差。在砌完每一楼层后，应校核墙体的轴线尺寸和标高，允许范围内的轴线及标高的偏差，可在楼板面上予以校正。

6.2.11 砌体相邻工作段的高度差不得大于一个楼层或4m。

6.2.12 伸缩缝、沉降缝、防震缝中夹杂的落灰与杂物应清除。

6.2.13 雨季施工应有防雨措施；雨后继续施工，应复核墙体的垂直度。

6.2.14 安装预制梁板时，必须座浆垫平。

6.2.15 施工中需要在砌体中设置的临时施工洞口，其侧边离交接处的墙面不应小于600mm，并在顶部设过梁；填砌施工洞口的砌筑砂浆强度等级应提高一级。

6.2.16 砌筑高度应根据气温、风压、墙体部位及小砌块材质等不同情况分别控制。常温条件下的日砌筑高度，普通混凝土小砌块控制在1.8m内；轻骨料混凝土小砌块控制在2.4m内。

6.3 芯 柱

6.3.1 芯柱施工应遵守下列规定：

6.3.1.1 芯柱部位宜采用不封底的通孔小砌块，当采用半封底小砌块时，砌筑前必须打掉孔洞毛边；

6.3.1.2 在楼（地）面砌筑第一皮小砌块时，在芯柱部位，应用开口砌块（或U型砌块）砌出操作孔，在操作孔侧面宜预留连通孔，必须清除芯柱孔洞内的杂物及削掉孔内凸出的砂浆，用水冲洗干净，校正钢筋位置并绑扎或焊接固定后，方可浇灌混凝土；

6.3.1.3 芯柱钢筋应与基础或基础梁中的预埋钢筋连接，上下楼层的钢筋可在楼板面上搭接，搭接长度不应小 $40d$；

6.3.1.4 砌完一个楼层高度后，应连续浇灌芯柱混凝土。每浇灌 400～500mm 高度捣实一次，或边浇灌边捣实。浇灌混凝土前，先注入适量水泥浆；严禁灌满一个楼层后再捣实，宜采用机械捣实；混凝土坍落度不应小于 50mm。

6.3.1.5 芯柱与圈梁应整体现浇，如采用槽形小砌块作圈梁模壳时，其底部必须留出芯柱通过的孔洞；

6.3.1.6 楼板在芯柱部位应留缺口，保证芯柱贯通；

6.3.1.7 砌筑砂浆必须达到一定强度后（$f_2 \geqslant 1.0$MPa）方可浇灌芯柱混凝土。

6.3.2 芯柱施工中，应设专人检查混凝土灌入量，认可之后，方可继续施工。

6.4 冬期施工

6.4.1 砌体冬期施工应遵守下列基本规定：

6.4.1.1 不得使用水浸后受冻的小砌块。砌筑前应清除冰雪等冻结物。小砌块工程冬期施工不得采用冻结法；

6.4.1.2 砌筑砂浆宜采用普通硅酸盐水泥拌制；砂内不得含有冰块和直径大于 10mm 的冻结块；石灰膏等应防止受冻，如遭冻结，应经融化后方可使用。拌合砂浆时，水的温度不得超过 80℃；拌和抗冻砂浆使用的外加剂，掺量需经试验确定，不得随意变更掺量；

6.4.1.3 当日最低气温高于或等于－15℃时，采用抗冻砂浆的强度等级应按常温施工提高一级；气温低于－15℃时，不得进行砌块的组砌；

6.4.1.4 每日砌筑后，应使用保温材料覆盖新砌砌体。

6.4.1.5 解冻期间应对砌体进行观察，当发现裂缝、不均匀下沉等情况时，应分析原因并采取措施。

6.4.2 芯柱、圈梁等混凝土工程冬期施工应符合现行国家标准《混凝土工程施工及验收规范》GB 50204 冬期施工要求。

6.5 砌体工程质量标准

6.5.1 砌体工程的质量标准应按现行国家标准《建筑工程质量检验评定标准》GBJ 301 执行。

6.5.2 砌体尺寸和位置的允许偏差，应符合表 6.5.2 的规定。

砌体的允许偏差　　表 6.5.2

序号	项目			允许偏差（mm）	检查方法
1	轴线位移			10	用经纬仪或拉线和尺检查
2	基础顶面或楼面标高			±15	用水准仪或尺检查
3	墙面垂直度	每层		5	用吊线法检查
		全高	≤10m	10	用经纬仪或吊线和尺检查
			>10m	20	
4	表面平整度	清水墙、柱		5	用 2m 靠尺检查
		混水墙、柱		8	
5	水平灰缝平直度	清水墙 10m 以内		7	拉 10m 线和尺检查
		混水墙 10m 以内		10	
6	水平灰缝厚度（连续 5 皮砌块累计数）			±10	
7	垂直灰缝宽度（连续 5 皮砌块累计数）包括凹面深度			±15	用尺量检查
8	门窗洞口（后塞框）	宽度		±5	
		高度		+15 −5	

6.6 砌体工程验收

6.6.1 对下列项目应进行隐蔽工程验收：

6.6.1.1 基础；

6.6.1.2 防潮层；

6.6.1.3 沉降缝、伸缩缝；

6.6.1.4 预埋拉结钢筋、网片及其节点焊接；

6.6.1.5 芯柱部位（钢筋混凝土芯柱及混凝土芯柱）；

6.6.1.6 梁和屋架支承处的垫块；

6.6.1.7 其他隐蔽工程。

6.6.2 砌体工程验收，应提供下列各项资料并作为评定工程质量主要依据：

6.6.2.1 隐蔽工程验收记录；

6.6.2.2 小砌块、钢筋混凝土预制构件的出厂合格证；砂浆、混凝土试件及其他材料的检验资料；

6.6.2.3 重大技术问题的处理或变更设计的技术文件；

6.6.2.4 结构尺寸和位置的偏差和记录；

6.6.2.5 其他必须检查的项目；

6.6.2.6 对有特殊要求的工程项目应单独验收。

附录A 轴向力影响系数 φ

矩形截面受压构件，$\beta \leqslant 3$ 时的影响系数：

$$\varphi = \frac{1}{1 + 12(e/h)^2} \quad \text{(附 A-1)}$$

式中 e——轴向力的偏心矩；

h——矩形截面的轴向力偏心方向的边长。

$\varphi > 3$ 时的影响系数：

$$\psi = \frac{1}{1 + 12\left\{\frac{e}{h} + \sqrt{\frac{1}{12}\left(\frac{1}{\varphi_0} - 1\right)}\left[1 + 6\frac{e}{h}\left(\frac{e}{h} - 0.2\right)\right]\right\}^2} \quad \text{(附 A-2)}$$

轴心受压稳定系数 φ_0 为：

$$\psi_0 = \frac{1}{1 + \alpha(1.1\beta)^2} \quad \text{(附 A-3)}$$

式中 α——与砂浆强度等级有关的系数；当砂浆强度等级不低于 M5 时，$\alpha = 0.0015$；

当 M2.5 时，$\alpha = 0.002$；

当砂浆强度 $f_2 = 0$ 时，$\alpha = 0.009$；

β——构件的高厚比。

计算 T 截面的 φ 时，以折算厚度 h_T 代替公式（附 A-1）至（附 A-2）中的 h，$h_T = 3.5i$，i 为 T 形截面的回转半径。

对于轻骨料混凝土小砌块砌体，公式（附 A-2）、(附 A-3) 尚应乘以系数 γ。

$$\gamma_e = 1 - \frac{e}{h} \quad \text{(附 A-4)}$$

附表 A-1

轴向力影响系数 φ

β	e/h_e 或 e/h_T															砂浆强度等级
	0	0.025	0.05	0.075	0.1	0.125	0.15	0.175	0.2	0.225	0.25	0.275	0.3	0.325	0.35	
≤3	1.00	0.99	0.97	0.94	0.89	0.84	0.79	0.73	0.68	0.62	0.57	0.52	0.48	0.44	0.40	不低于 M5
4	0.97	0.94	0.90	0.85	0.80	0.74	0.68	0.63	0.57	0.52	0.48	0.43	0.39	0.36	0.33	
6	0.94	0.90	0.85	0.80	0.74	0.69	0.63	0.58	0.53	0.48	0.43	0.39	0.36	0.32	0.29	
8	0.90	0.85	0.80	0.75	0.69	0.64	0.58	0.53	0.48	0.44	0.40	0.36	0.32	0.29	0.27	
10	0.85	0.80	0.75	0.70	0.64	0.59	0.54	0.49	0.44	0.40	0.36	0.33	0.30	0.27	0.24	
12	0.79	0.75	0.70	0.65	0.59	0.54	0.50	0.45	0.41	0.37	0.33	0.30	0.27	0.24	0.22	
14	0.74	0.69	0.64	0.60	0.55	0.50	0.46	0.42	0.38	0.34	0.31	0.28	0.25	0.22	0.20	
16	0.68	0.64	0.60	0.55	0.51	0.46	0.42	0.38	0.35	0.31	0.28	0.25	0.23	0.20	0.18	
18	0.63	0.59	0.55	0.51	0.47	0.43	0.39	0.35	0.32	0.29	0.26	0.23	0.21	0.19	0.17	
20	0.58	0.54	0.51	0.47	0.43	0.40	0.36	0.33	0.30	0.27	0.24	0.22	0.19	0.17	0.16	
22	0.53	0.50	0.47	0.43	0.40	0.37	0.33	0.30	0.27	0.25	0.22	0.20	0.18	0.16	0.14	
24	0.49	0.46	0.43	0.40	0.37	0.34	0.31	0.28	0.25	0.23	0.21	0.18	0.17	0.15	0.13	
26	0.45	0.42	0.40	0.37	0.34	0.31	0.29	0.26	0.24	0.21	0.19	0.17	0.15	0.14	0.12	
28	0.41	0.39	0.37	0.34	0.32	0.28	0.27	0.24	0.22	0.19	0.18	0.16	0.14	0.13	0.11	
30	0.38	0.36	0.34	0.32	0.29	0.27	0.25	0.23	0.20	0.18	0.17	0.15	0.13	0.12	0.11	

续表

β	e/h_e 或 e/h_T															砂　浆强度等级
	0	0.025	0.05	0.075	0.1	0.125	0.15	0.175	0.2	0.225	0.25	0.275	0.3	0.325	0.35	
≤3	1.00	0.99	0.97	0.94	0.89	0.84	0.79	0.73	0.68	0.62	0.57	0.52	0.48	0.44	0.40	
4	0.96	0.93	0.88	0.83	0.78	0.72	0.67	0.61	0.56	0.51	0.46	0.42	0.38	0.35	0.32	
6	0.92	0.88	0.83	0.78	0.72	0.66	0.61	0.56	0.51	0.46	0.42	0.38	0.34	0.31	0.28	
8	0.87	0.82	0.77	0.72	0.66	0.61	0.55	0.51	0.46	0.42	0.38	0.34	0.31	0.28	0.25	
10	0.81	0.76	0.71	0.66	0.60	0.55	0.51	0.46	0.42	0.38	0.34	0.31	0.28	0.25	0.22	
12	0.74	0.70	0.65	0.60	0.55	0.50	0.46	0.42	0.38	0.34	0.31	0.28	0.25	0.22	0.20	
14	0.68	0.64	0.59	0.55	0.50	0.46	0.42	0.38	0.34	0.31	0.28	0.25	0.23	0.20	0.18	
16	0.62	0.58	0.54	0.50	0.46	0.42	0.38	0.35	0.31	0.28	0.25	0.23	0.21	0.18	0.17	M2.5
18	0.56	0.53	0.49	0.45	0.42	0.38	0.35	0.32	0.29	0.26	0.23	0.21	0.19	0.17	0.15	
20	0.51	0.48	0.45	0.41	0.38	0.35	0.32	0.29	0.26	0.24	0.21	0.19	0.17	0.15	0.14	
22	0.46	0.43	0.41	0.38	0.35	0.32	0.29	0.27	0.24	0.22	0.20	0.18	0.16	0.14	0.13	
24	0.42	0.40	0.37	0.35	0.32	0.29	0.27	0.24	0.22	0.20	0.18	0.16	0.14	0.13	0.12	
26	0.36	0.36	0.34	0.32	0.29	0.27	0.25	0.23	0.20	0.18	0.17	0.15	0.13	0.12	0.11	
28	0.35	0.33	0.31	0.29	0.27	0.25	0.23	0.21	0.19	0.17	0.15	0.14	0.12	0.11	0.10	
30	0.31	0.30	0.29	0.27	0.25	0.23	0.21	0.19	0.18	0.16	0.14	0.13	0.11	0.10	0.09	

附录B 本标准用词说明

B.0.1 为便于在执行本标准条文时区别对待，对要求严格程度不同的用词说明如下：

（1）表示很严格，非这样作不可的：

正面词采用“必须”，反面词采用“严禁”。

（2）表示严格，在正常情况下均应这样作的：

正面词采用“应”，反面词采用“不应”或“不得”。

（3）表示允许稍有选择，在条件许可时首先应这样作的：

正面词采用“宜”或“可”，反面词采用“不宜”。

B.0.2 条文中指明必须按有关标准、规范或规定执行的写法为，“应按……执行”或“应符合……的要求（或规定）”。

附加说明

本规程主编单位、参加单位和主要起草人名单

主 编 单 位： 四川省建筑科学研究院

参 加 单 位： 哈尔滨建筑大学

辽宁省建筑科学研究院

浙江大学建筑设计院

贵州省建筑设计院

广西区建筑科学研究设计院

广西区建筑工程总公司

四川省崇州市建筑科学研究勘测设计院

起草人名单： 孙氰萍 刘德馨 侯汝欣 唐岱新 严家熺

张树鼎 徐裕明 王文凡 楼永林 张延雷

中华人民共和国行业标准

混凝土小型空心砌块建筑技术规程

JGJ/T 14—95

条文说明

目次

1 总则 …… 4-23
2 术语、符号 …… 略
3 材料和砌体的计算指标 …… 4-23
4 静力设计 …… 4-25
4.1 基本设计规定 …… 4-25
4.2 受压构件承载能力计算 …… 4-25
4.3 局部受压承载能力计算 …… 4-25
4.4 墙、柱的允许高厚比 …… 4-26
4.5 一般构造要求 …… 4-26
4.6 墙体防裂的主要措施 …… 4-26
4.7 圈梁、过梁、芯柱 …… 4-26
5 抗震设计 …… 4-27
5.1 一般规定 …… 4-27
5.2 地震作用和结构抗震验算 …… 4-27
5.3 抗震构造措施 …… 4-28
6 施工和验收 …… 4-29
6.1 施工准备 …… 4-29
6.2 施工基本要求 …… 4-29
6.3 芯柱 …… 4-30
6.4 冬期施工 …… 4-30
6.5 砌体工程质量标准 …… 略
6.6 砌体工程验收 …… 4-30

1 总　　则

1.0.1～1.0.2 我国生产、应用混凝土小型空心砌块，已积累了二十多年的经验。目前已发展为一种重要的墙体材料。《混凝土空心小型砌块建筑设计与施工规程》JGJ 14—82 自 1983 年施行以来，对于小砌块建筑的发展，起到了巨大的推动作用。近十年来，有关科研单位对小砌块墙体静力和动力性能进行了深入的科学研究，设计和施工单位也积累了丰富的实践经验，为此，有必要对原规程进行修订。

国家标准《砌体结构设计规范》GBJ 3—88 和《建筑抗震设计规范》GBJ 11—89 分别纳入了小砌块建筑静力设计和抗震设计的内容。本规程在这两本国家标准和原规程基础上，主要增补了以下内容：

1. 轻骨料混凝土小砌块建筑的静力和抗震设计及其施工；

2. 多层砌体房屋的总高度和层数，及其构造措施，根据近年来的实践经验和科学试验，同国标 GBJ 11—89 相比，略有突破，同时加强了在 7、8 度区建造 7、6 层小砌块建筑抗震构造措施。

3. 施工部分，作了较大调整，补充了近十年来积累的行之有效的经验。

3 材料和砌体的计算指标

3.0.1 小砌块的材性指标，根据产品标准，按毛截面计算。

混凝土小砌块强度等级为 MU20、MU15、MU10、MU7.5、MU5 和 MU3.5。本次修订增设 MU20 和 MU15，主要是为了满足砌块建筑发展的需要，由于目前制作上尚有难度，在采用 MU20 和 MU15 砌块时，应有可靠的制作工艺保证。

轻骨料混凝土小砌块强度，根据目前我国应用的火山灰、浮石、煤渣等轻骨料小砌块抗压强度的统计值，其强度等级一般在 MU7.5 和 MU7.5 以下。根据目前正在制订的轻骨料混凝土小砌块标准，轻骨料小砌块常用于外墙保温的自承重墙体和轻质隔间墙，并增设了低于 MU3.5 的强度等级。但用轻骨料混凝土小砌块作为承重墙体时，其强度等级应符合本规程有关混凝土小砌块砌体的规定。

确定掺有 15%以上粉煤灰的混凝土小砌块强度等级时，应按当地试验的砌块抗压强度和碳化系数资料，将砌块抗压强度乘以碳化系数。

3.0.2 混凝土小型空心砌块砌体的抗压强度计算公式，原规程根据 70 组 617 个试件统计，得出回归公式为：

$$R = 0.3R_1 + 0.2\sqrt{R_1 \cdot R_2}(\text{kgf/cm}^2) \quad (3.0.2\text{-}1)$$

《砌体结构设计规范》GBJ 3—88，统一了各类砌体抗压强度计算公式的形式，在原规程试验数据的基础上，给出的公式为：

$$f_m = 0.46f_1^{0.9}(1 + 0.07f_2)k_2 \quad (3.0.2\text{-}2)$$

当 $f_2=0$ 时，$k_2=0.8$

随着小砌块建筑的发展，本次修订规程收集了四川、广西、贵州、广东、浙江、河南、安徽和福建十个单位 116 组 818 件混凝土小型空心砌块对孔砌筑的砌体抗压试验数据，较原规程有较大的增加。对本次收集的试验资料进行统计分析后，采用了《砌体结构设计规范》GBJ 3—88 的强度计算公式。但在砌块强度 $f_1>15$、砂浆强度 $f_2>10$ 范围内应用，公式计算值高于试验值。偏于不安全，因此在取用规程砌体的抗压强度设计值时，应限于表 3.0.2 中的取值范围。其次，当砂浆强度高于砌块强度时，公式计算值也偏高，在表 3.0.2 中对这种情况作了限制。

对比试验结果表明：1）错孔砌筑和对孔砌筑的两种砌体，其轴心抗压平均强度，前者比后者约低 20%；2）独立柱或厚度为双排小砌块的砌体，抗压强度降低系数为 0.70；3）T 型截面轴心抗压的组合强度 f_{Tm}，应乘以强度降低数 0.85；4）根据 118 个试验数据分析，用混凝土灌实的砌体，其抗压强度为空心砌体的 1.8 倍。考虑到施工中难以检测混凝土浇灌密实程度，故对提高系数作了压低处理，规程规定不大于 1.5。

3.0.3 各种轻骨料混凝土小砌块的砌体抗压强度，根据 60 组 479 个试件的试验结果，与按本条文说明（3.0.2-2）计算值比较，平均比值 $\mu=1.31$，$S=0.311$，$\delta=0.237$。其中，空心率小于或等于 35%的多排孔和双排孔砌块火山渣（或浮石）混凝土小砌块的砌体试件，计 21 组 135 件，按组统计，与式（3.0.2）的平均比值，$\mu=1.62$，$S=0.1668$，$\delta=0.103$；计算指标比单排孔小砌块砌体提高 1.1 倍以后，$\mu=1.47$。许多情况下，从保温要求出发，多排孔轻骨料混凝土小砌块的强度等级较低，一般不超过 MU7.5。这样，其砌体强度试验值的散点图，处于按式（3.0.2-2）所画回归曲线的下段部位，这段曲线的精确度自然稍差，理应有较多一些的可靠度。

3.0.4 小砌块的空心率较大，且块体尺寸较大，上下皮搭接尺寸相对较小，不应用于轴心受拉构件，故取消了轴心抗拉强度指标；特殊情况下，需要用于轴心受拉构件，则应从设计计算、构造和施工方面采取严格的措施。

砌体的弯曲抗拉强度、抗剪强度，均以沿通缝截面抗剪试验值为基础而确定。原规程的抗剪强度指标，系根据六个单位 179 个试验数据，经统计回归分析后确定的。其回归公式为：

$$R_j = 0.232\sqrt{R_2}\,(\mathrm{kgf/cm^2}) \qquad (3.0.4\text{-}1)$$

《砌体结构设计规范》GBJ 3—88 采用：

$$f_{mv} = 0.069\sqrt{f_2}\,(\mathrm{N/mm^2}) \qquad (3.0.4\text{-}2)$$

关于轻骨料混凝土小砌块砌体的抗剪强度，汇总四个单位 19 组 106 件试验数据，并与式（3.0.4-2）比较，其平均比值为 $\mu=1.36$，（最低 0.89，最高 2.48）$S=0.485$，$\delta=0.357$。据此，采用与普通混凝土小砌块砌体相同的抗剪指标。

4 静力设计

4.1 基本设计规定

4.1.1 原规程对砌体构件的安全度采用了多系数分析、单系数表达的总安全系数法。依据《建筑结构设计统一标准》GBJ 68—84的规定，本规程采用以概率理论为基础的极限状态设计方法，砌体构件的计算均采用分项系数的设计表达式。

80年代初我国开展了砌块砌体可靠度研究，1983年四川省建筑科学研究院进行了小砌块结构可靠度水平的校准分析，为修订规程可靠度作了准备。本次修订增加了近年来的试验和调查资料，计算了小砌块结构的抗力统计参数，按新修订的砌体材料强度和构件承载能力公式计算了砌体结构可靠度。计算结果，混凝土小型空心砌块轴压砌体，可靠指标 β 为3.8；轻骨料混凝土小型空心砌块轴压砌体，对单排孔砌块可靠指标 β 为3.87；对多排孔砌块，单排砌筑时，$\beta=6.04$，组合砌筑时，$\beta=3.96$，均满足《建筑结构设计统一标准》GBJ 68—84可靠指标 $\beta=3.7$ 的要求。

4.1.3 小砌块砌体结构在住宅、办公楼、学校和小跨度单层厂房等建筑中应用较多，这类建筑结构可按二级安全等级设计。

4.2 受压构件承载能力计算

4.2.1 根据混凝土小型空心砌块砌体试验数据统计分析结果表明（70个矩形截面18个T形截面矩柱偏心受压试验，82个轴心受压长柱试验），偏心影响系数 α 值与砖砌体基本相当，纵向弯曲系数 φ 比砖砌体相应降低一级（指按砂浆强度等级降低一档后求 φ 值）。因此本规程规定的影响系数 φ（或查表）已对构件高厚比 β 乘以1.1的系数。这样，所得的构件承载力均能符合试验结果。

北方地区轻骨料混凝土小砌块砌体，根据哈尔滨建工学院试验，其偏心影响系数 α 比普通混凝土空心小砌块低（低11%～17%）。为了使用安全，对这种砌体的承载力乘以调整系数 γ_e，取 $\gamma_e=1-\frac{e}{n}$。当 $e=0.1h$ 时，$\gamma_e=0.9$。相当于 α 值降低10%，当 $e=0.16h$ 时（截面核心距），$\gamma_e=0.84$，相当于 α 值降低16%。这样，在常用的小偏心范围内，构件承载力不至于出现过大的波动又能保证安全。此项调整系数已在附录A中反映。

4.2.4 小砌块一般用于较小跨度的民用房屋，工业建筑也仅考虑无吊车房屋，实际工程上不会出现过大偏心受压情况，各家试验也没做大偏心受压，所以条文中明确规定偏心距的限值。

4.3 局部受压承载能力计算

4.3.1～4.3.6

1. 普通混凝土小砌块砌体尚未做过局部受压的各项试验，本规程规定了必要的构造措施后套用砖砌体的局部受压计算公式，是一种可行的处理方式。哈尔滨建筑大学曾对浮石混凝土小砌块砌体进行过局部受压试验，结果表明，不填实的空心小砌块砌体在局部荷载作用下容易出现内肋失稳或局部压碎而提前破坏，其局部受压承载力低于砖砌体。如果填实一皮砌块，其局部受压承载力可提高7%。因此构造上规定次梁支座必须填实一皮砌块，而计算时仍取空心小砌块砌体强度按砖砌体 γ 表达式计算局部受压是有安全保证的。当 A_0 范围内填实三皮砌块时，其局压强度有较大提高，完全可以用填实后砌体强度计算局部受压。为了确保安全，避免由于空心小砌块孔壁局部损坏引起局部受压提前破坏，对不填实的空心小砌块不考虑局部受压提高系数，即规定 $\gamma=1.0$。

2. GBJ 3—88规范中柔性垫梁下局部受压计算是新增内容，试验表明要求垫梁下砌体强度应满足 $\sigma_{max}/1.5$ 的要求，对于小砌块砌体尚未做验证试验，不好下结论。构造要求已规定 $l>4.2$m 的梁必须设垫块，当墙中设有圈梁时，垫块与圈梁宜浇成整体。所以局部受压条文中暂宜取消柔性垫梁部分。

3. 改善砌体局部受压性能的措施有很多方法，填实就是其一，而且其效果可以计算。加芯柱后也能有所改善，但未做试验，定量上不好确定。加网状配筋理论上说也能改善，但在小砌块情况下的效果未做试验，特别是大孔洞情况下钢筋必须要配在肋上才有效。哈尔滨建筑大学做过轻骨料混凝土小砌块墙体用水平配筋增强的抗震性能试验，抗侧向承载能力提高 30%，变形能力提高 2～3 倍。总之，这次局部受压条文中关于芯柱和水平配筋加强措施的效应均未列入。

4.4 墙、柱的允许高厚比

4.4.2 墙、柱的高厚比限值是根据构造要求规定的，是保证建筑物稳定性和耐久性的构造措施之一，与强度计算无关。

对非承重墙，其允许高厚比除与砌体的弹性模量、墙周边支承条件等因素密切相关外，还与墙厚有关。对一定材料和一定支承条件下的非承重墙，其 $[\beta]$ 值大于承重墙，且与墙厚的立方根成反比，墙愈薄 $[\beta]$ 愈大。

4.4.3 对壁柱间墙的高厚比验算，是为了保证壁柱间墙的局部稳定。如高厚比验算不能满足公式 4.4.2-1 的要求时，可在墙中设置钢筋混凝土圈梁，截面尺寸须满足作为壁柱间墙不动铰支点的要求。

4.5 一般构造要求

4.5.1 鉴于轻骨料混凝土砌块的软化系数低，故对室内地面以下易潮湿的砌体部位作了应采用普通混凝土小砌块的规定。

4.5.3 对墙体中某些部位的小砌块孔洞采用混凝土灌实这一措施，主要是为了满足承受局部荷载的需要或为了防止渗水和提高其耐久性，当砌体的局部部位经验算其强度不足时，可用混凝土灌实孔洞来提高砌体强度，以满足设计要求。

4.5.6 预制钢筋混凝土板在墙上的支承长度（不小于 80mm）是根据小砌块墙体的厚度（190mm）并通过对各地大量施工实践的调查确定的。

4.5.10 北方严寒地区轻骨料混凝土小砌块外墙，在圈梁、过梁、芯柱等墙体保温性能受到削弱的部位，本条强调须采用有效的保温构造措施。

4.6 墙体防裂的主要措施

4.6.1 为防止由于钢筋混凝土屋盖的温度变形引起房屋顶层墙体开裂所提的几项措施，可由设计者根据房屋的实际情况分别采用。

4.6.2 为防止底层墙体由于压应力不匀和地基不均匀沉降引起墙体开裂，本条提出了可供采用的预防措施。

4.6.3 小砌块房屋温度伸缩缝的设置，主要为防止收缩和干缩引起墙体沿房屋全高产生的竖向裂缝，表 4.6.3 中所列房屋伸缩缝的最大间距系根据近年来实践经验制定的。

4.7 圈梁、过梁、芯柱

4.7.1 为加强小砌块房屋整体刚度，保证垂直荷载能较均匀地向下传递，考虑到砌体砌体抗剪、抗拉强度较低的特点，根据各地的实践经验，本规程对圈梁设置作了较严格的规定。

4.7.2 根据小砌块房屋的砌筑特点，提出了板平圈梁槽型底模的具体要求。

4.7.4 对过梁上的荷载取值作了规定：由于过梁上墙体内拱的卸荷作用，当梁、板下的墙体高度大于过梁净跨时，梁、板荷载及墙体自重产生的过梁内力很小，过梁设计由施工阶段的荷载控制，荷载取本条规定的一定高度的墙体均匀自重作为当量荷载。

4.7.5 设置混凝土及钢筋混凝土芯柱是一种构造措施，主要是为了提高小砌块房屋的整体工作性能，不必进行强度计算。

4.7.6 本条提出了芯柱构造和施工的具体要求，以保证芯柱发挥作用。

5 抗震设计

5.1 一般规定

5.1.1 增加了在地震区可采用厚度不小于190mm的轻骨料混凝土小砌块建造多层房屋的内容。我国东北地区为解决墙体的保温问题采用轻骨料混凝土制做小型空心砌块已有较长历史和一定应用范围。从1984年至今，加强了对轻骨料混凝土小砌块墙体在各种条件下的抗震试验研究，获得了96片墙的抗侧力试验结果，并在7度地震区进行若干试点工程建设，编制和颁布了有关的地方标准。为扩大小砌块建筑的应用范围，本规程纳入了有关成熟的内容。

5.1.3 考虑到小砌块建筑特定的材料和施工条件制约，按照《建筑抗震设计规范》GBJ 11—89关于多层砌体房屋结构体系的要求，明确规定小砌块多层房屋应采用横墙承重或纵横墙共同承重的结构体系，排除了纵墙承重体系。这不仅震害一再表明纵墙承重体系不利于抗震，而且小砌块房屋一般在纵墙设有较多芯柱，纵墙承重搁置预制楼板时，常常有碍于实施芯柱沿房屋全高贯通的措施。纵横墙共同承重的体系则适合于现浇楼、屋盖的情况，这对芯柱的贯通没有妨碍。另外，明确规定了小砌块多层房屋不应有错层，否则应设防震缝。因为除了错层本身对于传递水平地震力不利外，在一道墙上错层增加近一倍的楼盖数量，对于设置芯柱和提高施工效率都不利。

5.1.4 原规程对地震区小砌块砌体结构材料性能指标未作规定，《建筑抗震设计规范》GBJ 11—89规定了最低要求，即小砌块强度等级不宜低于MU5，砌筑砂浆强度等级不宜低于M5。本规程考虑到小砌块壁肋较薄和小砌块建筑在地震区应用范围的扩大，对二者强度等级要求应稍严些，故用"不应"代替"不宜"。

5.1.5 根据科学研究的成果和小砌块建筑工程实践经验总结，本条对多层小砌块房屋在地震区的应用范围有所扩大，并增加了轻骨料混凝土小砌块建筑的内容，原规程限定适用于7度地震区，《建筑抗震设计规范》GBJ 11—89将小砌块多层房屋的应用范围扩大到8度地震区，补充了在6度地震区应用的内容。并对不同地震烈度条件下的层数和高度限值作了相应的规定。

5.2 地震作用和结构抗震验算

5.2.1 小砌块房屋的墙体一般是直交的，即由横墙和纵墙组成。但考虑到墙体的个别斜交情况，故按《建筑抗震设计规范》GBJ 11—89考虑地震作用的一般原则规定了本条。

5.2.4 因多层砌体房屋为短周期结构，利用地震影响系数曲线（弹性反应谱曲线）时，直接采用地震影响系数的最大值α_{max}，并且不单独计算顶部附加水平地震作用，故本条仅简要地规定有关多层砌体房屋水平地震作用的计算方法。

5.2.6 根据结构构件的地震作用效应和其他荷载效应的基本组合，结合《建筑抗震设计规范》GBJ 11—89对水平地震作用分项系数的规定，直接规定结构楼层水平地震剪力设计值的计算。

5.2.9 按照《建筑抗震设计规范》GBJ 11—89确定小砌块砌体在抗震作用下强度指标，但增加了轻骨料混凝土小砌块砌体的内容。轻骨料混凝土小砌块墙体的抗侧力试验结果表明，砌体沿阶梯形截面破坏的形态和混凝土小砌块砌体没有本质的区别，但无芯柱墙体的抗侧力剪切强度比较符合中型砌块墙体的规律，因此套用了中型砌块砌体强度的正应力影响系数，用以确定轻骨料混凝土小砌块砌体的抗震抗剪强度设计值。

5.2.10～5.2.11 混凝土小砌块砌体结构墙体截面抗震承载能力验算，仍按照《建筑抗震设计规范》GBJ 11—89；轻骨料混凝土小砌块墙体的验算套用中型砌块墙体的公式。

5.3 抗震构造措施

5.3.1 设置芯柱是小砌块房屋抗震构造措施的重要内容，本条以《建筑抗震设计规范》GBJ 11—89 相应规定为基础而制定的。

5.3.2 对墙体芯柱的构造作出了具体规定。强调了芯柱应沿房屋全高贯通墙身，并规定相应的具体措施，以保证芯柱不仅对层间构件起到提高抗震能力的作用，而且要提高房屋（特别是在高烈度区和层数较高时）的整体抗震能力。为了避免墙片大面积为无筋砌体的情况，对高烈度地区和层数较多的房屋，规定了芯柱设置的最大间距的上限，不宜超过。

5.3.5 本条以《建筑抗震设计规范》GBJ 11—89 规定的现浇钢筋混凝土圈梁设置要求为基础，规定更为明确，措施比对多层砖房的要求严格。

5.3.6 本条是针对表 5.1.5 注②提出的，其具体内容是：

1.6 度区普通混凝土小砌块房屋的总高度和层数限值为 24m 和 8 层；轻骨料混凝土小砌块房屋则规定为 21m 和 7 层。

2.7 度区普通混凝土小砌块房屋的总高度和层数限值为 21m 和 7 层；轻骨料混凝土小砌块房屋则规定为 18m 和 6 层。

3.8 度区普通混凝土小砌块房屋的总高度为 18m 和 6 层；轻骨料混凝土小砌块房屋的总高度和层数限值为 15m 和 5 层。

扩大和增加上述内容的主要依据是：

1.1984 年以来，我国小砌块建筑在高烈度地震区应用研究的成果，以及在非地震区和低烈度地震区中高层小砌块建筑应用研究的成果。这些研究成果表明，通过大量的、系统的试验研究和理论分析以及积极的实践工程活动，对于小砌块建筑的整体抗震性能，主要抗侧力构件的破坏机理、非弹性特性等有了较深入的认识，积累了必要的试验数据，抗震构造措施也逐步得到完善。有关的研究成果在修编《工业民用建筑抗震设计规范》GBJ 11—79 时已被采用，即现行《建筑抗震设计规范》GBJ 11—89 的有关内容。

2. 小砌块砌体结构和砖砌体结构同具有砌体结构的基本属性，在竖向和水平荷载作用下的破坏形态相近或类似。虽然小砌块建筑的震害资料在我国还比较少，但完全可以借鉴砖砌体结构的大量震害经验，作出小砌块建筑震害规律和判断。

3. 设置适当钢筋混凝土芯柱的小砌块砌体结构，不应当作无筋砌体结构，而应作为少量配筋的砌体结构对待。大量试验表明，配置钢筋混凝土芯柱的抗震墙，其抗震变形能力不亚于设置钢筋混凝土构造柱的砖砌体抗震墙。由于芯柱可以灵活设置，某种程度上对小砌块墙体可起到"装配整体式"的效果。

4. 根据《建筑抗震设计规范》GBJ 11—89 规定的普通混凝土小砌块墙体的截面抗震承载力验算公式，一系列的抗震设计计算表明，合理设计的多层小砌块房屋，6 度区 8 层，7 度区 7 层，8 度区 6 层，均可满足抗震验算的要求。小砌块砌体沿阶梯形截面抗震抗剪强度一般低于相同强度等级砂浆砌筑的砖砌体，但设置芯柱可明显提高截面抗震承载能力，加之小砌块墙体自重较轻，这些因素的综合结果，可以保证符合现行规范关于抗震承载能力验算的要求。对于轻骨料混凝土小砌块房屋，则根据一系列试验结果决定采用的墙体截面抗震承载力验算公式以及有关的试设计和工程实践经验，规定相应的总高度和层数限值。

5. 对于多层砌体房屋的总高度和层数限值，以往规范编制时作出的规定，是根据历次地震的宏观调查资料反映的震害情况，参照国外对砖结构的高度和层数限制，并结合我国具体情况制定的。小砌块房屋的总高度主要是依据计算分析和部分震害调查确定的。小砌块多层房屋，其墙体厚度虽然较之砖墙为薄，但本规程对其层高和高宽比作了严格限制，故整体上作为空间盒子结构工作和多层砖房没有什么区别。另外，本规程进一步强化了房屋四大角和纵横墙连接处钢筋混凝土芯柱的设置以及芯柱沿房屋全高的贯通措施，以增强房屋的整体性和整体抗弯能力及整体变形能力，作为在 6 度区和 7 度区分别建造 8 层和 7 层房屋的构造要求。

6. 混凝土小砌块房屋的震害经验国内较少，除必要的抗震计算外，借鉴了砖混结构房屋震害经验；北京市建筑设计研究院进行六层模型普通混凝土小砌块的抗震试验，发现了墙体的一些薄弱部位，本规程规定了进一步加强这些部位的构造措施。

总的要求是，设防烈度越高，房屋层数越高，设置芯柱部位的范围越广，同时每个部位设置的芯柱数量越多。这是针对地震烈度越高，对房屋的整体性和结构的变形能力要求越高而决定的。当房屋层数较高时，设置较强的芯柱构造则加强了房屋的边缘构件，比较有利于提高整体抗弯能力。

6 施工和验收

6.1 施 工 准 备

6.1.1 为保证施工质量，砌块进场时，应按现行国家标准《混凝土小型空心砌块》进行检验和验收。

6.1.3 为了避免施工中产生混乱，砌块到现场后应按不同规格和强度分别堆放；为了防止在堆放过程中发生倒塌或被泥浆污染，对砌块的堆放场地条件及高度作了详细规定。

6.1.7 由于普通混凝土小砌块吸水率小和吸水速度迟缓，故规定砌筑前不宜浇水，但在天气炎热干燥条件下可在砌筑前稍加洒水湿润。用潮湿砌块砌筑易产生“走浆”现象，并影响砌体砂浆饱满度和砌体的抗剪强度，故规定不得使用潮湿砌块砌筑墙体。轻骨料混凝土小砌块吸水率较高，应根据轻骨料的品种，在砌筑前洒水湿润，以保证砂浆不会失水过快影响砌体强度。

6.2 施工基本要求

6.2.1 针对小砌块建筑施工中影响施工质量的问题，在本次修订中对施工基本要求作了较多的补充规定。

斜槎长度的规定与现行国家标准《砌体工程施工及验收规范》相一致；直槎从墙面伸出 200mm 是按对孔砌筑需要而定的。

对孔砌筑的砌体由于砌块的壁肋能较好的传递压力，保证了砌体的强度。此外，本规程的计算指标及设计参数均以对孔、反砌砌体为依据而提出的。故规定了砌块对孔、反砌的要求。

目前，有些砌块产品出现中肋竖向裂缝弊病，裂缝有长达 40mm 至 50mm 者，这种砌块严重影响砌体质量。因此规定有些缺陷的砌块不得用于承重墙体。

6.2.2 小砌块的砂浆饱满度对砌体抗压和抗剪强度影响较大，故要求水平灰缝砂浆饱满度不得低于90%，竖缝砂浆饱满度不低于80%。此外，还考虑了建筑物理性能（如防渗）的需要。只要严格要求，实践中是可以做到的。竖向灰缝宽度和水平灰缝厚度，是根据砌块外形尺寸、允许偏差及施工经验规定的。

鉴于目前我国城乡砌块建筑施工中，由于缺乏辅助规格砌块配套使用，墙体易出现通缝，为此作了砌块墙体不应超出两皮砌块通缝的规定。

6.2.3 强调了砌筑砂浆必须搅拌均匀，随拌随用；补充了施工期间常温与最高温度（超过30℃）时砂浆在规定时间用完的规定。

6.2.7～6.2.9 考虑到砌块的壁肋较薄，规定不得在砌好的墙体上打凿，而必须根据设计要求预留孔洞。同时规定不得在墙上任意设脚手眼。

6.3 芯　柱

6.3.1～6.3.2 在墙体中设置芯柱（包括混凝土芯柱和钢筋混凝土芯柱）是保证小砌块建筑整体工作性能的重要构造措施；在抗震验算中，芯柱还作为受力构件与墙体共同抵抗地震作用。为此对芯柱的施工，作了比较详细的规定。

6.4 冬期施工

6.4.1 小砌块砌体的冬期施工，是根据我国幅员广大，地区之间气温条件差别较大的情况规定的。

6.6 砌体工程验收

6.6.2 砌体允许偏差和外观质量标准是按照现行国家标准《建筑工程质量检验评定标准》和《砌体工程施工及验收规范》并结合小砌块工程的实际情况制定的。

中国工程建设标准化委员会标准

砖砌圆筒仓技术规范

CECS 08：89

主编单位：全国贮藏构筑物标准技术委员会
批准单位：中国工程建设标准化委员会
批准日期：1689年2月10日

前　言

砖砌圆筒仓是我国煤炭、水泥、粮食等部门生产贮运系统中的重要构筑物之一。我国对砖砌圆筒仓具有长期的设计、施工和使用经验，特别是在中小型企业和乡镇企业建设中应用尤为广泛。这种砖仓具有就地取材、节约钢材、施工简便、易于建造和经济效益好等特点，是结合我国国情和生产实践的产物。

本规范在总结设计、施工和使用经验的基础上，经过广泛的调查研究，并多次组织有关专家共同审议，最后经全国贮藏构筑物标准技术委员会审查定稿。

根据国家计划委员会计标〔1986〕1649号"关于请中国工程建设标准化委员会负责组织推荐性工程建设标准试点工作的通知"精神，现批准《砖砌圆筒仓技术规范》为中国工程建设标准化委员会标准，编号为CECS08:89，并推荐给各工程建筑设计、施工单位使用。在使用过程中，如发现需要修改、补充之处，请将意见及有关资料寄交北京月坛南街乙二号北京市市政设计院转全国贮藏构筑物标准技术委员会。

中国工程建设标准化委员会
1989年2月10日

主要符号

A ——仓壁（筒壁）横截面面积

A_i ——仓壁砌体单位周长的计算受压面积

A_g ——钢筋截面积

C_h ——深仓贮料水平压力修正系数

C_v ——深仓贮料竖向压力修正系数

D ——筒壁内直径

d ——钢筋直径

d_n ——圆筒仓内径

E ——砖砌体弹性模量

E_g ——钢筋弹性模量

e ——自然对数的底

e_0 ——纵向力作用点至截面重心的偏心距

F ——基础底面面积

ΣG ——仓壁（筒壁、基底）计算截面以上的设备荷载、活荷载及结构自重、土体自重

H ——环形基础台阶高度

h ——仓壁高度

h_1 ——仓底填料高度

h_h ——圆锥漏斗高度

h_n ——仓壁计算高度

K ——安全系数（分别见有关公式）

K' ——附加安全系数

K_f ——配筋砖砌体抗裂安全系数

K_p ——配筋砖砌体轴心受拉安全系数

k——侧压力系数

$$k = tg^2\left(45° - \frac{\varphi}{2}\right)$$

l ——圆锥漏斗计算截面至锥顶的距离

M_D ——基底处的弯矩

N_m ——圆锥漏斗环形截面单位长度上的径向拉力

N_p ——圆锥漏斗环形截面单位长度上的环向拉力

N_t ——仓壁沿壁高方向单位高度的环向拉力

N_v ——仓壁横向截面上单位周长的竖向压力

P ——基础底面的平均压力

P_{max} ——基础底面边缘处的最大压力

P_{min} ——基础底面边缘处的最小压力

P_f ——贮料顶面以下距离 s 处的计算截面以上仓壁单位周长上的总竖向摩擦力

P_h ——贮料作用于仓壁单位面积上的水平压力

P_n ——贮料作用于漏斗单位面积上的法向压力

P_v ——贮料作用于仓底或漏斗顶面处单位面积上的竖向压力

P_{v1}、P_{v2}——分别为贮料作用于漏斗底部、顶部单位面积上的竖向压力

q ——圆锥漏斗壁单位面积自重

R ——修正后的地基容许承载力；砖砌体抗压强度

R_l ——砖砌体轴心抗拉强度（沿齿缝）

R_g ——钢筋抗拉强度

r ——圆筒仓内半径、截面回转半径

s ——贮料顶面至所计算截面处的距离

t ——仓壁（筒壁）厚度

W_D ——基底面的抵抗矩

α ——圆锥漏斗壁与水平面的夹角、基础刚性角

α_1 ——纵向力的偏心影响系数

α_E ——钢筋与砖砌体的弹性模量比

γ ——贮料重力密度

$\delta_{f\max}$ ——裂缝开展最大许宽度

ζ ——系　数　$\zeta=\cos^2\alpha+k\sin^2\alpha$

μ ——贮料与仓壁的摩擦系数

ρ ——筒仓水平净截面的水力半径

φ ——贮料内摩擦角

φ_1 ——纵向弯曲系数

第一章　总　　则

第1.0.1条　为了在砖砌圆筒仓的建造中做到技术经济合理、安全适用、确保质量，特制定本规范。

第1.0.2条　本规范主要适用于砖砌圆筒仓的设计、施工。对于混凝土小型砌块圆筒仓可结合具体条件参照使用。

第1.0.3条　本规范具体适用于煤仓，中转和原料粮仓（贮有无粘结性散料），水泥厂的生料、熟料、碎石、水泥散料仓的设计和施工。不适用于用压缩空气混合粉料的调匀仓，贮存青饲料的圆筒仓。

第1.0.4条　筒仓的单仓容量不宜超过下列限值：

粮　仓	400 t；
煤　仓	500 t；
水泥仓	600 t 。

第1.0.5条　筒仓的适宜直径d （内径）为6～8m。

第1.0.6条　仓壁高度（h）（图1.0 6）不宜超过下列限值：

水泥仓	12m；
煤　仓	15m；
粮　仓	18m。

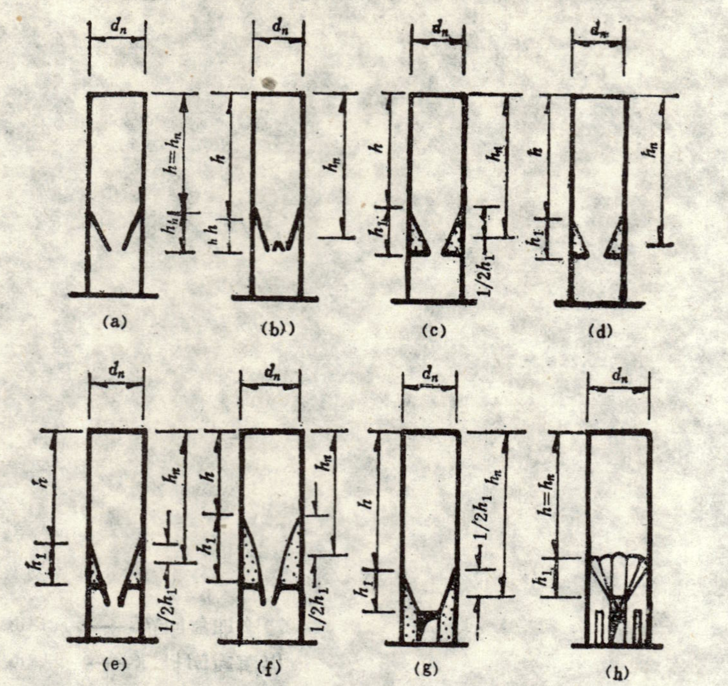

（a）漏斗单口　（b）漏斗双口　（c）梁、板填料单口
（d）梁板填料双口　（e）平板半填半吊钢漏斗单口
（f）双曲线漏斗单口　（g）通道式单口　（h）砖拱单口

图1.0.6　不同仓型仓壁h、hn、dn示意图

第1.0.7条　本规范适用于非地震区和基本烈度为7度的地震区。在基本烈度为8度的地震区，如必须采用时，应根据实际情况采取相应的抗震措施。在基本烈度为9度的地震区不应建造砖筒仓。在湿陷性黄土地区、膨胀土地区兴建砖筒仓，应遵守国家现行有关规范的规定。

第1.0.8条　凡本规范未规定的内容均应符合国家现行的有关标准、规范、条例的规定。

第二章 布置原则与结构选型

第一节 布置原则

第2.1.1条 筒仓的布置，应根据工艺、地形、工程地质、材料、施工条件、环境保护和安全要求等因素合理确定。

第2.1.2条 群仓的布置型式宜采用单排单列式、双排行列式和多排行列式。当仓下采用汽车运输时，宜采用单排并列出车布置（图2.1.2）。

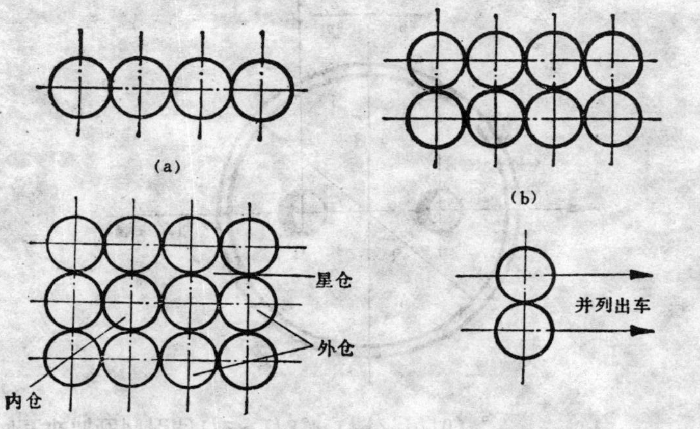

(a) 单排单列式 (b) 双排行列式 (c) 多排行列式 (d) 单排并列式

图2.1.2 群仓平面布置示意图

第2.1.3条 仓壁应采用外圆相切连结，筒壁截面中心宜和仓壁截面中心相重合。群仓总长度不宜超过50m，柱支承时（裸露）不宜超过36m，否则应设伸缩缝。

第2.1.4条 筒仓与毗邻的建筑物之间或在群仓范围内地基土的压缩性有显著差异时，应采取防止不均匀沉降的措施。

第2.1.5条 跨铁路布置的筒仓，除岩石、碎石土、老粘性土地基外，均应考虑地基下沉对铁路建筑限界的影响。

第2.1.6条 仓上建筑物的安全出口不应少于2个。但当每层面积不超过250m²(水泥仓400m²)，且同一时间的生产人数不超过20人(水泥仓30人)时，可设1个。仓上厂房由最远工作地点至外部出口或楼梯的距离不得大于60m。与仓上建筑物相连的输送机通廊也可当作安全出口。仓上建筑物应在外墙上设通往屋面的消防（检修）爬梯。

第2.1.7条 仓上建筑物不宜多于2层，建筑物的耐火等级不低于二级。

第2.1.8条 仓内应布置圆漏斗，不应在圆筒仓内填筑方漏斗。

第2.1.9条 仓底斜坡角（α）应配合工艺要求确定。一般情况下宜采用下值：

煤仓		
无烟煤	≥60°	
烟煤	≥55°	
分级块煤	≥55°	（粒度<300mm）
水泥仓	55°	
生料仓	60°	
熟料仓	55°	
谷仓	45°～50°	
麦仓	40°～45°	

第2.1.10条 仓底斗口宜做成圆形，其数量、大小、间距应配合工艺设计确定，要保证卸料通畅，满足装车需要，一般情况

下宜符合以下要求：

一、煤仓和水泥仓的斗口尺寸不宜小于800mm；粮仓斗口尺寸不小于300mm，不大于600mm。

二、装车斗口数量一般以设1～2个为宜，斗口间距在顺车方向宜取筒仓内径的1/2～1/3。（图2.1.10）。

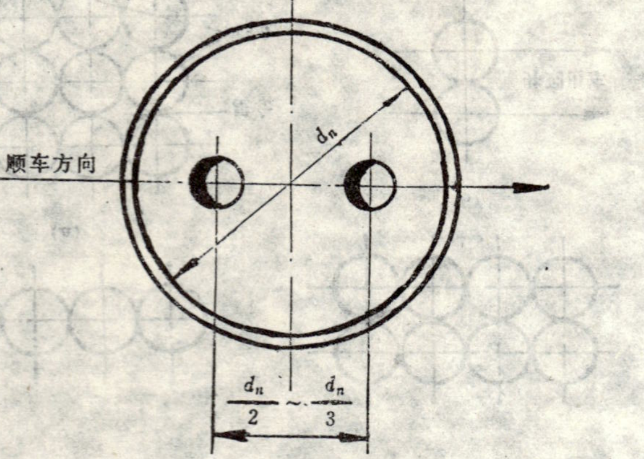

图2.1.10 斗口间距图

第2.1.11条 靠近筒仓处不宜设置堆料场，当必须设置时，应考虑堆料对筒仓结构及地基的不利影响。

第2.1.12条 仓下洞口的建筑限界规定如表2.1.12。

第2.1.13条 仓下采用机车及汽车运输时，应设装车平台，平台高度视车辆类型而定。

第2.1.14条 严寒地区兴建的煤仓，应根据需要考虑相应的防冻措施及对砖砌体的冻融影响。例如在仓下设防寒楼板，仓壁考虑保温，板上开孔加密闭盖，环柱支承时设围护结构等。

筒壁洞口尺寸表 表2.1.12

类型			洞口适宜尺寸（mm）	
			洞高	洞宽
标准轨	机车通过时		5000	无调车作业一侧2000
				有调车作业一侧2440
	车辆通过时		4000	无调车作业一侧2000
				有调车作业一侧2440
窄轨（762mm）			3600	3200
载货汽车		自卸车	4000	3500
		普通车	3500	3500
输送机	宽度 B＝800mm		2200	1900
	宽度 B＝650（600）mm		2200	1700
	宽度 B＝500（400）mm		2200	1500
人行通道			2200	700

注：当采用其他类型运输方式时，应按有关建筑限界确定。

第二节 结构选型

第2.2.1条 筒仓可分为仓上建筑物、仓顶、仓壁、仓底、仓下支承结构（筒壁或柱）及基础等六部分（图2.2.1）。

第2.2.2条 筒仓仓壁的壁厚，应根据筒仓的直径、容量、使用要求和气温影响等因素确定。贮存粮食的仓壁还要满足气密性的要求。一般情况下，仓壁壁厚可为240～370mm。

第2.2.3条 仓壁砌体可以在灰缝内分层配置水平环筋；也可以沿仓壁高度按不同间距设置钢筋混凝土圈梁来承受仓壁的环向拉力。直径大，容量大或在地震区兴建的筒仓宜采用钢筋混凝土圈梁承受仓壁的环向拉力。

第2.2.4条 筒仓仓底结构应综合考虑下列要求：

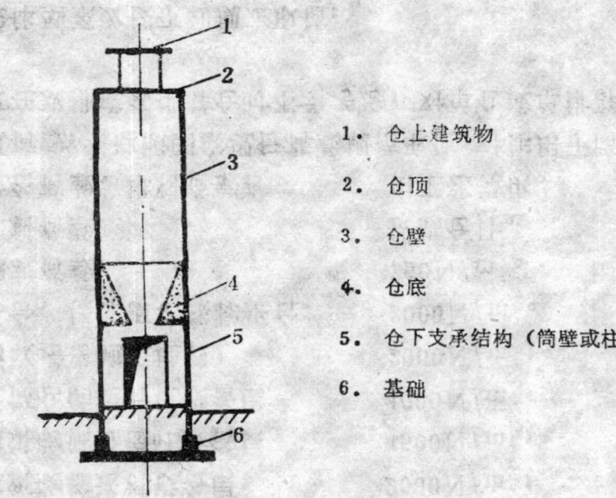

图2.2.1　筒仓结构示意图

一、卸料通畅；

二、荷载传递明确，结构受力合理；

三、造型简单，安全可靠，材料供应及施工方便；

四、填料少，容重轻。

常用的仓底结构可采用钢筋混凝土梁板填料式、钢筋混凝土漏斗式、钢筋混凝土环板半填半吊钢漏斗式、钢筋混凝土梁板半填半吊钢筋混凝土漏斗式，双曲线漏斗式及砖拱漏斗式等（图1.0.6）。

第2.2.5条　仓下支承结构应根据工艺、采光、通风和防寒要求，分别选用筒壁支承、环柱支承、筒壁加内柱或环柱加内柱共同支承的型式（图2.2.5）。对基本烈度为7度的地震区或湿陷性黄土地区、膨胀土地区，宜采用筒壁支承或筒壁加内柱共同支承的型式。

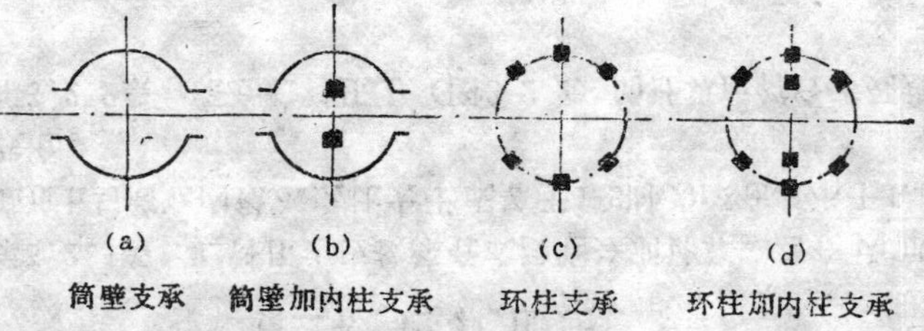

图2.2.5　仓下支承结构型式图

第2.2 6条　基础选型应根据工程地质条件、上部荷载、上部结构型式、基础材料和施工条件等综合分析确定。一般情况下，应采用砖、毛石、毛石混凝土或钢筋混凝土结构的环形条带基础。当环柱支承时且基础砌置于坚固的基岩上，可采用单独基础或锚栓基础。当为软弱地基时，宜采用筏式基础或桩基础。

第2.2.7条　基础的埋置深度除应考虑冻结深度影响外，尚应满足下列要求：

一、地基强度和稳定性的要求，以防止建筑物整体倾覆及滑移。

二、在地震区对一般的砂土及粘土类地基，基础埋置深度不宜小于筒仓高度的1/12。

第2.2.8条　筒仓与邻近建筑物（如工作塔提升间）的基础之间，应考虑由于基础底面标高不同和不均匀沉降等引起的不利影响。并应采取相应措施。当筒仓按第2.1.3条的规定设置伸缩缝时，伸缩缝应做成贯通式，将基础断开。缝宽应符合沉降缝的要求，在地震区还应符合防震缝的要求。

第三章 荷 载

第一节 荷载及荷载组合

第3.1.1条 筒仓应考虑以下荷载对结构的作用：

一、恒载：结构自重、附属于仓上的建筑物重、设备重等。

二、活荷载：贮料荷载、仓上建筑物屋面活荷载、楼面活荷载（仓顶活荷载）、雪荷载、风荷载、积灰荷载以及筒仓外部的堆料荷载等。

三、地震荷载。

第3.1.2条 各项荷载取值应按下列规定采用：

一、屋（楼）面活荷载：

仓上建筑物屋面（不上人）	500N/m²；
仓上建筑物输送机设备层	2000N/m²；
仓上建筑物筛分检秤设备层	4500N/m²；
附属于筒仓的提升机设备层	4000N/m²；
仓顶面（考虑施工堆载）	2000N/m²；
装车平台、楼梯板、楼梯平台	2000N/m²。

二、积灰荷载： 750N/m²。

三、贮料荷载： 按满仓计。

四、设备荷载、堆料荷载： 由工艺提供。

五、风荷载： 遵照国家现行荷载规范取值。对作用于筒仓上的风荷载仅在双排或多排群仓时不予考虑；对单仓或单排群仓则应予考虑。

风荷载体型系数按下列规定取值：

对单个筒仓 体型系数为0.8；

对群仓 体型系数为1.4。

六、地震荷载：在计算作用在筒仓的水平地震荷载，取贮料总重的80%作为贮料的有效重量，其重心可取贮料总重的重心。

在计算总水平地震荷载Q_0时，其结构影响系数C值：钢筋混凝土环柱支承取0.4，筒壁支承取0.5。

仓上建筑物应作为突出筒仓的结构，按现行抗震设计规范计算其地震影响。

第3.1.3条 计算仓下支承结构和基础时，应根据使用过程中可能同时作用的荷载进行组合，并应取其最不利情况进行设计，各项荷载的取值应符合下列规定：

一、结构自重、附属于仓上的设备重及贮料荷载，楼面活荷载、积灰荷载，堆料荷载及风荷载取全部；屋面活荷载与雪荷载取二者之间的最大值。

二、当地震荷载与下列荷载组合时：

结构自重及设备重取全部；

贮料荷载取贮料总重的90%；

雪荷载取50%；

风荷载不考虑；

活荷载取全部。

第3.1.4条 贮料的物理特性参数可根据试验分析确定，当无试验资料时可采用附录一所列数值。

第二节 贮料压力

第3.2.1条 贮料压力应按深仓或浅仓分别计算。当仓内的仓壁高度h与筒仓内径d_n之比大于或等于1.5时为深仓，小于1.5时为浅仓。

第3.2.2条 深仓贮料压力（图3.2.2）的计算应符合下列规定：

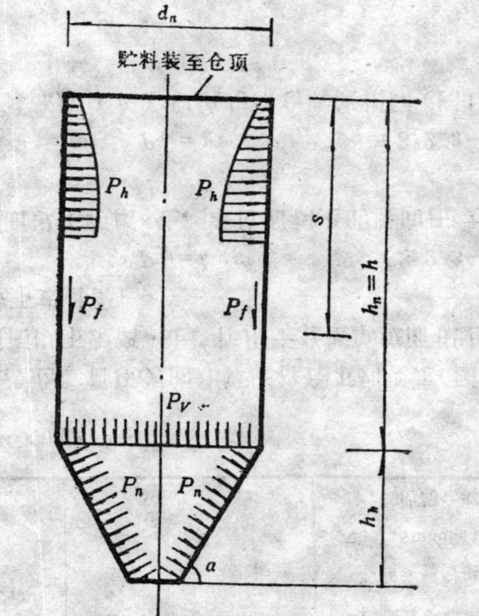

图3.2.2　深仓压力示意图

一、贮料顶面以下距离s处，贮料作用于仓壁单位面积上的水平压力(P_h)应按下式计算：

$$P_h = C_h \frac{\gamma\rho}{\mu}\left(1-e^{-\mu ks/\rho}\right) \qquad (3.2.2\text{—}1)$$

式中　$(1-e^{-\mu ks/\rho})$ 的计算值见附录三。

二、贮料作用于仓底或漏斗顶面处单位面积上的竖向压力(P_v)应按下式计算：

$$P_v = C_v \frac{\gamma\rho}{\mu k}\left(1-e^{-\mu k h_n/\rho}\right) \qquad (3.2.2\text{—}2)$$

注：　当按上式计算的P_v值大于γh_n时，应取γh_n。

三、贮料顶面以下距离s处的计算截面以上仓壁单位周长的总竖向摩擦力（P_f）应按下式计算：

$$P_f = \left[\gamma s - \frac{\gamma\rho}{\mu k}\left(1-e^{-\mu ks/\rho}\right)\right]\rho \qquad (3.2.2-3)$$

四、仓壁计算高度（h_n）应按下列规定取值(图1.0.6)：

1.　上端取至仓顶内面。

2.　下端：

（1）仓底为圆锥形漏斗时取至漏斗顶面；

（2）仓底为平板填料时取至填料顶面距平板顶面的中点处；如填料顶面高度不相等时，则取至填料的最低顶面距平板顶面的中点处；

（3）仓底为平板无填料时取至平板顶面。

五、圆筒仓水平净截面的水力半径（ρ）的确定，应按下式计算：

$$\rho = \frac{d_n}{4} \qquad (3.2.2\text{—}4)$$

六、深仓贮料压力修正系数（C_h、C_v）应按表3.2.2选用。

七、星仓可不考虑水平压力。

深仓贮料压力修正系数表 **表3.2.2**

部位	名称	修正系数值	
仓壁	水平压力修正系数 (C_h)	0 1 2 $1/3h_n$ $2/3h_n$ 0 2	1.当$\frac{h}{d_n}>3$时，c_h乘以系数1.1 2.对于流动性较差的散料，c_h乘以系数0.9
仓底	竖向压力修正系数 (C_V)	混凝土漏斗	1.粮仓取1.0 2.其他仓取1.4
		钢漏斗	1.粮仓取1.3 2.其他仓取2.0
		平板	1.粮仓取1.0 2.漏斗填料最大厚度大于1.5m的筒仓取1.0 3.其他筒仓取1.4

注：群仓的内仓取$C_h = C_V = 1.0$

第3.2.3条 浅仓贮料压力的计算应符合下列规定(图3.2.3)：

一、贮料顶面以下距离s处，作用于仓壁单位面积上的水平压力（P_h）应按下式计算：

$$P_h = k\gamma s \quad (3.2.3—1)$$

二、贮料顶面以下距离s处，单位面积上的竖向压力（p_v）应按下式计算：

$$P_v = \gamma s \quad (3.2.3—2)$$

三、仓壁计算高度（h_n）取值与深仓取值相同(图1.0.6)。

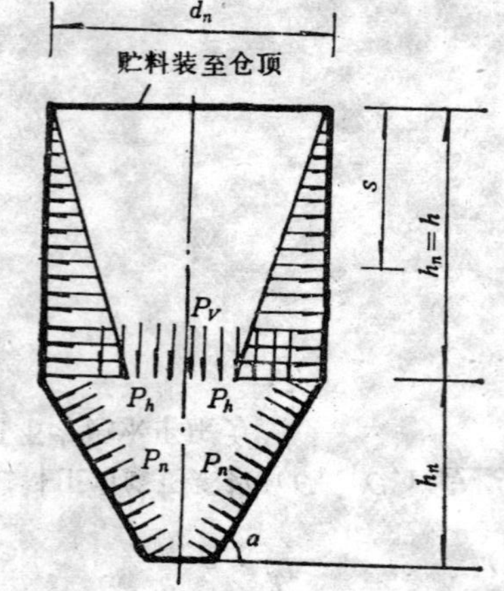

图3.2.3 浅仓压力示意图

第3.2.4条 作用于漏斗壁单位面积上的法向压力（P_n）应按下式计算：

$$P_n = \zeta P_v \quad (3.2.4—1)$$

第3.2.5条 计算作用于漏斗壁单位面积上的法向压力时，贮料作用于仓底或漏斗顶面处单位面积上的竖向压力（P_v）宜按下列规定取值：

一、深 仓

在漏斗高度范围内均取漏斗顶面之值。

二、浅 仓

在漏斗顶面 $P_{v2} = \gamma h_n$ (3.2.5—1)

在漏斗底面 $P_{v1} = \gamma(h_n + h_h)$ (3.2.5—2)

第四章　结构计算

第一节　一般规定

第4.1.1条　砖砌圆筒仓结构应根据使用条件进行下列计算和验算：

一、强度计算：所有结构构件均应进行强度计算。

二、限制裂缝开展的验算：砖砌配筋仓壁和仓底除按强度计算外，尚应进行限制裂缝开展的验算。

第4.1.2条　仓顶支承仓上建筑物的钢筋混凝土梁，仓底平板承重大梁，筒壁洞口过梁等，当荷载分布在砌体的局部面积上时，均应进行截面的局部承压计算。

第4.1.3条　当筒仓建筑在不均匀地基土层上时，应对筒仓基础进行不均匀沉降差的验算。

第4.1.4条　建在地震区的砖筒仓，对筒仓底部剪力　弯矩、仓上建筑物的突出影响等，应根据国家现行抗震设计规范进行抗震验算。

第4.1.5条　仓壁外圆相切的群仓，可按单仓计算。

第二节　仓壁、仓底结构及环梁

第4.2.1条　深仓仓壁内力计算应符合下列规定：

一、仓壁沿壁高方向单位高度的环拉力N_t应按下式计算：

$$N_t = P_h \cdot r \qquad (4.2.1—1)$$

二、仓壁横向截面上单位周长的竖向压力N_v应按下式计算：

$$N_t = \frac{\sum G}{\pi d_n} + P_h \qquad (4.2.1—2)$$

第4.2.2条　浅仓仓壁内力计算应符合下列规定：

一、仓壁沿壁高方向单位高度的环拉力N_t应按下式计算：

$$N_t = p_h \cdot r \qquad (4.2.2—1)$$

二、仓壁横向截面上单位周长的竖向压力N_v应按下式计算：

$$N_v = \frac{\sum G}{\pi d} \qquad (4.2.2—2)$$

第4.2.3条　仓壁截面计算应符合下列规定：

一、当环拉力作用下的配筋砖砌体竖向截面承受环向拉力时，截面应按强度及限制裂缝开展核算。

1. 按强度核算截面时，如环拉力全由钢筋承担，应按下式计算：

$$K_p N_t \leqslant R_g A_g \qquad (4.2.3—1)$$

式中　K_p——配筋砖砌体轴心受拉安全系数1.6；

N_t——仓壁沿壁高方向单位高度的环向拉力；

R_g——钢筋抗拉强度，应按《钢筋混凝土结构设计规范》（TJ10－74）取值；

A_g——钢筋截面积。

2. 按限制裂缝开展核算截面时，如环拉力由钢筋与砖砌体共同承担，应按下式计算：

$$K_f N_t \leqslant R_g (A + \alpha_E A_g) \qquad (4.2.3—2)$$

式中　K_f——配筋砖砌体抗裂安全系数可取1；

R_g——砖砌体轴心抗拉强度（沿齿缝）应按《砖石结构设计规范》（GBJ3—73）取值；

A——仓壁横截面面积；

α_E——钢筋与砖砌体的弹性模量比。

二、当环拉力作用下的砖砌体竖向截面设有钢筋混凝土圈梁时，应按照下列要求分别核算。

1. 按强度核算截面时，如环拉力全由钢筋混凝土圈梁承担，应按下式计算：

$$KK'N \leqslant R_g A_g \qquad (4.2.3—3)$$

式中　K—钢筋混凝土轴心受拉的强度基本安全系数1.4；

K'—附加安全系数1.1。

R_g—钢筋抗拉强度，应按《钢筋混凝土结构设计规范》（TJ10—74）取值；

每道圈梁承受上下各半段砖仓壁高度范围内所产生的环拉力。

2. 当设置钢筋混凝土圈梁时，在上、下二道圈梁之间的砖仓壁，可视为上、下两端是弹性固定的弧形垂直条带，该条带除承受贮料的水平侧压力（侧压力取条带中的均值，跨中弯矩系数取1/10）外，尚需考虑截面以上的竖向荷载所产生的轴力，按偏心受压构件计算。

3. 验算钢筋混凝土圈梁与砖砌体之间的剪切强度。

三、砖仓壁配筋砌体等厚截面底部在单位周长竖向压力作用下的横向截面核算，应按下式计算：

$$KN_t \leqslant a_1 \varphi_1 R A_1 \qquad (4.2.3—4)$$

式中　K ——砖砌体受压安全系数取2.3；

a_1——纵向力的偏心影响系数，可取1；

φ_1——纵向弯曲系数，可取1；

A_1——仓壁砌体单位周长的计算受压面积；

R ——砖砌体抗压强度，应按《砖石结构设计规范》（GBJ3—73）取值。

第4.2.4条　仓底圆锥斗的计算应符合下列规定(图4.2.4)：

一、圆锥漏斗环形截面单位长度上的径向拉力 N_m应按下式计算：

自重作用下

$$N_m = \frac{ql}{2\sin a}\left(1-\frac{l_1^2}{l^2}\right) \qquad (4.2.4-1)$$

贮料压力作用下

$$N_m = \frac{l\,ctga}{2}\left[\frac{l_2(p_{v1}-np_{v2})-l(p_{v1}-p_{v2})}{l_2-l_1}\right.$$

$$\left.+\frac{\gamma_s \sin a}{3}\left(l-\frac{l_1^3}{l^2}\right)\right] \qquad (4.2.4-2)$$

二、圆锥漏斗单位长度上的水平环向拉力N_p应按下式计算：

自重作用下

$$N_p = ql\cos a\ ct_g a \qquad (4.2.4-3)$$

贮料压力作用下

$$N_p = \frac{\zeta ctga}{1-n}\left[(P_{V2}-P_{V1})\frac{l^2}{l_2}+(P_{V1}-nP_{V2})l\right] \qquad (4.2.4-4)$$

在上列各式中 n－系数　　即$n=\frac{l_1}{l_2}$；

l_1、l_2——见图4.2.4所示

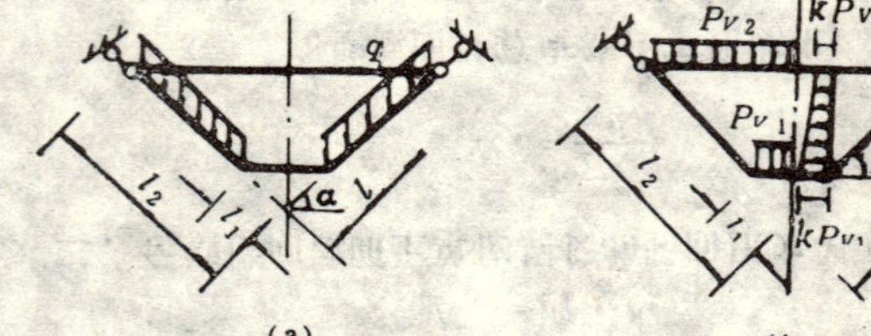

(a)自重作用下　(b)贮料压力作用下

图4.2.4　圆锥漏斗荷载图

三、圆锥漏斗斗壁的厚度应满足限制裂缝开展的要求，裂缝

开展最大允许宽度（$\delta_{f\max}$）为0.2mm。裂缝宽度计算公式见《钢筋混凝土筒仓设计规范》（GBJ77—85）附录二。

第4.2.5条 梁板填料仓底或平板半填半吊钢漏斗仓底的计算应按下列规定：

一、作用在仓底梁板上的荷载为填料重量，梁板结构自重，仓口设备重及贮料在底板上产生的竖向压力P_v（式3.2.2—2或式3.2.3—2）。

二、荷载作用在仓底为平板半填半吊钢漏斗时，应将钢斗上贮料的竖向压力乘以平板孔洞面积，再加上钢斗自重，斗内贮料重，然后将上述荷载按孔口周长平均分担，以此视为作用于孔边的线荷载。

此时，仓底平板按周边简支的环形板计算内力，但环板支座周边应配置一定的构造负筋。

三、仓底平板如系直接开洞卸料，因洞口一般较小，此时，可按圆形板计算内力。

四、星仓仓底板可近似按双向板计算内力。

五、仓底平板厚度应满足抗冲切、抗弯和抗裂的要求。

第4.2.6条 漏斗上端的环梁或仓底平板的周边环梁设计应符合下列规定：

一、环梁高度可采用0.06～0.10dn。

二、当筒壁支承时，环梁按构造需要配置钢筋。

如环梁兼做洞口过梁，则在洞口范围内除考虑吊挂漏斗的实际荷载外，尚应考虑高度相当于1/3洞口宽度的仓壁砌体重量的均布荷载，按计算另行增加其配筋。

三、环柱支承时的环梁还要起到支承仓壁的作用。当仓底为平板填料时，环梁应按受弯及受扭进行计算；当仓底为圆锥漏斗时，环梁应按受压、受弯及受扭进行计算。

环柱与环梁应为刚性连结，环梁在均布荷载作用下的最大弯矩，剪力及扭矩按表4.2.6计算。

环梁最大弯矩、剪力、扭矩计算表 **表4.2.6**

环柱数	最大剪力	最大弯矩		最大扭矩	支柱轴线与最大扭矩截面间的中心角
		柱间跨中	支柱上		
4	$\frac{1}{4}\pi q'r$	$0.03524\pi q''r^2$	$-0.06831\pi q''r^2$	$0.0106\pi q''r^2$	19°12′
6	$\frac{1}{6}\pi q'r$	$0.015\pi q''r^2$	$-0.02964\pi q''r^2$	$0.00302\pi q''r^2$	12°44′
8	$\frac{1}{8}\pi q'r$	$0.00833\pi q''r^2$	$-0.01653\pi q''r^2$	$0.00126\pi q''r^2$	9°32′

注：① q'为环梁以上全部仓壁砌体自重、直接作用在仓壁上的荷载、全部贮料重、仓底结构自重以及环梁自重之和化为沿周长的均布荷载；

② q''为环梁以上仓壁砌体重量取高度相当于1/3环梁跨度的均布荷载、全部贮料重、仓底结构自重以及环梁自重之和化为沿周长的均布荷载；

③ r为圆筒仓内半径。

第三节　仓下支承结构

第4.3.1条　筒壁支承时，筒壁在竖向荷载和风荷载作用下的横向截面强度，应按下式计算：

$$K\Sigma G \leqslant \alpha_1 \varphi_1 RA \qquad (4.3.1\text{-}1)$$

式中　K——砌体受压安全系数2.3；

α_1——纵向力的偏心影响系数，可按下式计算；

$$\alpha_1 = \frac{1}{1+\left(\frac{e_0}{r}\right)^2} \qquad (4.3.1\text{—}2)$$

φ_1——可取1；

r——计算截面的回转半径；

R——按《砖石结构设计规范》（GBJ3—73）取值。

第4.3.2条　筒壁上开有宽度大于1m的洞口时，洞口上下方的筒壁或洞口上方的仓壁，应计算其在竖向荷载下的内力。

第4.3.3条　当洞口间筒壁的宽度小于或等于3倍壁厚时，应按柱子进行计算，其计算长度可取洞高的1.25倍。

第4.3.4条　当环柱支承时，柱数宜大于或等于4根，环柱应按最不利荷载组合下的偏心受压构件计算，柱顶和柱底均按固定端考虑。计算时除应考虑风或水平地震力使柱产生附加弯矩外，尚应考虑这些力在仓底产生的弯矩，从而使柱产生附加轴力。

垂直荷载引起的柱轴力计算，对于仓底下的附加内柱可按每根柱所占仓底面积分配，对于环柱可由环梁支座反力求柱的纵向力。

第四节　地基与基础

第4.4.1条　基础的计算，应符合下列规定：

一、验算地基强度时，应考虑最不利的荷载组合。在偏心荷载作用下，基础边缘地基承载力容许提高20%。

二、基础边缘处地基最小压力宜大于零。

三、地基承载力的计算为：

1. 当承受轴心荷载时，应按下式计算：

$$P=\frac{\Sigma G}{F}\leqslant R \qquad (4.4.1-1)$$

2. 当承受偏心荷载时，除应符合式（4.4.1－1）的要求外，尚应符合下式计算要求：

$$P_{max}=\frac{\Sigma G}{F}+\frac{M_D}{W_D}\leqslant 1.2R \qquad (4.4.1-2)$$

$$P_{min}=\frac{\Sigma G}{F}-\frac{M_D}{W_D}>0 \qquad (4.4.1-3)$$

第4.4.2条　基础的倾斜率不宜超过0.004，最终沉降量不宜超过400mm。

第4.4.3条　基础板的内力计算。

一、筒壁支承时的整板基础按周边嵌固的圆板计算。

二、环柱支承时的整板基础，宜在柱下加环形圈梁，可按周边嵌固的圆板计算。

三、整体相连的群仓基础，应考虑空仓与满仓的不利组合（图4.4.3）。

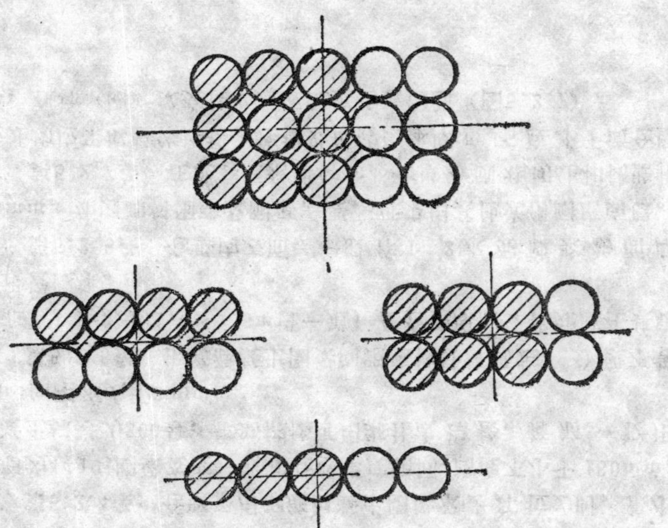

有斜线的仓为满仓，无斜线的仓为空仓。

图4.4.3　群仓基础荷载最不利组合图

第4.4.4条　有必要时，应对首次装载及沉降观测提出要求。

第五章　构造及施工要求

第一节　仓　顶

第5.1.1条　仓壁顶应设构造圈梁。

第5.1.2条　仓顶板应设进人孔（粮仓尚宜在仓底处的适当部位另设进仓人孔），并相应设置进仓的铁梯或采取其他能下人的措施。

第5.1.3条　粮仓、水泥仓仓顶的排水，宜用无组织排水，挑檐长不少于500mm。

第5.1.4条　仓顶进料口、人孔等处应考虑安全措施，仓顶沿周边应设防护栏杆。

第5.1.5条　仓上建筑物应按照工艺需要设置安装孔，起吊、安装梁并标明吨位。

第二节　仓　壁

第5.2.1条　仓壁的材料标号，应根据材料来源和计算需要确定。但不得用低于75号普通粘土砖50号砂浆砌筑。

第5.2.2条　仓壁外表不抹灰时，应用水泥砂浆勾平缝。

第5.2.3条　配筋砌体内的环向钢筋间距按计算确定，一般每隔3～5皮砖设一层（图5.2.3），但最小间距为3皮。环向钢筋宜采用ϕ6～8的Ⅰ级钢，搭接长度为50d(d为钢筋直径)并应加弯钩。同一截面搭接根数不多于1根。接头之间水平净距不小于50d，不得采用焊接接头。环筋之间用ϕ3或ϕ4钢筋连接，间距300～500mm；环筋与内外壁的保护层为50mm，中距取60mm。

对240mm厚的仓壁，每皮布置的环筋不宜多于3根，最多为

4根；对370mm厚的仓壁，每皮布置的环筋不宜多于6根，最多为7根。

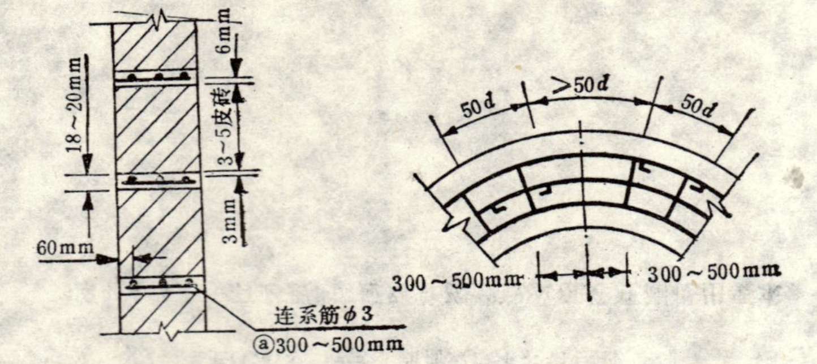

(a) 砖缝配筋　　(b) 钢筋搭接接头

图5.2.3　配筋砌体构造示意图

第5.2.4条　仓壁采用钢筋混凝土圈梁承受环拉力时，最小配筋为4φ10；圈梁宽度一般和仓壁厚度相同，高度不小于180mm，混凝土标号为200号；钢筋搭接可用绑扎或焊接，箍筋一般用φ6，间距不大于300mm。

第5.2.5条　钢筋混凝土圈梁间距应按计算确定，分段不等距布置。一般为1.0～2.5m设一道；在仓壁厚度变化处应在其底部设置圈梁。

第5.2.6条　仓壁内表面，一般作1：2水泥砂浆粉面厚20mm。如因卸料困难及耐磨需要，可采用其他光滑耐磨面层。

第5.2.7条　在地震区兴建群仓，仓壁外圆相切处和筒壁相交处均应采取整体连接。连接处的砖砌体厚度不应小于筒仓壁厚，在环（圈）梁交接处还应配置构造钢筋（图5.2.7）。

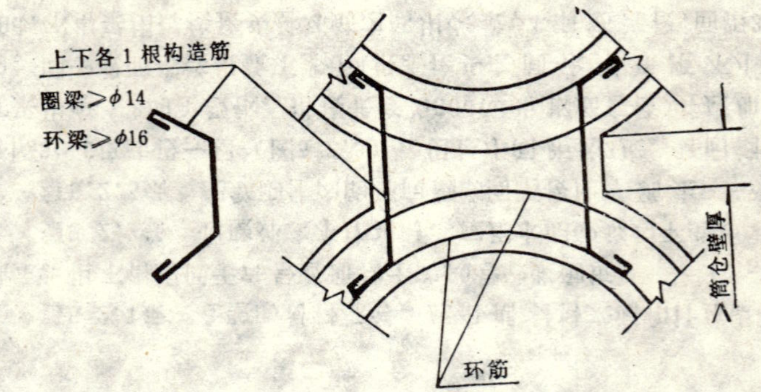

图5.2.7　筒仓壁连接构造图

第三节　仓底及内衬

第5.3.1条　当仓底用填料形成漏斗时，填料应采用轻质混凝土，标号不低于50号。面层宜采用150号混凝土，最小厚度处不少于100mm。

第5.3.2条　当仓底为钢筋混凝土圆锥漏斗时，混凝土标号不宜低于200号，受力钢筋的混凝土保护层不应小于20mm。

第5.3.3条　钢筋混凝土漏斗壁的厚度不宜小于120mm；受力钢筋的直径不宜小于8mm，间距不应大于200mm，也不应小于70mm。当壁厚大于或等于120mm时，宜配置内外层钢筋。

第5.3.4条　圆锥形漏斗的环向或径向钢筋，其最小配筋率均不应小于0.3%。

第5.3.5条　圆锥形漏斗的径向钢筋不宜采用绑扎接头，钢筋应伸入到漏斗顶部环梁内，锚固长度不应小于50d。环向钢筋绑扎接头，搭接长度不应小于50d。接头位置应错开布置，其错开距离：水平方向不应小于一个搭接长度，也不应小于1m；在同一竖向截面上每隔三根允许有一个接头。

第5.3.6条 填料平板配筋率宜在0.5～0.7%。板上开洞宜按下列规定处理：

一、洞口宽度（直径）大于300mm但小于1000mm时，应按不小于洞口宽度所截断的钢筋面积，相应加配在洞口的二侧，且每侧不小于2⌽12，钢筋伸出洞口外的锚固长度不应小于35d（图5.3.6）。

二、洞口宽度（直径）小于或等于300mm时，可不设附加钢筋，板中受力钢筋可绕过孔洞边，不需切断。

三、洞口宽度（直径）大于1000mm时，如无特殊要求宜在洞边加小梁。

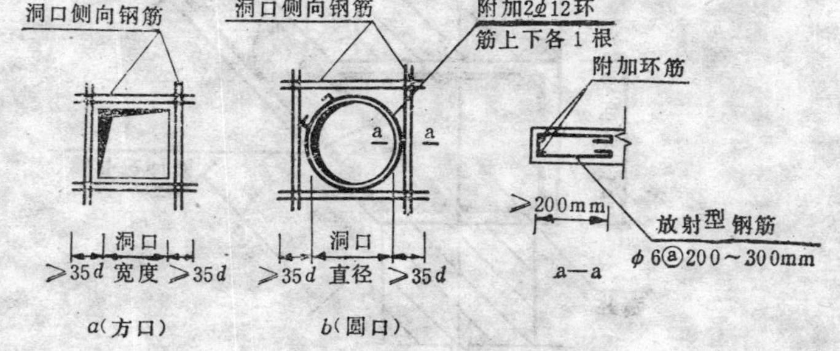

图5.3.6 填料平板洞口四侧钢筋示意图

第5.3.7条 当仓底采用砖拱漏斗时，砖拱厚度按计算确定。砖拱最小厚度不应少于半砖，砖砌体不应低于75号普通粘土砖、50号砂浆砌。砖拱顶面用200号细石混凝土，厚40mm内铺间距200mm的钢丝网一层，再用1:2水泥砂浆抹平。

第5.3.8条 仓底内表面应根据贮料容重、粒径、硬度、落料高度、卸出难易设置相应的耐磨、助滑与防冲击层内衬，

第5.3.9条 常用的内衬材料为石英砂水泥砂浆、铁屑水泥砂浆、铸石板、钢板、旧钢轨（钢轨间可填混凝土）等。

第四节 仓下支承结构及环梁

第5.4.1条 筒壁材料：砖砌体不应低于75号普通粘土砖，50号砂浆砌，厚度不应小于370mm；平毛石砌体不应低于300号平毛石，50号砂浆砌；毛石混凝土，标号不低于100号；平毛石砌体及毛石混凝土筒壁的厚度均不小于500mm。

第5.4.2条 在筒壁上开洞时，相邻两洞之间的筒壁宽度不得小于筒壁厚度的3倍。设置采光窗时，宜取较大窗高，较小窗宽，并宜用中旋窗。门窗洞口顶部应采用钢筋混凝土过梁；出车洞口的过梁支承长度不宜小于500mm。

第5.4.3条 砖筒壁支承时，如仓下采用机动车辆运输，其出车洞口应加钢筋混凝土边框，截面不宜小于400×1000mm。边框与筒壁并应用钢筋拉结（图5.4.3）。

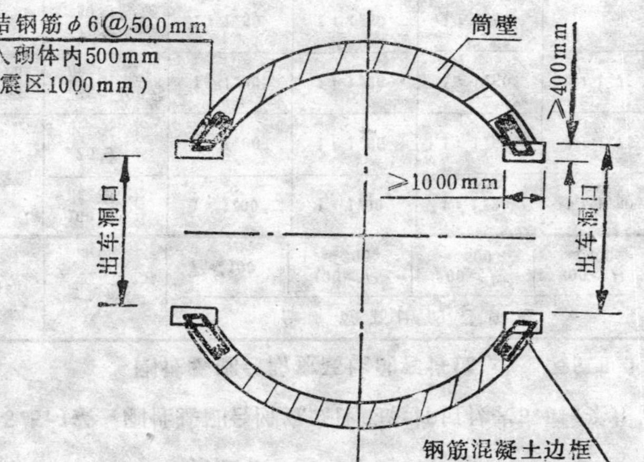

图5.4.3 出车洞口边框构造示意图

边框顶梁一般由仓底环梁代替。当洞口另设钢筋混凝土单跨梁做边框顶梁时，其支承长度不应小于500mm。

第5.4.4条 仓下支承柱的纵向钢筋，其配筋率不应大于2%，也不应小于0.5%，在基本烈度为7度的地震区则不应小于0.7%，独立圆筒仓的支承柱不应小于0.9%。

第5.4.5条 当仓底选用钢筋混凝土圆锥形漏斗，其下为筒壁支承时，环梁的环向钢筋面积不应小于环梁计算截面的0.4%，钢筋应沿环梁截面均匀布置，混凝土标号200号（图5.4.5）。

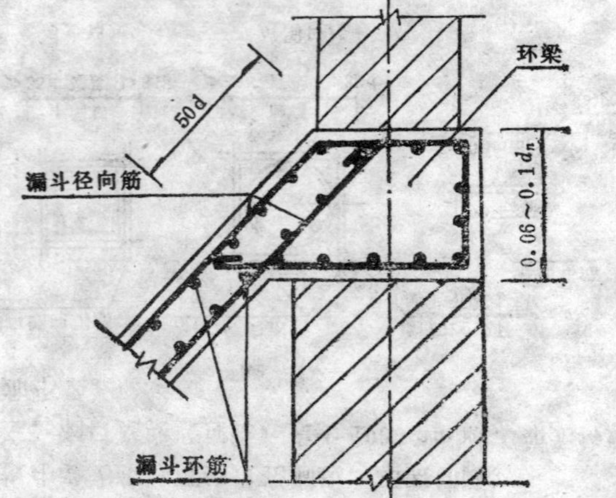

图5.4.5 环梁及配筋示意图

第5.4.6条 在地震区，当仓下支承结构必须采用柱支承时，则柱的净高与柱截面长边之比宜大于4；且支承柱上下两端柱长不小于柱净高的1/6,并不少于1m的范围内，箍筋间距应为100mm,箍筋直径不小于8mm。

第5.4.7条 砖石筒壁底应有不少于300mm高的勒脚。筒壁周围应设散水。

当仓下采用汽车运输时，仓下应按车道要求做混凝土地面。

第五节 基 础

第5.5.1条 刚性基础台阶宽高比的容许值按表5.5.1采用。

刚性基础台阶宽高比的容许值 表5.5.1

基础名称	质量要求	台阶宽高比的容许值			
		$P\leqslant100$	$100<P\leqslant200$	$200<P\leqslant300$	$300<P\leqslant400$
混凝土基础	100号混凝土	1∶1.00	1∶1.00	1∶1.25	1∶1.50
	75号混凝土	1∶1.00	1∶1.25	1∶1.50	1∶1.75
毛石混凝土基础	75～100号混凝土	1∶1.00	1∶1.25	1∶1.50	1∶1.75
砖基础	75号砖 50号砂浆	1∶1.50	1∶1.50	1∶1.50	
毛石基础	300号毛石 50号砂浆	1∶1.25	1∶1.50		

注：① P——基础底面的平均压力（kpa）；

② 阶梯形毛石基础的每阶伸出宽度不宜大于200mm；

③ 当基础用不同材料叠合组成时，应对接触部分作抗压验算。

第5.5.2条 环形刚性基础的外形尺寸，应按下列条件确定（图5.5.2）：

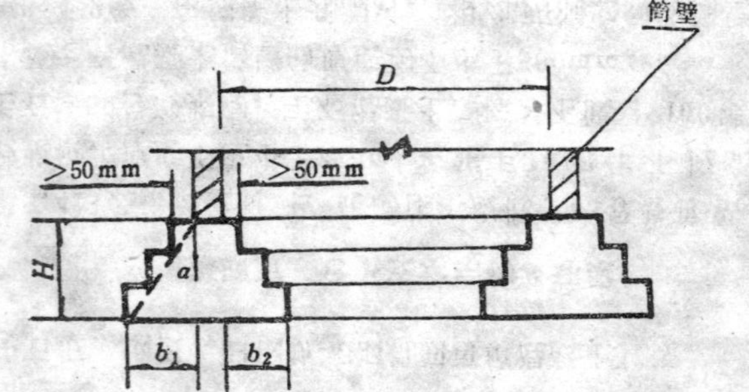

图5.5.2 环形刚性基础图

图中 $b_1 \leqslant 0.8H\text{tg}\alpha$

$b_2 \leqslant H\text{tg}\alpha$

$\text{tg}\alpha$为基础台阶的宽高比，可按表5.5.1选用。

第5.5.3条 混凝土和毛石混凝土刚性基础不得采用风化石料，在毛石混凝土中掺入的毛石量应控制为基础体积的20～30%，毛石最大尺寸不宜超过300mm，毛石混凝土的厚度不宜小于400mm。

第六节 施工要求

第5.6.1条 仓（筒）壁宜采用顺砖和顶砖交错砌筑或顶砌。砌体应上下错缝，内外搭接，砌筑前砖应提前浇水湿润，砌筑时灰缝应横平竖直，灰浆饱满。水平灰缝厚一般为10mm，配筋层为18～20mm，钢筋净保护层不得少于3mm。在仓壁中不得使用半截砖，在筒壁中不得使用小于1/2砖的碎砖块。

第5.6.2条 每两道圈梁之间的砌体或每1.5m高的配筋砌体，应作一组不少于三块的砂浆试块。

第5.6.3条 砖、石、钢筋、水泥，都应有出厂合格证明，否则必须按规定抽样检验方得使用。

第5.6.4条 砌体中的配筋所选用的直径，不应采用大于8mm的钢筋来代用。

第5.6.5条 对于冬季施工采用掺盐法施工的砌体，砂浆标号应按原设计标号提高一级，对于配筋砌体则不得采用掺盐法施工。

第5.6.6条 钢筋混凝土圆锥形漏斗应一次浇灌而成，不允许留水平施工缝。冬季进行混凝土施工时，不允许掺入氯盐。

所有混凝土工程均应按施工规范留出试块。

第5.6.7条 筒仓中心线的垂直误差不得超过筒仓高度0 15%；筒仓任何截面点上的直径误差不得大于50mm；仓（筒）壁内外表面的局部凹凸不平的差值不得大于25mm。

第5.6.8条 严禁在仓壁及筒壁上留施工进料孔洞。仓壁上不宜留脚手架孔洞，如必须留孔洞时，施工完毕后应及时用200号细石混凝土填塞密实。

第5.6.9条 仓壁砌体内所配置的钢筋必须顺直，放置平稳。

第5.6.10条 施工过程中应有沉降观测记录和隐蔽工程验收记录（包括地基基础、结构配筋等的隐蔽工程记录）。设置的固定水准基点不得少于2个，观测点应埋设在筒壁勒脚上。

附 录 一

贮料的物理特性参数

散料名称	重力密度γ (kN/m³)	内摩擦角 φ(°)	摩擦系数 μ	
			对混凝土板	对钢板
稻谷	6.0	35	0.50	0.35
大米	8.5	30	0.42	0.30
玉米	7.8	28	0.42	0.32
小麦	8.0	25	0.40	0.30
大豆	7.5	25	0.40	0.30
葵花子	5.5	30	0.40	0.30
水泥	16.0	30	0.58	0.30
水泥生料	14.0	30	0.58	0.30
干粘土	16.0	35	0.50	0.30
水泥熟料	16.0	33	0.50	0.30
石膏碎块	15.0	35	0.50	0.35
矿渣（干粒状提炉渣）	11.0	30	0.50	0.35
石灰石	16.0	35	0.50	0.30
萤石粉	20.0	28～32	0.60	0.45
无烟煤	8.0～12.0	25～40	0.5～0.6	0.30
烟煤	8.0～11.5	25～40	0.5～0.6	0.30
精煤	8.0～9.0	30～35	0.5～0.6	0.30
中煤	12.0～14.0	35～40	0.5～0.6	0.30
煤矸石	16.0	35～40	0.60	0.45
褐煤	7.0～10.0	32～38	0.5～0.6	0.30

注：① 表中内摩擦角和摩擦系数指散料处于含水量小于12%的值，当超过时，需另行考虑。

② 表中的重力密度γ不含水重，设计时应按散料的实际含水量进行修正。

③ 对铸石板的摩擦系数μ值，如无试验资料时，可参照对钢板的摩擦系数μ值采用。

④ 对铁屑混凝土，石英砂混凝土板的摩擦系数μ值，均采用对混凝土板的摩擦系数μ值。

附 录 二

系数$\zeta = \cos^2\alpha + k\sin^2\alpha$

及$k = tg^2\left(45° - \frac{\varphi}{2}\right)$值表

α (°)	φ 值 (°)						
	20	25	30	35	40	45	50
	$k = tg^2\left(45° - \frac{\varphi}{2}\right)$ 的值						
	0.490	0.406	0.333	0.271	0.217	0.172	0.132
25	0.909	0.893	0.881	0.869	0.860	0.852	0.845
30	0.872	0.852	0.833	0.818	0.804	0.793	0.783
35	0.832	0.805	0.781	0.760	0.742	0.727	0.715
40	0.789	0.755	0.725	0.699	0.677	0.657	0.642
42	0.772	0.734	0.701	0.673	0.650	0.629	0.612
44	0.754	0.713	0.678	0.648	0.622	0.600	0.581
45	0.745	0.703	0.667	0.636	0.609	0.586	0.566
46	0.736	0.698	0.655	0.623	0.595	0.571	0.551
48	0.719	0.672	0.632	0.598	0.568	0.543	0.521
50	0.701	0.651	0.608	0.572	0.540	0.513	0.491
52	0.684	0.631	0.586	0.547	0.514	0.486	0.461
54	0.666	0.611	0.563	0.523	0.487	0.457	0.432
55	0.658	0.601	0.552	0.511	0.475	0.444	0.418
56	0.649	0.592	0.542	0.499	0.462	0.430	0.404
58	0.633	0.573	0.520	0.476	0.437	0.404	0.376
60	0.617	0.555	0.500	0.453	0.413	0.378	0.349
62	0.602	0.537	0.480	0.431	0.389	0.354	0.324
64	0.588	0.520	0.461	0.411	0.367	0.330	0.299
65	0.581	0.512	0.452	0.401	0.357	0.320	0.287
66	0.574	0.504	0.443	0.391	0.346	0.308	0.276
68	0.561	0.490	0.426	0.373	0.327	0.287	0.254
70	0.550	0.476	0.412	0.356	0.309	0.268	0.234

附 录 三

深仓贮料压力（$1-e^{-\mu ks/\rho}$）计算值表

$\mu ks/\rho$	$(1-e^{-\mu ks/\rho})$	$\mu ks/\rho$	$(1-e^{-\mu ks/\rho})$	$\mu ks/\rho$	$(1-e^{-\mu ks/\rho})$	$\mu ks/\rho$	$(1-e^{-\mu ks/\rho})$
0.01	0.010	0.20	0.181	0.39	0.323	0.58	0.440
0.02	0.020	0.21	0.189	0.40	0.330	0.59	0.446
0.03	0.030	0.22	0.197	0.41	0.336	0.60	0.451
0.04	0.039	0.23	0.205	0.42	0.343	0.61	0.457
0.05	0.049	0.24	0.213	0.43	0.349	0.62	0.462
0.06	0.058	0.25	0.221	0.44	0.356	0.63	0.467
0.07	0.068	0.26	0.229	0.45	0.362	0.64	0.473
0.08	0.077	0.27	0.237	0.46	0.369	0.65	0.478
0.09	0.086	0.28	0.244	0.47	0.375	0.66	0.483
0.10	0.095	0.29	0.252	0.48	0.381	0.67	0.488
0.11	0.104	0.30	0.259	0.49	0.387	0.68	0.493
0.12	0.113	0.31	0.267	0.50	0.393	0.69	0.498
0.13	0.122	0.32	0.274	0.51	0.399	0.70	0.503
0.14	0.131	0.33	0.281	0.52	0.405	0.71	0.508
0.15	0.139	0.34	0.288	0.53	0.411	0.72	0.513
0.16	0.148	0.35	0.295	0.54	0.417	0.73	0.518
0.17	0.156	0.36	0.302	0.55	0.423	0.74	0.523
0.18	0.165	0.37	0.309	0.56	0.429	0.75	0.528
0.19	0.173	0.38	0.316	0.57	0.434	0.76	0.532

续表一

$\mu ks/\rho$	$(1-e^{-\mu ks/\rho})$	$\mu ks/\rho$	$(1-e^{-\mu ks/\rho})$	$\mu ks/\rho$	$(1-e^{-\mu ks/\rho})$	$\mu ks/\rho$	$(1-e^{-\mu ks/\rho})$
0.77	0.537	0.96	0.617	1.30	0.727	1.68	0.814
0.78	0.542	0.97	0.621	1.32	0.733	1.70	0.817
0.79	0.546	0.98	0.625	1.34	0.738	1.72	0.821
0.80	0.551	0.99	0.628	1.36	0.743	1.74	0.824
0.81	0.555	1.00	0.632	1.38	0.748	1.76	0.828
0.82	0.559	1.02	0.639	1.40	0.753	1.78	0.831
0.83	0.564	1.04	0.647	1.42	0.758	1.80	0.835
0.84	0.568	1.06	0.654	1.44	0.763	1.82	0.838
0.85	0.573	1.08	0.660	1.46	0.768	1.84	0.841
0.86	0.577	1.10	0.667	1.48	0.772	1.86	0.844
0.87	0.581	1.12	0.674	1.50	0.777	1.88	0.847
0.88	0.585	1.14	0.680	1.52	0.781	1.90	0.850
0.89	0.589	1.16	0.687	1.54	0.786	1.92	0.853
0.90	0.593	1.18	0.693	1.56	0.790	1.94	0.856
0.91	0.597	1.20	0.699	1.58	0.794	1.96	0.859
0.92	0.601	1.22	0.705	1.60	0.798	1.98	0.862
0.93	0.605	1.24	0.711	1.62	0.802	2.00	0.865
0.94	0.609	1.26	0.716	1.64	0.806	2.05	0.871
0.95	0.613	1.28	0.722	1.66	0.810	2.10	0.878

续表二

$\mu ks/\rho$	$(1-e^{-\mu ks}/\rho)$	$\mu ks/\rho$	$(1-e^{-\mu ks}/\rho)$	$\mu ks/\rho$	$(1-e^{-\mu ks}/\rho)$	$\mu ks/\rho$	$(1-e^{-\mu ks}/\rho)$
2.15	0.884	2.55	0.922	3.00	0.950	3.80	0.978
2.20	0.889	2.60	0.926	3.10	0.955	3.90	0.980
2.25	0.895	2.65	0.929	3.20	0.959	4.00	0.982
2.30	0.900	2.70	0.933	3.30	0.963	5.00	0.993
2.35	0.905	2.80	0.933	3.40	0.967	6.00	0.998
2.40	0.909	2.85	0.942	3.50	0.970	7.00	0.999
2.45	0.914	2.90	0.945	3.60	0.973	8.00	1.000
2.50	0.918	2.95	0.948	3.70	0.975		

附录四　本规范用词说明

本规范对条文执行严格程度的用词采用以下写法：

一、表示很严格，非这样作不可的用词：

正面词一般采用“必须”；

反面词一般采用“严禁”或“不允许”。

二、表示严格，在正常情况下均应这样作的用词：

正面词一般采用“应”；

反面词一般采用“不应”或“不得”。

三、表示允许稍有选择，在条件许可时首先应这样作的用词：

正面词一般采用“宜”或“一般”；

反面词一般采用“不宜”。

四、表示允许有选择，在一定条件下可以这样作的，采用“可”。

五、条文中必须按指定的标准、规范或其它有关规定执行的写法为“应按……执行”或“应符合……规定”，非必须按所规定的标准、规范执行的写法为“可参照……”。

附加说明

本规范参编单位和起草人员名单

参编单位：

武汉煤炭设计研究院

湖南省煤炭工业设计院

起草人员：

王廷镛　李德馨

审查单位：

全国贮藏构筑物标准技术委员会

中国工程建设标准化委员会标准

砖砌圆筒仓技术规范

CECS 08:89

条文说明

目　录

第一章　总则 …… 5-24
第二章　布置原则与结构选型 …… 5-26
　第一节　布置原则 …… 5-26
　第二节　结构选型 …… 5-28
第三章　荷载 …… 5-29
　第一节　荷载及荷载组合 …… 5-29
　第二节　贮料压力 …… 5-30
第四章　结构计算 …… 5-31
　第一节　一般规定 …… 5-31
　第二节　仓壁、仓底结构及环梁 …… 5-31
　第三节　仓下支承结构 …… 5-33
　第四节　地基与基础 …… 5-34
第五章　构造及施工要求 …… 5-35
　第一节　仓顶 …… 5-35
　第二节　仓壁 …… 5-35
　第三节　仓底及内衬 …… 5-36
　第四节　仓下支承结构及环梁 …… 5-36
　第五节　基础 …… 5-36
　第六节　施工要求 …… 5-36

第一章　总　则

第1.0.2条　混凝土小型砌块圆筒仓在我国尚建造不多，缺乏实践经验，因此本规范暂不能写出具体的条文，但混凝土小型砌块除基本强度和构造措施与砖砌体不同外，其结构选型、计算公式、建筑布置等方面均与砖砌体有相似之处。目前，在湖南、四川、内蒙等地曾先后建造过混凝土小型砌块圆筒仓，但做法不一，有的采用混凝土实心砌块，有的采用空心砌块，尚无完整的设计和施工经验，故本规范未作规定，在设计混凝土砌块时，可结合具体条件参照本规范使用。

第1.0.3条　本规范的适用范围为贮存大部分是由均匀粒状或粉状物料所组成的散料，如煤(含原煤、分级煤、焦炭、石煤)、粮食(含稻谷、麦、玉米、大米、大豆)、水泥(含生料、熟料、碎石、水泥)等。

对于用在压缩空气混合粉料的调匀仓、贮存青饲料的筒仓，因为这些物料有的处于流化状态，有的承受高压负荷，有的因发酵导致体积膨胀，虽然国外对上述不同状态亦进行过试验和研究，如压缩空气混合粉料的调匀仓中的贮料压力，美国 Martens 曾做了大量的试验研究，认为调匀仓内的贮料可视为液体作用一样，按流体压力计算，但混合粉料的重力密度应按0.6γ取值(γ为贮料的静止重力密度)。这个成果已反映到美国《贮存散料的混凝土贮仓、简仓和浅仓的设计施工建议》(ACI—313—77)规范和联邦德国的《筒仓设计荷载标准》(DIN1055)中。但国外所建的调匀筒仓均为钢筋混凝土的，目前，我国尚缺乏实践的经验，尤其是砖结构的筒仓更没有具体应用过。因此本规范对贮存上述物料还不能列入。

第1.0.4条 我国目前已建造的砖砌圆筒仓，对于粮库的单仓最大容量约为500t，多数在350t以下；煤仓的单仓最大容量为600t，多数在500t以下；水泥仓中有个别曾达到800t，但多数在500t以下。

鉴于上述筒仓的贮料重力密度各不相同，以水泥最重，煤次之，粮食最轻，结合调查中反映出的砖材材质，施工技术条件亦互不相同，个别仓曾由于盲目换装，亦出现过仓壁开裂事例，故在一般情况下限制一下仓容是必要的。当然，如在技术上采取可靠的措施，可不受此限。

第1.0.5条 砖筒仓的适宜直径是衡量筒仓使用安全、技术经济合理的主要指标之一，本规范所确定的适宜直径系按照下列原则：

一、国内煤炭、粮食等部门制定的设计统一技术口径或设计条例（如煤炭系统砖筒仓设计技术口径、粮食立筒库设计条例）所确定的数据。

二、经过对国内30座贮煤砖筒仓、贮粮立筒库、贮水泥的砖库抽样调查，从表1.0.5可以看出：粮仓多为5～6m，其中6m属大多数，以利多品种原料的贮存；煤仓多用6～8m直径，其中以7～8m者居多；水泥仓的直径大多为6m，少数扩大到7～8m。鉴于有的砖块材质较差，在砖结构中使用较大直径的砖仓企图获得更大容量的做法应慎重考虑。

已建筒仓直径抽样调查分析表　　表1.0.5

类别＼直径	4m	5～5.9m	6～6.5m	7m	8m	9m	10m	13m
煤　仓			20%	30%	40%	10%		
粮　仓	10%	30%	40%				10%	10%
水泥仓	5%	15%	70%	5%	5%			

第1.0.6条 本规范对仓壁高度加以限制，目的是使仓容、直径、仓壁高度三者之间得到较为合理的协调。例如容量为500t的煤仓，如采用6m直径，仓壁势必会加深，这不仅相应增加筒仓的高度和贮料的提升高度，而且仓的投资费用也要增加；若对仓壁高度进行限制，这就促使我们要在直径上进行调节，通常以做8m直径为好。同理，容量为400t的粮仓或600t的水泥仓，也应采用较大直径为合适。

据调查国内各类仓的实践情况，煤仓仓壁最高为13.5m，粮仓约为15m，水泥仓约为12m；条文中所提出的限制高度，都接近我国长期以来的实践情况。

第1.0.7条 本规范的结构布置、构造措施及设计计算均适用于非地震区和基本烈度为7度的地震区。对于8度地震区，根据唐山地震后的调查，一些砖砌圆筒仓、水泥仓、在8度地震区范围内均出现过不同程度的裂缝。鉴于砖筒仓结构的抗震能力不仅与设计强度有关，而且受砌体施工质量的影响较大，因此本规范考虑到国内各地施工条件不一，确定砖筒仓仅适用于7度地震区范围内建造，以留有一定的余地。当然，如必须在8度地震区建造，对场地土属Ⅰ类土或是开阔平坦、坚实均匀的Ⅱ类土，且施工条件、砖材材质上有可靠保证，设计构造上有可靠措施，亦可结合具体情况采用砖筒仓。9度地震区因无建造经验，且不经济，应采用钢筋混凝土圆筒仓。对于湿陷性黄土地区、膨胀土地区如兴建砖筒仓，应按照其特殊的地基要求，遵照国家现行规范的规定，在设计、施工和使用上作出妥善处理。

第二章　布置原则与结构选型

第一节　布置原则

第2.1.2条　砖砌圆筒群仓的布置形式，有行列式、错列式等多种形式（图2.1.2）。

行列式布置结构合理，便于施工。仓下运输方便，多为国内群仓所采用，为本规范所推荐。

错列式布置对基础处理有利。但结构复杂，施工不便，一般不采用。

群仓中的星仓，除粮仓加以利用外，因碍于卸料，对贮煤、水泥的仓很少采用。

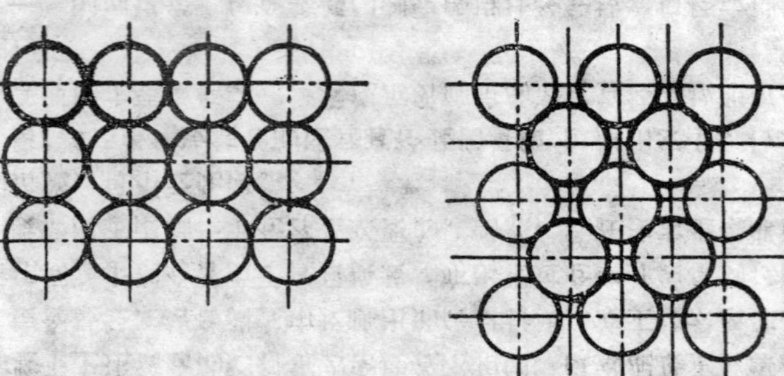

图2.1.2　群仓布置形式示意图

第2.1.3条　砖筒仓外圆相切，主要在于能保证相切范围内仓壁的砌筑质量，并有利于分个施工，结构受力也简单。此外，因筒壁的截面中心和仓壁的截面中心相重合，力的传递也均匀合理。

第2.1.4条　所谓防止不均匀沉降的措施，主要是指两个方面：一是预留沉降缝，二是对两建筑物间的连接杆件，采用简支搁置或悬挑结构。

第2.1.5条　其预计沉降量一般定为200mm。

第2.1.6条　关于安全出口的规定，是参照现行《建筑设计防火规范》（GBJ16—87）拟定的。按生产的火灾危险性分类，煤和粮仓的加工车间均属丙类，水泥配仓车间为戊类。此外，仓上建筑物如按多层厂房对待（包括仓上为单层的输送机通廊），则其最远疏散距离应为60m。

第2.1.7条　仓上建筑物不宜多于两层，是根据国内大多数砖筒仓上的实际建筑物的层数而定。因为一般中、小型企业，工艺流程简单，二层建筑物多能满足工艺布置要求。如层数过多，会影响砖砌体的承载能力，故过多的增加层数并不适宜。

仓上建筑物的防火等级不低于二级。也是按照现行《建筑设计防火规范》确定的，并与防火的疏散距离相适应。

在地震区，仓上建筑物宜采用轻型建筑。

第2.1.8条　过去在圆筒煤仓中一般设置两个卸料口，而且多将圆筒仓内填筑成方漏斗，但是方漏斗两面的斜交角度小，对卸料很不利。故强调不应在圆筒仓中填筑方漏斗。

第2.1.9条　筒仓卸料难易因素很多，它和贮料的性质、颗粒组成、水分、内摩擦角、粘结性、漏斗倾角和贮存时间均密切相关，这已为煤炭、电力部门的生产实践所证实。而不能单纯地认为漏斗倾角越大卸料就越通畅。当然，粮食、水泥因贮料颗粒干燥、无粘结性或粘结性甚小，加大漏斗倾角就容易卸料。因此，设计筒仓时必须对各种不同贮料的卸料情况作出适宜的分析后再确定合理的仓底斜坡角。

贮煤漏斗的倾角，过去多采用50～55°，有时尚出现不同程度的堵仓，特别是贮存含有一定水分的粉状无烟煤的煤仓中尤为多见。美国依柏斯公司技术转让资料《COAL BUNKER AND SILO DESIGNS AND PROBLEMS》（A·W·JOHNSON、S·T·FANG 1981）认为，坡度为60～70°时对卸煤十分有利。本规范结合国内实践情况，确定对贮存无烟原煤的煤仓，其漏斗倾角不应小于60°，对烟煤和分级块煤可适当放宽，但仍以不小于55°为宜。

水泥仓和粮仓倾角的推荐值，主要是参照我国常用数值拟定的，同时也参考了波兰《钢筋混凝土粮食筒仓设计规范》$\frac{PN-84}{B-03262}$和1987年商业部编制的《粮食立筒库设计条例》以及原国家建委散装水泥办公室主编的《散装水泥》（1982年第二版）等资料，规定了粮食、水泥筒仓的漏斗倾角，对地方小型企业建造筒仓有着重要的参考价值。

第2.1.10条 斗口宜做成圆形，是从减少堵口这一观念提出的。因为卸料口的料柱垂直压力与开口的水力半径成正比，在斗口面积相等的条件下，圆口的水力半径比方口大，而方口的水力半径又比矩形口大，水力半径的表达式为 $\rho=\frac{A}{u}$。显然，当开口面积A相等时，若要水力半径ρ大，就必须使开口的周长u小，而u小卸料的阻力也就小，卸料自然就会流畅。

粮仓现多做圆口，水泥仓有做圆口的，也有做方口的，堵口现象均很少。而煤的流动性能最差，却习惯做成方口或矩形口，这种状况应该改变。筒仓斗口的数量一般以设1～2个为宜。如非工艺需要，一般不宜做过多的斗口；过去认为斗口越多卸料效果越好，其实这种观念比较片面。实践证明：单斗口如口大时，其卸料速度比多斗口的卸料速度要快且不堵口。1981年湖南省煤矿设计院曾做过斗口的卸煤试验，其结果是二个斗口的仓当打开一个斗口卸料时，其效果最好，四个斗口的仓当打开一个口卸料的效果则最差。

粮仓、水泥仓常用一个斗口，卸料速度均比煤仓为快，这主要原因是贮料干燥，颗粒均匀，无粘结性，内摩擦角小，尤其是粮仓为防止卸料速度过快，还对斗口大小作了一定的限制。

第2.1.11条 有些煤矿在筒仓附近常常堆煤形成堆料场，这部分堆料增大了地面荷载，从而引起地基的不均匀下沉，严重的甚至会招致筒仓倾斜下沉，使筒仓与相邻建筑物脱开或相碰，造成破坏事故。在水泥厂的料仓附近也有类似状况。因此，本规范规定，当必须在靠近筒仓处设置堆料场时，应核算由于地基下沉而引起的筒仓倾斜率，并把它限制在允许范围内。当然，对于岩石地基、坚硬碎石土地基以及老粘土地基，此影响则可不考虑。

第2.1.12条 输送机通廊的宽度，一般按一侧人行，另一侧设检修道的原则来确定。鉴于输送机穿过筒壁洞口的距离很短，为减少洞口对筒壁的削弱影响，本规范仅考虑一侧过人的原则来确定洞口宽度。根据TD—75型通用固定式带式输送机设计，选用宽500mm，650mm和800mm的输送机，其中间架的轮廓尺寸分别为800mm，950mm和1150mm，加上最小人行道宽度700mm，故分别确定洞口的最小宽度为1500mm、1700mm和1900mm。

标准轨洞口尺寸系按原煤炭部、铁道部（79）煤设616号、（79）铁基968号文规定。

窄轨（762mm）洞口尺寸系按《煤矿地面窄轨铁路设计规范》（MTJ2—80）的规定。

载货自卸汽车系按国产15t自卸车通过考虑。

第2.1.13条 标准轨距的装车平台，一般距轨面高度为3m。汽车装车平台的高度取1.5～2.0m。

第2.1.14条 按照《民用建筑设计通则》（JGJ37—87）规定，全国划分为四个气候区：

严寒地区（Ⅰ区）：

累年最冷月平均温度≤－10℃的地区。

寒冷地区（Ⅱ区）：

累年最冷月平均温度－10～0℃的地区。

温暖地区（Ⅲ区）

累年最冷月平均温度＞0℃，最热月平均温度＜＋28℃的地区。

炎热地区（Ⅳ区）：

累年最热月平均温度≥＋28℃的地区。

本规范所提严寒地区防冻措施，主要针对煤炭而言，这是因为煤炭的含水量一般难以控制。而水泥、粮食可不需要防冻（润麦仓需要防冻，但润麦仓的设计不包括在本规范范围内）。

贮煤圆筒仓容易结冻的部位为仓壁内表面、漏斗和仓壁交接处；特别是漏斗口的冻结程度远比其他部位严重，因此尤应引起重视。本条所指出的防冻措施为：

一、保温，即在仓壁设单独保温层（或考虑保温需要，直接将仓壁加厚），在漏斗下设防寒楼板。仓壁保温层厚度应通过计算确定，以保证仓内温度不低于0℃为原则；通常在370mm砖仓壁外面加做半砖厚带60mm空气隔离层或在仓壁外面加砌80mm厚加气混凝土。东北地区也有直接将仓壁加厚到490mm的。

二、防止冷空气通过防寒楼板的孔洞侵入，在楼板开口处应设可启闭的盖。此外，尚需根据实际需要在楼板开口处考虑采暖，尤其是对斗口周边的采暖更为必要。

关于考虑砖的冻融影响，即要求砖的质量能满足抗冻需要。这种要求由冻融试验鉴定，试验须符合下列条件：

1. 单块试件干重损失≯2%；

2. 被冻裂的裂纹长度应符合二等砖外观等级指标。

在严寒地区兴建的水泥仓和粮仓，其仓壁也不宜太薄，以免仓内温差过大，产生冷凝和结露现象。

第二节 结构选型

第2.2.1条 砖圆筒仓结构六部分的划分与《钢筋混凝土筒仓设计规范》（GBJ77—85）的划分相一致，这样的划分能使筒仓的各个结构部分有统一的名称，在进行技术经济比较时有统一的技术口径。

第2.2.2条 粮仓、水泥仓常用直径为6m，其仓壁厚度为240～370mm；直径为6—8m的煤仓壁厚也为240～370mm。在本规范对筒仓直径、仓壁高度、单仓容量限制的条件下，仓壁厚度也是协调的（严寒地区加厚仓壁除外）。

粮仓须满足气密性要求。主要是指控制仓壁的裂缝开展，通常对仓壁外表面做水泥砂浆抹面或灰浆粉刷。钢筋混凝土漏斗的裂缝开展宽度应不超过0.2mm。

第2.2.3条 所谓直径大，是指内径≥7m的筒仓；容量大，是指容量≥300t的筒仓。在这些筒仓中采用钢筋混凝土圈梁来承受仓壁的环向拉力，对增强结构的整体性，确保施工质量等方面均比配筋砖砌体安全得多，对防止或减少裂缝的出现也有好处，在地震区还可起到一定的抗震作用。

尽管圈梁的设置对施工工期有一定的影响，但可以在圈梁的施工方法上作些改进，如采用行之有效的预制水泥砂浆空底模（图2.2.3）就是一种比较好的办法，即将事先预制好的槽形空底砂浆模，直接砌在仓壁砌体上，内放钢筋，一次浇灌混凝土而成。

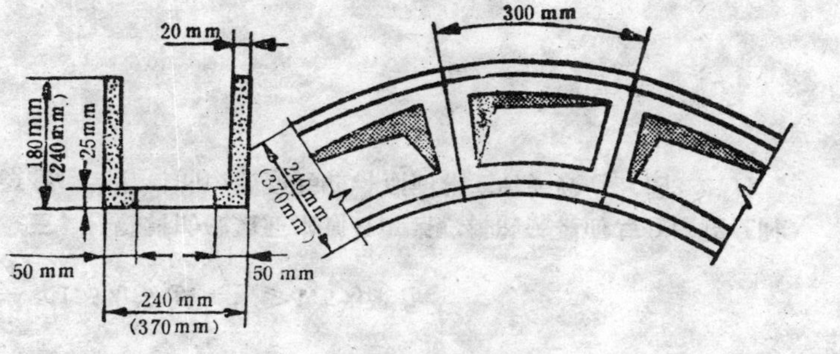

图2.2.3　预制水泥砂浆空底模

第2.2.5条　仓底结构耗钢量较多，约占砖砌圆筒仓总耗钢量的50%左右。因此，当筒仓直径较大时，如工艺条件允许，应考虑在仓底下面布置内柱，以减少仓底结构的跨度。在较大直径的煤仓中大多采取这一措施。

第2.2.7条　由于筒仓高度（含仓上建筑物）一般在24m左右。为提高建筑物的稳定性，防止建筑物产生倾斜、倾复或滑移现象，故基础的埋置深度参照了《高层建筑结构设计建议》（上海科技出版社1986年出版）和1986年建设部建筑设计院编制的《统一技术措施》（结构部分）的规定，拟定了埋深的限制条件。

第三章　荷　　载

第一节　荷载及荷载组合

第3.1.2条　活荷载取值系按照现行的《工业与民用建筑结构荷载规范》、《煤炭工业设计规范》、《煤矿常用结构荷载手册》、《粮食立筒库设计条例》和水泥仓的常用活荷载确定的。由于楼面活荷载在总荷载中所占比例不到10%，为简化计算，活荷载按全部满载计算，不再考虑《工业与民用建筑结构荷载规范》中楼面活荷载的折减系数。

风载体型系数，参照《高层建筑结构设计建议》和其他有关料，对独立圆筒仓取0.8，比现行荷载规范0.6为大，这是考虑了资筒仓外表面粗糙因素和风压脉动的动力作用影响而增大的。对于群仓的体型系数则取1.4，是考虑筒仓交接处局部风压增大的因素而定的。

由于双排或多排群仓体型大，纵横两个方向的结构刚度强，风荷载的作用影响甚微，故可不予考虑。

由于贮料是散体，地震时颗粒之间及颗粒与仓壁之间的运动和摩擦，会消耗一部分能量，使地震荷载减少。为了设计上的方便，与《钢筋混凝土筒仓设计规范》（GBJ77—85）一致，采用折减贮料质量的方法，来降低地震荷载，通常取折减系数为0.9；同时又考虑到地震时贮料未必满仓的因素，又取折减系数0.9，因此上述两次折减的结果为0.9×0.9≈0.8，此即取贮料重80%的由来。

计算总水平地震荷载Q_0时，其结构影响系数参照《构筑物抗震设计规范》（初稿）规定，并结合砖筒仓的实际情况，确定结构影响系数如下：

筒壁为钢筋混凝土环柱支承时，取0.4；

筒壁为砖石砌体或毛石混凝土支承时，取0.5。

第3.1.3条 筒仓是以贮料荷载为主的特种结构，荷载组合时，应区别于一般建筑物，因此，对荷载组合系数作了必要的调整。

当地震荷载与贮料荷载组合时，贮料未必满仓，故规定传至仓下结构和基础的贮料荷载取总重的90%。

第二节 贮料压力

第3.2.1条 本规范与《钢筋混凝土筒仓设计规范》（GBJ 77—85）一样，划分为深仓与浅仓，这样可以根据深、浅仓的特点，分别算出不同的结构应力值。

深浅仓的界限划分，以往有三种方法：

一、按仓壁高度与直径之比来划分，即$\frac{h}{d_n}<1.5$为浅仓；$\frac{h}{d_n}\geqslant1.5$时为深仓。

二、按仓壁高度与筒仓截面积A的平方根之比来划分，即$\frac{h}{\sqrt{A}}<1.5$为浅仓；$\frac{h}{\sqrt{A}}\geqslant1.5$为深仓。

三、按贮料的破裂面来划分，当贮料的破裂面与仓壁相交时为深仓；当贮料的破裂面与贮料顶面相交时为浅仓（图3.2.1）。

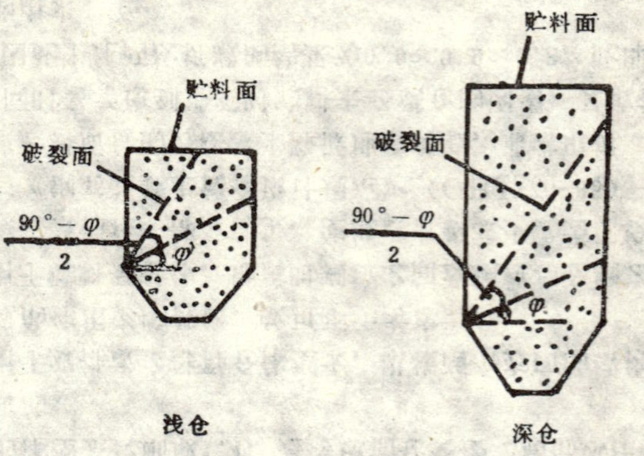

图3.2.1 按破裂面划分浅仓与深仓

本规范采用第一种方法，与《钢筋混凝土筒仓设计规范》一致，原因是它简单并为我国所习用。其不同是《钢筋混凝土筒仓设计规范》的筒仓直径大，且仓壁高度与计算高度相差甚多。故采用贮料高度来代替仓壁高度。而砖筒仓的直径小。故一律简化为以仓壁高度来划分深浅仓。

第3.2.2条 深仓贮料水平压力计算公式的采用与《钢筋混凝土筒仓设计规范》（GBJ77—85）一致，即以杨森公式为基础，并考虑在使用过程中可能出现的各种不利因素。如卸料的动态压力影响，贮料温度应力影响等，故同样将贮料水平压力乘以修正系数C_h值，C_h值的取法亦是将上段1/3仓壁高度范围定为1.0～2.0，下段2/3仓壁高度范围定为2.0。

深仓贮料的竖向压力计算公式亦同《钢筋混凝土筒仓设计规范》（GBJ77—85），即认为在静态时的仓底竖向压力与杨森公式计算值基本相符，考虑到料拱的崩塌等因素，仍乘以增大修正系数C_V值。C_V值的取法亦与《钢筋混凝土筒仓设计规范》

（GBJ77—85）一致。

仓壁单位周长上总的竖向摩擦力采用公式亦同《钢筋混凝土筒仓设计规范》（GBJ77—85），因贮料处于静态或动态时的总摩擦力变化不大，故不再乘以修正系数。

有关贮料压力及修正系数值的确定理由，均详见《钢筋混凝土筒仓设计规范》（GBJ77—85）的条文说明。

仓壁计算高度取值，上端位置定为取至仓顶内面，主要考虑到砖筒仓直径不大，单仓容量亦影响不大，可不考虑扣除仓内的无效容积，这样计算简单且偏于安全，也不会造成大的浪费。

对于仓底为平板填料时的仓壁计算高度h_n，其下端位置目前有三种取法：

一、取至填料表面与仓壁内表面交线的最低点处。

二、取至填料顶面距平板（仓底板）顶面的中点处，如填料顶面与仓壁相交高度不等时，则取至填料的最低顶面距离平板顶面的中点处。

三、取至平板顶面，与平板无填料的仓底一样。

考虑仓底形成漏斗的填料和砖砌仓壁不是一次筑成且是两种材料，整体性稍差，但填料如按本规范第5.3.1条要求填充，仍毕竟是一个刚体；如按上述第三款取法，显然过于保守，如按上述第一款取法又欠安全；在国内，一些水泥仓的设计曾按上述第二款的取法来计算仓壁高度，经过多年的生产实践，比较可靠且能节约投资，故本规范采纳第二款的取法。

第3.2.3条～第3.2.5条 均采用《钢筋混凝土筒仓设计规范》（GBJ77—85）的有关公式，详见该规范的条文说明。

第四章 结构计算

第一节 一般规定

第4.1.1条 本条是筒仓结构计算的基本原则，设计时均应遵守。对于强度计算，由于筒仓贮料荷载和其他荷载是在不同方向作用于仓顶、仓壁和仓底，考虑到这些构件的受力特性，在强度计算上与一般梁板构件有所不同，即应对构件的水平、竖向和需要控制的截面进行强度计算。按照粮仓和水泥仓的生产要求，其最大裂缝宽度不应超过0.2mm。故本规范规定对砖砌配筋仓壁和钢筋混凝土仓底应进行限制裂缝开展的验算。

第4.1.5条 仓壁相联的群仓，其连接处的应力与单仓有所区别，一般情况下，直径大时影响小，直径小时影响大。然而国内均习惯于按单仓计算，故本规范仍规定外圆相切的群仓可按单仓计算。

第二节 仓壁、仓底结构及环梁

第4.2.1条～第4.2.2条 仓壁在单位面积贮料水平压力P作用下，仓壁沿壁高方向产生环拉力，而筒仓仓壁外形正好与环拉力一致，因此能充分发挥仓壁材料的作用，由公式3.2.3—1得知，在贮料顶面以下距离s处，作用于仓壁上的单位面积水平压力$P_h = k\gamma s$，此时取仓壁上$d\beta$角，其对应周长为ds，则作用在ds上的贮料压力为：

$$P_h ds = P_h r d\beta$$

切半圆，该处的水平环拉力为：

$$N_t=\int_0^{\frac{\pi}{2}} P_h r\sin\beta d\beta = P_h r\int_0^{\frac{\pi}{2}}\sin\beta d\beta = P_h r$$

如图4.2.1—1。由此得出：

仓壁上端的水平环拉力为零，仓壁下端的水平环拉力为

$$N_t = P_h r$$

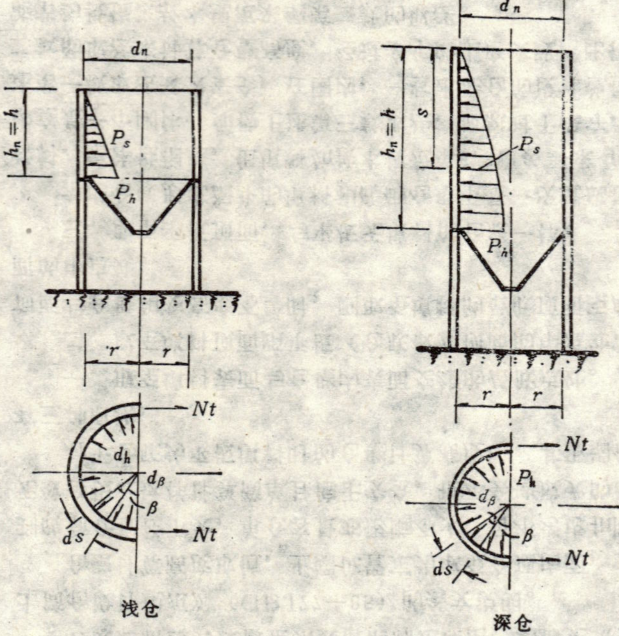

图4.2.1—1　仓壁水平环拉力N_t

仓壁在仓顶板以上的建筑，设备重、活荷载及仓壁结构自重作用下，产生横向截面单位周长的竖向压力N_V，如图4.2.1—2。

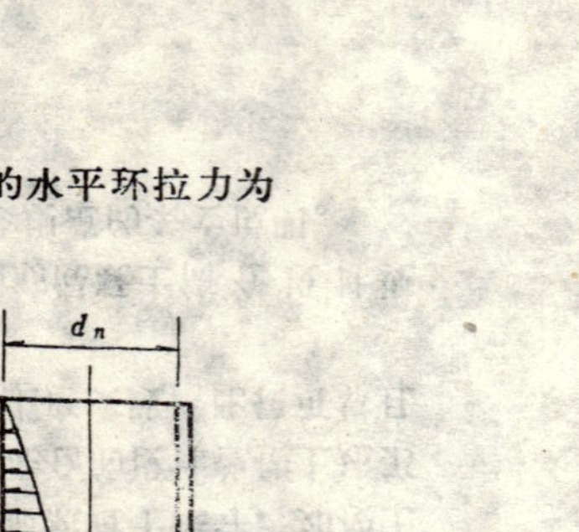

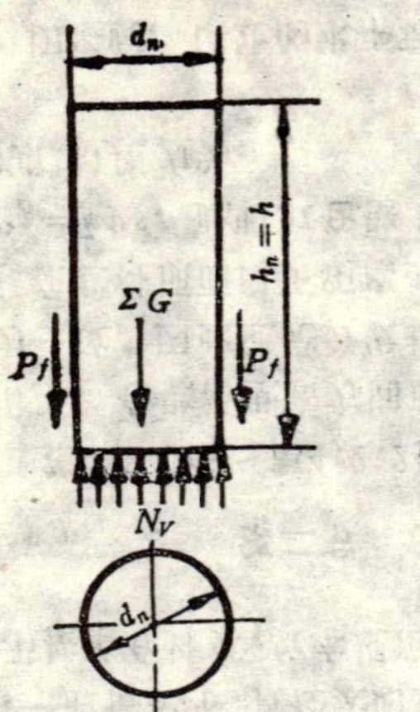

图4.2.1—2仓壁横向截面单位周长竖向压力N_V

第4.2.3条　仓壁内力求出以后。需进行截面计算，国内常用的计算方法是：

一、如仓壁为配筋砖砌体在环拉力作用下的配筋砖砌体竖向截面承受环拉力时，从理论上分析：其截面由强度与限制裂缝开展两个方面进行控制。但是砌体施工质量好坏却影响很大。能否控制还取决于砖材和砂浆的强度、砂浆的饱满程度、灰缝内钢筋的圆度和曲度，钢筋的握裹力大小等等。

二、在砖仓壁采用不等距布置的钢筋混凝土圈梁，则环拉力假设全部由钢筋混凝土圈梁承担，在上、下二道圈梁之间的竖向砖仓壁，则视为上、下两端是弹性固定的弧形垂直条带，这个条带除承受贮料的水平侧压力外，尚需承受验算截面以上竖向荷载所产生的轴力，再按偏心受压构件计算该段砖壁。这种方法是将圈梁与砖壁分开计算，没有考虑二者的共同作用，而实际上在贮料水平侧压作用下，由于圈梁与砖壁的共同变形，砖壁不仅承受竖向力矩，也承受环拉力，如不考虑砖壁所承受的环拉力，也就难以保证砖壁竖向截面的强度，从理论上分析，可能使砖壁出现竖向裂缝。由于环拉力全部由圈梁承受，也相应增加了圈梁中的钢筋量。对此，国内有的学者曾提出：在贮料水平侧压作用下，考虑砖壁与圈梁的共同变形，将圈梁之间的砖壁视为两端弹性支承于圈梁上的圆筒壳体，来分析其应力，这样不仅符合实际，而且避免了竖向裂缝的产生，节约圈梁的大量钢材。但是上述计算比较复杂，而实际上砖壁的环向刚度很大，受荷后变形甚小，更未出现过竖向裂缝。砖壁能否参与共同变形，还与施工

质量，砖材材质，砂浆强度有很大关系，鉴于国内各地施工技术水平不一，施工质量差别甚大，故经研究仍采取圈梁与砖壁分开计算内力的办法，以策安全。

第4.2.4条 仓底圆锥漏斗的径向拉力N_m和环向拉力N计算公式同《钢筋混凝土筒仓设计规范》(GBJ77—85)附录四所示。

第4.2.5条 根据《粮食立筒库设计条例》制订。

第4.2.6条 筒壁洞口过梁或环柱支承的环梁，其荷载取值，本规范确定为：

一、全部贮料重、仓底结构自重及过梁（环梁）自重之和化为沿周长的均布荷载。

二、过梁（环梁）以上的仓壁砌体重量化成沿周长的均布荷载。

对于上述第二款，习惯有下列几种计算方法：

1．将过梁（环梁）上的墙体，满算至仓顶，包括仓上建筑物传来的荷载均全部计入。

2．按普通过梁的荷载取值、即高度按1/3洞口宽度的仓壁砌体重量计算。

3．将开口筒壁展开，过梁按支承于弹性地基（墙）上的连续过梁计算。详见1963年《砖石及钢筋砖石结构设计规范》编制说明。

4．不计算仓壁的砌体荷载，按构造处理，即在过梁以上60°卸荷拱范围内加倍配筋。

上述四种意见，比较一致的看法是不应采用满算至仓顶的计算方法。而其他三种计算方法出入不大。

作用在洞口过梁或环梁上的主要荷载是仓底结构自重和贮料重，而仓壁自重占比例较小。本规范为了和《砖石结构设计规范》（GBJ3—73）的取法一致，故推荐第二款的计算方法。

应该说明的是：上述荷载取值只限于计算过梁（环梁）的最大弯矩，如计算梁的支座最大剪力时，仓壁砌体重量仍应满算至仓顶。这是因为跨间才有卸荷效应，而支座就没有卸荷作用了。

第三节　仓下支承结构

第4.3.1条 仓底漏斗底板以下部分均称为仓下支承结构，当采用筒壁支承时，筒壁承受下列荷载：

一、仓顶以上的建筑物楼面（屋面）、墙体、设备荷载、活荷载及仓壁结构自重；

二、筒壁自重；

三、仓内贮料重（不考虑贮料的冲击影响）；

四、仓底漏斗及环梁自重，斗口闸门设备重；

计算前先假设筒壁的支承厚度（按照第5.4.1条的规定），然后根据上述荷载进行强度核算。

第4.3.3条 为了保证筒壁洞口之间的宽度有足够的强度和稳定性，结合实践和习惯处理方法，其宽度应大于3倍的筒壁厚度，当小于此数时，则筒壁的洞口间距部分应按柱子计算，但计算高度的确定是一个复杂问题，此处假定洞口间壁底为固定，上端铰接，近似取计算高度为洞高的1.25倍。

第4.3.4条 对独立筒仓，在风荷载作用下的附加弯矩及附加轴力可按以下的计算简图计算（图4.3.4）。

设P为仓体和仓上建筑物所承受的水平风荷载合力值，y为此合力到环柱顶的距离，hc为柱高。

一、风力使环柱产生附加弯矩的计算：可假设仓底漏斗（底板）为一无限大刚度横梁，按单层框架作用将总水平力P按各柱的线刚度比例分配给各柱，由于各柱的弹性模量、柱高均相同，实际上是将总水平力P按各柱的惯矩J比例分配给各柱，设柱反弯点在柱中，即可求出每个柱的附加弯矩M_i值。

$$M_i = 0.5Ph_c\frac{J}{\sum J} \quad (4.3.4\text{—}1)$$

若各柱的J相等，则

$$M_i = 0.5Ph\ \frac{1}{n} \quad (4.3.4—2)$$

式中　n——支承环柱的数量。

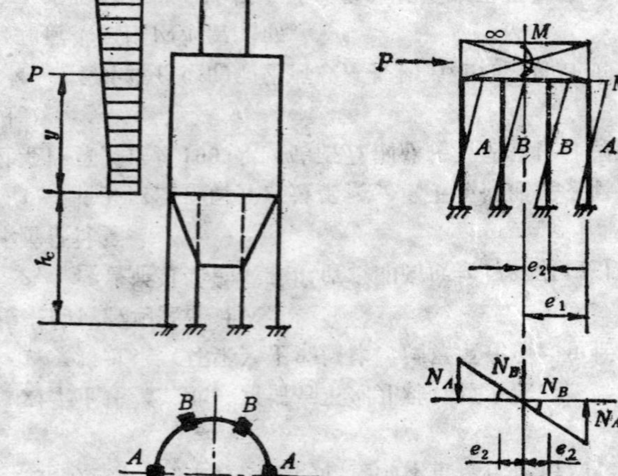

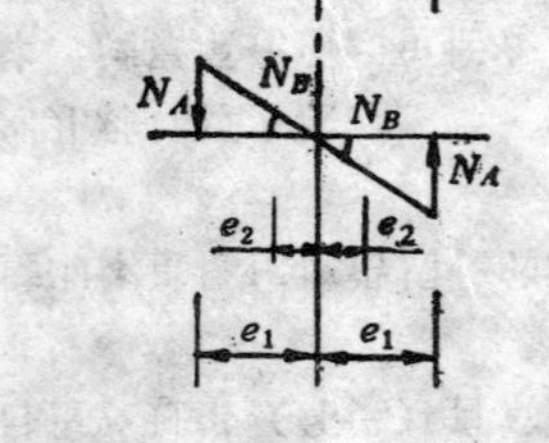

图4.3.4　独立筒仓风载作用下的计算简图

二、环柱由于风力作用在仓底的弯矩$M = Py$所产生的附加轴力计算：可将整个筒仓作为悬臂体系，各柱应力大小与整个筒仓中和轴的距离成正比。

当环柱为6柱时，由图4.3.4得

$$Py = 2N_A e_1 + 4N_B e_2 \quad (4.3.4—3)$$

式中　N_A——水平力产生的弯矩在A柱内引起的附加轴力；

N_B——水平力产生的弯矩在B柱内引起的附加轴力。

按照线性分布假定 $N_B = \frac{e_2 N_A}{e_1}$

$$\therefore Py = \frac{2N_A}{e_1}(e_1^2 + 2e_2^2)$$

得 $$N_A = \frac{Pye_1}{2e_1^2 + 4e_2^2} \quad (4·3·4—4)$$

6柱时　$e_2 = \frac{1}{2}e_1$

故 $N_A = \frac{Py}{3e_1}$

同理　4柱时

$$N_A = \frac{Py}{2e_1}$$

8柱时

$$N_A = \frac{Py}{4e_1}$$

第四节　地基与基础

第4.4.1条　筒仓近似于高耸构筑物，结合其生产的重要性，基础底面不允许与地基相脱离，即须保证$P_{min} > 0$，使基底部为压力区。

第4.4.2条　按照《工业与民用建筑地基基础设计规范》（TJ 7—74）规定，高耸构筑物的基础倾斜率为：

构筑物高h≤20m时　　≤0.008；

20m＜h≤50m时，　　≤0.006；

$50m<h\leqslant100m$时，　　$\leqslant0.005$。

筒仓高度大都在20～30m之间，本应参照采用≤0.006的限制值，但考虑到筒仓与邻近建筑关系密切，如筒仓紧靠工作塔，输送机通廊等，有的筒仓还与铁路运输互相适应，同时筒仓的荷载重心较高，如有较大的倾斜率将会给仓下支承结构带来较大的附加内力，因此亦同《钢筋混凝土筒仓设计规范》（GBJ77—85）一致，将基础的倾斜率定为不宜超过0.004。

第五章　构造及施工要求

第一节　仓　顶

第5.1.2条　为了筒仓经常维护、清仓的需要，仓顶应设下人孔，人孔尺寸不得小于600×600mm。由于粮仓仓内较深且清仓频繁，还常在仓底的适当部位加设进仓人孔，以便利工作，进出安全。

第5.1.3条　粮仓、水泥仓仓顶排水，不宜采用有组织排水，实践证明，效果不佳，维护亦比较困难。

第二节　仓　壁

第5.2.2条　煤仓仓壁外表面一般不做抹灰，这相应对保证砌体质量便于检查有利．但必须做好拘缝的施工．要避免拘凹缝，防止积水，而且凹缝也会减少配筋砌体中钢筋的保护层厚度。

粮仓、水泥仓多做外粉刷，以适应仓壁防潮和气密性要求。

第5.2.3条　规定配筋砌体的灰缝配筋最小间距为三皮砖，这是考虑施工时对砌体内的钢筋能依靠砌体自重（≥800 N/m）将钢筋有效的压稳，否则将会影响砌筑质量。根据《烟囱设计规范》（GBJ51—83）编制说明，灰缝配筋间距则不宜超过八皮砖，否则如配筋间距增大，会影响砌体抗拉能力。为此，本规范规定适宜间距为三～五皮砖，基本上反映了实践的做法。

本规范对砌体内的钢筋型号规定采用I级钢筋，而不推荐经冷加工后的钢筋，这是因为经过冷加工的钢筋　在温度作用下其冷加工性能下降显著。且冷加工钢筋塑性差，地震区不适用；

还有钢筋本身翘曲后不宜调直等弊病，应用上有一定的局限性。

环筋保护层厚度是考虑砂浆的密实度远不如混凝土而定的。有的贮料（如煤）内含有硫质，如保护层过薄，长期使用会锈蚀钢筋，故采用50mm厚是适宜的。在两根环筋之间的中距，一般保持40～50mm，这就是本条控制砌体内环筋根数的依据。

第5.2.5条 圈梁间距主要由计算确定，实行分段不等距布置，上稀下密，本条所列圈梁间距一般为1.0～2.5m，这是根据实践得出的数据。圈梁的最大间距应由砖壁的偏心受压强度以及由圈梁与砖壁连接截面处的剪切强度所控制。

第5.2.7条 群仓的仓壁、筒壁交接处的连接构造措施主要是保证群仓能联成整体，提高其稳定性，有利于抗震。

第三节 仓底及内衬

第5.3.2条～5.3.5条 同《钢筋混凝土筒仓设计规范》（GBJ77—85）第5.4.1条～5.4.4条的条文说明。

第5.3.6条 填料平板的配筋，主要应根据计算确定。但配筋率以不少于0.5～0.7%为宜。这是参照《粮食立筒库设计条例》（1982）制订的。

有关洞口构造措施系参照现行《钢筋混凝土构造手册》确定。

第5.3.7条 砖拱仓底的构造处理主要是参照江苏无锡县大量粮库建设的经验。

第四节 仓下支承结构及环梁

第5.4.3条 在筒壁的主要出入洞口，为防止机车车辆碰撞和结构上的需要（如架设仓底大梁、门洞过梁等），多在其出车洞口周围加设钢筋混凝土边框。对于地震区这种处理尤有必要。

第5.4.4条 有关支承柱的最大配筋率和最小配筋率的规定，均参照《钢筋混凝土筒仓设计规范》（GBJ77—85）。

第5.4.6条 在地震区如采用短柱，则地震时容易出现严重的剪切裂缝或错断，这已为唐山地震的实践所证实。主要原因是短柱刚度过大，容易吸收较大的地震力。为了防止这种破坏，现行抗震规范还规定，柱的净高宜大于柱截面长边的4倍。

第五节 基 础

第5.5.1条 规范表5.5.1基本上来源于现行的《工业与民用建筑地基基础设计规范》，另增加了基础底面平均压力为300～400KPa的基础台阶宽高比容许值。这些值来源于1986年城乡建设部建筑设计院《统一技术措施》（结构部分）一书。适用于碎石土、老粘性土、密实砂土等地基。

第六节 施工要求

第5.6.1条 由于仓壁外表为一曲面，一般宜采用顺砖和顶砖交错砌筑、或采用顶砖砌筑以使竖向灰缝厚度比较均匀，少砍或不砍砖，保证砌筑质量。

采用顺砖、顶砖交错砌筑，对内径为8m的仓，其仓壁内外单元砌筑弦长差约为21mm，而采用一顺一顶砌筑时，则弦长差达28mm。对内径为6m的仓其内外弦长差更大，即顺顶交错砌时为28mm，一顺一顶为37mm。可见一般宜采用顺砖和顶砖交错的砌筑方法。对小直径的筒仓，宜采用顶砖砌法。

配筋砖层水平缝厚度是由下保护层6mm（考虑砖面不平因素），上保护层3mm，再加上环筋与连接筋的直径而得。

第5.6.5条 配筋砌体不得采用掺盐法施工，否则易引起钢筋腐蚀。

第5.6.6条 施工中常由于对氯盐掺量控制不准，特别是煤仓漏斗常在高湿度条件下使用，使用氯盐掺加剂过多，则容易使钢筋腐蚀，混凝土沿钢筋方向胀裂。

第5.6.7条 参照现行《烟囱工程施工及验收规范》拟定。

中国工程建设标准化协会标准

蒸压灰砂砖砌体结构设计与施工规程

CECS 20:90

主编单位：全国砌体结构标准技术委员会
批准单位：中国工程建设标准化协会
批准日期：1990 年 9 月 25 日

前　言

蒸压灰砂砖砌体结构，在我国已得到普遍推广，它有节约粘土、不破坏耕地的优点，但是灰砂砖具有抗剪强度低、初期收缩变形大和施工质量不易控制的缺点，使其推广使用受到限制。为了使灰砂砖得到合理推广使用，本规程编制组进行了较为系统的试验研究，总结了设计、施工和使用的经验，在借鉴重庆、长沙等地的地方性规程的基础上制订了本规程，并多次征求了意见。经反复修改，最后由全国砌体结构标准技术委员会审查定稿。

现批准《蒸压灰砂砖砌体结构设计与施工规程》CECS 20:90，并推荐给各工程设计、施工单位使用。为了进一步提高本规程的质量，请各单位在执行过程中，注意积累资料，总结经验。如发现需要修改和补充之处，请将意见和有关资料寄交中国建筑东北设计院（沈阳市光荣街65号，邮政编码110006），以便今后修订。

中国工程建设标准化协会
1990年 9 月25日

主 要 符 号

作用和作用效应

F_{Ek}——结构总水平地震作用标准值；

G_{Eq}——地震时结构的等效总重力荷载代表值；

V——剪力设计值；

G_i——重力代表值。

计算指标

MU——灰砂砖强度等级；

M——砂浆强度等级；

f——灰砂砖砌体抗压强度设计值；

f_v——灰砂砖砌体抗剪强度设计值；

E——灰砂砖砌体弹性模量；

G——灰砂砖砌体剪变模量；

f_{VE}——砌体沿阶梯形截面破坏的抗震抗剪强度设计值；

f_t——混凝土抗拉强度设计值；

f_y——钢筋抗拉强度设计值；

σ_0——墙体截面平均正压应力。

几何参数

A——墙体截面积；

A_c——构造框架柱截面总面积；

A_s——钢筋截面总面积；

B, b——结构（墙或窗间墙）宽度；

H, h——结构（房屋、层间墙、门洞墙、窗间墙）高度。

计算系数

φ——轴向力影响系数；

γ_a——砌体强度调整系数；

α_{max}——水平地震影响系数最大值；

β——构件的高厚比、墙柱共同工作系数；

ξ——砌体强度的正应力影响系数；

γ_{RE}——承载力抗震调整系数。

其 他

n——总数（如楼层数、质点数等）。

第一章　总　　则

第1.0.1条　为了使蒸压灰砂砖（以下简称灰砂砖）在结构设计和施工中得到合理的应用与推广，特制订本规程。

第1.0.2条　本规程适用于一般工业与民用建筑及构筑物的灰砂砖砌体结构的设计与施工。

注：本规程不适用于多孔和空心灰砂砖砌体。

第1.0.3条　设计灰砂砖砌体结构时，除应遵守本规程的规定外，尚应遵守现行《砌体结构设计规范》、《建筑抗震设计规范》及《砖石工程施工及验收规范》的有关规定。

第1.0.4条　对湿陷性黄土地区或膨胀土地区的灰砂砖砌体结构设计与施工要求，尚应符合国家现行的有关标准规范的规定。

第二章 材 料

第2.0.1条 灰砂砖和砂浆的强度等级，应按下列规定采用：

一、灰砂砖的强度等级：MU25、MU20、MU15和MU10。灰砂砖的技术要求、试验方法和检验规则应符合现行国家标准《蒸压灰砂砖》（JC153-75）的规定。

二、砂浆的强度等级：M15、M10、M7.5、M5和M2.5。砂浆强度等级的确定方法应遵守《建筑砂浆基本性能试验方法》的规定，但试块的底模应采用含水率不大于2%的灰砂砖。

第2.0.2条 龄期为28d的灰砂砖砌体抗压强度设计值可按表2.0.2采用。当有可靠依据时，也可按试验值计算求得。

灰砂砖砌体的抗压强度设计值(f)(MPa)　　表2.0.2

砖强度等级	砂浆强度等级					砂浆强度	
	M15	M10	M7.5	M5	M2.5	1	0
MU25	3.80	3.15	2.83	2.50	2.18	1.98	1.11
MU20	3.40	2.82	2.53	2.24	1.95	1.77	1.00
MU15	2.94	2.44	2.19	1.94	1.69	1.54	0.86
MU10	2.40	1.99	1.79	1.58	1.38	1.26	0.70

第2.0.3条 龄期为28d的灰砂砖砌体的抗剪强度设计值可按表2.0.3采用。当有可靠试验依据时，也可按试验值计算求得。

当需要灰砂砖砌体的弯曲抗拉强度设计值时，可按试验结果确定；当无试验依据时，弯曲抗拉强度设计值可近似取抗剪强度设计值的1.3倍。

注：不得设计轴心受拉的灰砂砖砌体构件。

灰砂砖砌体沿灰缝截面破坏时的抗剪强度设计值(MPa)　　表2.0.3

砌体类别	砂浆强度等级			
	M10	M7.5	M5	M2.5
灰砂砖砌体	0.12	0.10	0.08	0.06

第2.0.4条 下列情况，灰砂砖砌体的强度设计值应乘以调整系数γ_a：

一、有吊车房屋和梁跨度≥9m的多层房屋，$\gamma_a=0.9$。

二、构件截面面积$A<0.3m^2$时，$\gamma_a=0.7+A$。

三、当采用水泥砂浆砌筑时：

1. 表2.0.2中的抗压强度设计值乘以γ_a系数0.85。

2. 表2.0.3中的抗剪强度设计值乘以γ_a系数0.75。

四、当验算施工中房屋的构件时，$\gamma_a=1.10$。

第2.0.5条 施工阶段砂浆尚未硬化的新砌体可按砂浆强度为0确定其强度；当砂浆强度等级低于M2.5，而其强度为1.0MPa时，砌体强度设计值可按表2.0.2采用。

冬期施工时，灰砂砖砌体不应采用冻结法施工；当采用掺盐砂浆法施工时，砌体强度应通过试验确定。当无试验依据时，砂浆强度等级可按其常温施工时的强度等级提高二级，此时砌体强度和稳定性可不予验算。

第2.0.6条 灰砂砖砌体的弹性模量，剪变模量和线膨胀系数可按表2.0.6确定。摩擦系数可采用与普通粘土砖相同的数值。砌体的自重可按$20kN/m^3$采用。

砌体的弹性模量E、剪变模量G和线膨胀系数α_T　表2.0.6

砂浆强度等级	≥M5	M2.5
弹性模量（E）	$1000f$	$900f$
剪变模量（G）	$400f$	$360f$
线膨胀系数（α_T）	10×10^{-6}/℃	

注：f——灰砂砖砌体抗压强度设计值。

第三章　设计与构造要求

第3.0.1条　灰砂砖砌体结构在静载作用下的基本设计规定和粘土砖砌体结构相同，可按《砌体结构设计规范》（GBJ3-88）第3.1.1条～第3.2.10条的规定采用。

第3.0.2条　无筋砌体构件的承载力计算可按《砌体结构设计规范》（GBJ3-88）第四章和本规程附录一的规定进行，但设计时尚应注意遵守下列规定：

一、在计算受压构件时，本规程附录一给出的轴向力影响系数已考虑了高厚比增大系数1.2的影响。

二、轴向力的偏心距不宜超过$0.7y$。

注：y——截面重心到轴向力所在偏心方向截面边缘的距离。

第3.0.3条　构件的允许高厚比计算应按《砌体结构设计规范》（GBJ3-88）第五章第一节的规定进行。

第3.0.4条　一般构造要求除应符合《砌体结构设计规范》（GBJ3-88）第五章第二节的规定外，尚应符合：

地面或防潮层以下的砌体所用的最低强度等级　表3.0.4

地基土的潮湿程度	灰砂砖		混合砂浆	水泥砂浆
	严寒地区	一般地区		
稍潮湿的	MU15	MU15	M5	M5
很潮湿的	MU15	MU15	—	M5
含水饱和的	MU20	MU15	—	M7.5

注：有侵蚀介质的地基土不宜采用灰砂砖。

一、地面或防潮层以下的砌体所用的砖和砂浆的最低强度等级应符合表3.0.4的规定。

二、纵横墙交接处，当无构造柱且留直槎时，应沿竖向每隔500mm设拉结钢筋，其数量每120mm墙厚不得少于1φ6，埋入长度从留槎处算起每边不少于500mm。

三、女儿墙顶两皮砖下的水平缝内，宜设置2φ6钢筋，并沿墙四周圈通。

第3.0.5条 为防止灰砂砖砌体房屋底层墙体开裂，可采取下列措施：

一、在底层窗台下第一皮砖水平灰缝内设置3φ6钢筋，钢筋伸入窗间墙内长度每边不小于500mm。

二、采用钢筋混凝土窗台板，窗台板嵌入窗间墙内每边不小于250mm。

三、在窗台墙中间或窗台角墙体设置竖向通缝，通缝高度以自窗台向下500mm为宜。

第3.0.6条 为防止墙体由于温差引起开裂，可按《砌体结构设计规范》(GBJ3-88) 第五章第三节的有关规定采用。但由于灰砂砖干缩较大，各地在设计时可根据实践经验采用更有效的措施。

注：灰砂砖砌体房屋的温度伸缩缝的最大间距，宜小于《砌体结构设计规范》(GBJ3-88) 第五章第三节表5.3.2规定的限值。

第3.0.7条 圈梁的设置与构造要求除应符合《砌体结构设计规范》(GBJ3-88) 第六章第一节的规定外，尚应符合：

一、对多层房屋，圈梁应在外墙及每隔15m左右的横墙上拉通，并伸入其余纵横墙内1.5～2.0m。

二、不宜采用配筋砖圈梁。

三、房屋顶层宜设置现浇圈梁并沿内外墙圈通。

第3.0.8条 门窗洞口上宜采用钢筋混凝土过梁，过梁的计算应符合《砌体结构设计规范》(GBJ3-88) 第六章的有关规定。

第3.0.9条 墙梁、挑梁和筒拱设计除应符合《砌体结构设计规范》(GBJ3-88) 第六章的有关规定外，尚应符合：

一、地震区的墙梁应采用框支墙梁。墙梁两端的支承框架柱应向上延伸一至二层，并与墙梁上的楼层圈梁连成整体，延伸部分柱的截面与配筋可按计算确定或按本规程第四章的有关规定确定。

二、有洞口墙梁的墙肢宽度宜按《砌体结构设计规范》(GBJ3-88) 中表6.3.2规定的限值适当加大。

第四章 抗震设计

第一节 一般规定

第4.1.1条 房屋和构筑物的平面布置应力求简单规则，纵横墙宜分别对齐，沿高度对正贯通全高，窗间墙宜等宽均匀布置。

第4.1.2条 灰砂砖房屋总高度及层数不宜超过表4.1.2的规定。

多层灰砂砖房屋总高度(m)及层数限值 **表4.1.2**

墙体（最小墙厚0.24m）		设防烈度 6	7	8
满足本章第三节一般构造柱要求的房屋	总高度	21	18	15
	层数	7	6	5
满足本章第三节构造框架的房屋	总高度	24	21	18
	层数	8	7	6

注：① 房屋总高度指室外地面到檐口的高度，半地下室可从地下室室内地坪算起，全地下室可从室外地面算起。
② 医院、学校等横墙较少的房屋，高度限值应降低3m，层数应减少一层。
③ 房屋的层高不宜超过4m。

第4.1.3条 抗震横墙除应满足静力和抗震承载力验算外，其最大间距不应超过表4.1.3的规定。

抗震横墙的最大间距(m) **表4.1.3**

楼（屋）盖类别	设防烈度 6	7	8
现浇及装配整体式钢筋混凝土	18	18	15
装配式钢筋混凝土	15	15	11

第4.1.4条 灰砂砖房屋的局部尺寸限值宜遵守表4.1.4的规定。

灰砂砖房屋局部尺寸限值(m) **表4.1.4**

部位	设防烈度 6	7	8
承重窗间墙最小宽度	1.0	1.0	1.2
承重外墙尽端至门窗洞边的最小距离	1.0	1.0	1.5
非承重外墙尽端至门窗洞边的最小距离	1.0	1.0	1.0
内墙阳角至门窗洞边的最小距离	1.0	1.0	1.5
无锚固女儿墙(非入口处)的最大高度	0.5	0.5	0.5

第4.1.5条 灰砂砖多层房屋的水平地震作用可采用底部剪力法计算，地震作用沿高度按倒三角形比例分配。

第4.1.6条 灰砂砖房屋的最大高宽比符合表4.1.6的规定时，可不作整体弯曲验算。

房屋最大高宽比限值 表4.1.6

设防烈度	6	7	8
房屋总高度（H） 房屋总宽度（B）	2.5	2.5	2.0

第4.1.7条 灰砂砖房屋可不进行天然地基和基础的抗震承载力验算。

第二节 地震作用和抗震承载力验算

第4.2.1条 灰砂砖房屋一般可在建筑结构的两个主轴方向分别考虑水平地震作用，并进行抗震承载力验算，各方向的水平地震作用应全部由该方向的抗侧力构件承担。

第4.2.2条 计算地震作用时，房屋的重力代表值取结构和构配件自重标准值和各可变荷载组合值之和，各可变荷载组合值系数应按表4.2.2的规定采用。

组合值系数 表4.2.2

可变荷载类型		组合值系数
雪荷载		0.5
屋面积灰荷载		0.5
屋面活荷载		0.0
按实际情况考虑的楼面活荷载		1.0
按等效均布荷载考虑的楼面活荷载	藏书库、档案库	0.8
	其他民用建筑	0.5

第4.2.3条 采用底部剪力法计算地震作用时，各楼层可仅考虑一个自由度，灰砂砖房屋的水平地震作用标准值应按下列公式计算（图4.2.3）：

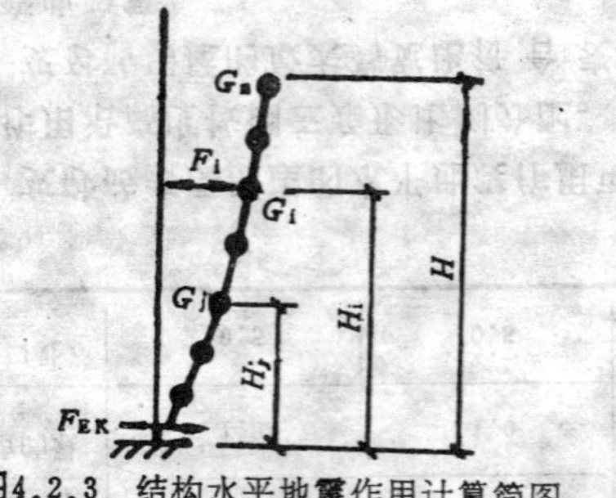

图4.2.3 结构水平地震作用计算简图

$$F_{Ek}=\alpha_{max}\,G_{Eq} \quad (4.2.3\text{-}1)$$

$$G_{Eq}=\sum_{i=1}^{n}G_i \quad (4.2.3\text{-}2)$$

$$F_i=\frac{G_iH_i}{\sum_{j=1}^{n}G_jH_j}F_{Ek}(i=1,2,\cdots n) \quad (4.2.3\text{-}3)$$

式中 F_{Ek}——结构总水平地震作用标准值；

α_{max}——水平地震影响系数最大值，当烈度为6度、7度、8度时，α_{max}分别为0.04、0.08、0.16；

G_{Eq}——结构等效总重力荷载，单质点取总重力荷载代表值，多质点可取总重力荷载代表值的85%；

F_i——质点i的水平地震作用标准值；

G_i、G_j——分别为集中于质点i、j的重力荷载代表值，应按本节第4.2.2条确定；

H_i、H_j——分别为质点i、j的计算高度。

第4.2.4条 采用底部剪力法计算突出屋面的屋顶间、女儿墙、烟囱等地震作用效应时，宜乘以增大系数3，此增大部分的地震作用效应不应往下传递。

第4.2.5条 结构的楼层水平地震剪力应分别按下列原则分配：

一、现浇和装配整体式钢筋混凝土的楼、屋盖等刚性楼盖建筑，宜按抗侧力构件等效刚度的比例分配。

二、木楼、屋盖等柔性楼盖建筑，宜按抗侧力构件从属面积上重力荷载代表值的比例分配。

三、普通预制板的装配式钢筋混凝土楼盖、屋盖的建筑，可取上述两种分配结果的平均值。

第4.2.6条 进行地震剪力分配和截面验算时，层间墙段的抗侧力刚度应分别按下列原则确定：

一、当$h/b<1$时，只考虑剪切变形。

二、当$1\leqslant h/b\leqslant 4$时，应同时考虑弯曲和剪切变形。

三、当$h/b>4$时，可不计其刚度。

式中 h——楼层层高；

b——墙段长度。

第4.2.7条 多层灰砂砖房屋，可只选择承载面积大或竖向应力较小的墙段进行截面抗剪验算。

第4.2.8条 灰砂砖墙体在抗剪验算时，沿阶梯形截面破坏的抗震抗剪强度设计值应按下式确定：

$$f_{vE}=\zeta_N f_v \tag{4.2.8}$$

式中 f_{vE}——砌体沿阶梯形截面破坏的抗震抗剪强度设计值；

f_v——非抗震设计的砌体抗剪强度设计值，按表2.0.3采用；

ζ_N——砌体强度的正应力系数，可按表4.2.8采用。

砌体强度的正应力影响系数ζ_N 表4.2.8

$\frac{\sigma_o}{f_v}$	0.0	1.0	2.0	3.0	4.0	5.0	6.0	7.0	8.0	9.0	10.0	15.0
ζ_N	1.00	1.15	1.30	1.45	1.60	1.75	1.90	2.05	2.20	2.35	2.50	3.25

注：① σ_o为对应于重力荷载代表值的砌体截面平均压应力。

② $\zeta_N=1+0.15\frac{\sigma_o}{f_v}$。

第4.2.9条 灰砂砖墙体的截面抗震承载力应按下式验算：

$$V\leqslant f_{vE}A/\gamma_{RE} \tag{4.2.9}$$

式中 V——墙体承受的剪力设计值；

A——验算截面的墙体截面毛面积；

γ_{RE}——承载力调整系数，对两端均有构造柱的抗震墙和自承重墙分别取0.9和0.75，对其他抗震墙取1.0。

第4.2.10条 按本章第三节的要求，设置了构造框架的灰砂砖墙体的截面抗震承载力应按下式验算：

$$V\leqslant\beta f_{vE}A+0.5f_tA_c+0.1f_yA_S \tag{4.2.10}$$

式中 β——墙柱共同工作系数，无洞墙取1.0，开洞墙取0.7；

A——验算墙体中扣除构造框架柱截面积后的墙体截面面积；

f_t、A_c——分别为构造框架柱混凝土轴心抗拉强度设计值和构造框架柱截面总面积；

f_y、A_s——分别为构造框架柱内钢筋抗拉强度设计值和钢筋截面总面积。

第三节 构造柱及构造框架的构造要求

第4.3.1条 灰砂砖房屋应按表4.3.1的规定设置钢筋混凝土

灰砂砖房屋构造柱、构造框架设置要求 表4.3.1

房屋层数			设置部位
6度	7度	8度	
4～5	3～4	2～3	外墙四角，楼梯间四角，大房间内外墙交接处
6	5	4	外墙四角，楼梯间四角，大房间内外墙交接处，山墙与内纵墙交接处，隔开间横墙（轴线）与外纵墙交接处
7	6	5	外墙四角，楼梯间四角，大房间内外墙交接处，各内墙（轴线）与外墙交接处，8度时，内纵墙与横墙（轴线）交接处
8	7	6	按本节有关规定设置构造框架，凡纵横墙交接处均设置构造框架柱，柱间距不宜大于4.8m

注：外廊式或单面走廊式房屋及学校、医院等横墙较少的房屋，应由房屋增加一层后的层数，按表4.3.1设置构造柱或构造框架（外廊式或单面走廊式房屋的走廊内侧的纵墙视为外墙）.

构造柱或构造框架。

第4.3.2条 构造柱和圈梁的截面尺寸和其他构造措施应按《建筑抗震设计规范》（GBJ11-89）的有关规定采用。

第4.3.3条 构造框架中柱的设置应符合下列要求：

一、当房屋基础为混凝土条形基础时，柱必须从基础开始（图4.3.3-1）；当基础为砖或毛石基础时，柱必须从室外地坪以下0.5m开始，且应设置纵、横墙拉通的地圈梁（图4.3.3-2）。

二、构造框架柱的截面尺寸不应小于240mm×240mm，纵向钢筋不宜小于4φ14，箍筋不应小于φ6，间距不应大于200mm，房屋外墙阳角的构造框架柱可适当加大截面和配筋。

三、其他构造措施应符合《建筑抗震设计规范》(GBJ11-89)

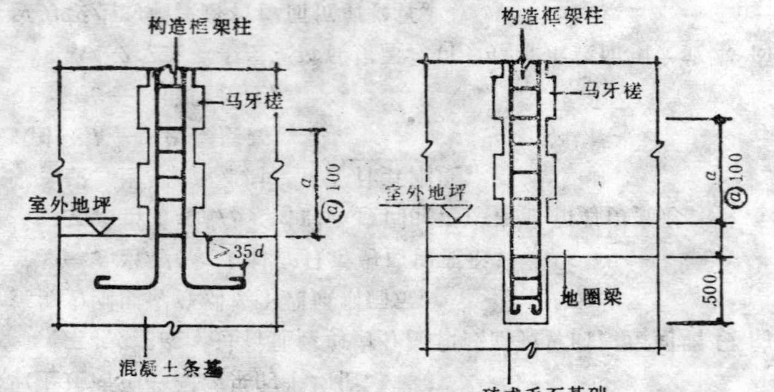

图4.3.3-1 构造框架柱与混凝土条基连接示意图

图4.3.3-2 构造框架柱与砖或毛石基础连接示意图

注：$a \geqslant \frac{1}{6}$层高且大于等于450mm.

的有关规定。

第4.3.4条 构造框架中的圈梁设置应符合下列要求：

一、按表4.3.1设置构造框架的结构，必须在房屋的每个楼层设置圈梁，且沿房屋的纵横墙拉通，屋盖处必须采用现浇钢筋混凝土圈梁。

二、圈梁的截面尺寸不应小于240mm×180mm，圈梁的主筋不应小于4φ12，箍筋不应小于φ6，间距不应大于200mm。

三、采用现浇钢筋混凝土楼盖时，应利用伸入纵横墙的板带形成圈梁，其截面及配筋同本条二的规定。

四、圈梁的其他构造措施应符合《建筑抗震设计规范》（GBJ11-89）的有关规定。

第4.3.5条 构造框架中柱和圈梁的连接应符合下列要求：

一、柱与圈梁相交的节点应加密柱的箍筋，加密范围在圈梁上下不小于1/6层高和450mm，加密部分的箍筋间距不应大于100mm。

二、柱和圈梁必须有可靠的连接，柱内钢筋在顶层应锚入圈梁，圈梁的钢筋在穿过柱或锚入柱内，柱和圈梁钢筋的锚入长度不应小于35d和500mm（图4.3.5-1、图4.3.5-2），钢筋锚入长度范围内的箍筋间距不应大于100mm。

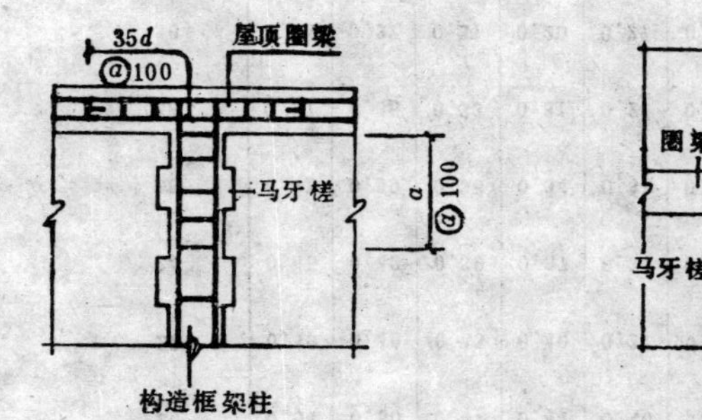

图4.3.5-1　构造框架柱钢筋在顶层圈梁的锚固示意图

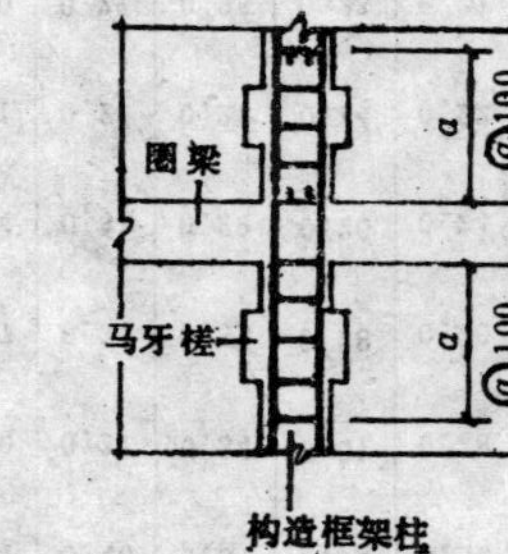

图4.3.5-2　构造框架柱钢筋在楼层处的连接示意图

注：图中$a \geqslant \frac{1}{6}$层高且大于等于450mm。

第五章　施工技术要求

第5.0.1条　灰砂砖砌体工程的施工和验收除应符合《砖石工程施工及验收规范》（GBJ203-83）的有关规定外，尚应符合本章的规定。

第5.0.2条　灰砂砖出釜后应放置一段时间后砌筑，放置时间不宜少于一个月。

第5.0.3条　砌筑灰砂砖砌体时，砖的含水率宜控制在5％～8％；在干燥天气，灰砂砖应在砌筑前1～2d浇水，禁止使用干砖或含饱和水的砖砌筑墙体，也不宜在雨天砌筑。

第5.0.4条　灰砂砖砌体宜采用较大灰膏比的混合砂浆。

注：有条件时，可优先采用高粘结性的专用砂浆。

第5.0.5条　灰砂砖砌筑砂浆应饱满，水平灰缝的砂浆饱满度不得低于80％；砌筑过程中需校直时，必须在砂浆凝结前进行。

第5.0.6条　清水墙体必须进行二次勾缝，勾缝砂浆宜采用细砂拌制的1：1.5水泥砂浆。

第5.0.7条　灰砂砖砌体每天可砌高度不宜超过一步脚手架的高度，也不宜超过1.5m。

第5.0.8条　灰砂砖不宜与粘土砖或其他品种的砖同层混砌。

附录一　轴向力影响系数ϕ

轴向力影响系数φ(砂浆强度等级M≥5)　　　附表1.1

β	e/h或e/h_T																				
	0	0.025	0.05	0.075	0.10	0.125	0.15	0.175	0.20	0.22	0.225	0.275	0.30	0.325	0.35	0.375	0.40	0.425	0.45	0.475	0.50
≤3	1	0.99	0.97	0.94	0.89	0.84	0.79	0.73	0.68	0.62	0.57	0.52	0.48	0.44	0.40	0.37	0.34	0.32	0.29	0.27	0.25
4	0.97	0.93	0.89	0.84	0.79	0.73	0.67	0.62	0.56	0.51	0.47	0.43	0.39	0.35	0.32	0.29	0.27	0.24	0.22	0.20	0.19
6	0.93	0.89	0.84	0.74	0.73	0.67	0.62	0.56	0.51	0.47	0.42	0.38	0.35	0.32	0.29	0.26	0.24	0.21	0.20	0.18	0.16
8	0.88	0.83	0.78	0.73	0.67	0.62	0.57	0.52	0.47	0.42	0.38	0.35	0.31	0.28	0.26	0.23	0.21	0.19	0.17	0.16	0.14
10	0.82	0.77	0.72	0.67	0.62	0.57	0.52	0.47	0.43	0.39	0.35	0.31	0.28	0.26	0.23	0.21	0.19	0.17	0.15	0.14	0.13
12	0.76	0.72	0.67	0.62	0.57	0.52	0.47	0.43	0.39	0.35	0.32	0.29	0.26	0.23	0.21	0.19	0.17	0.15	0.14	0.13	0.11
14	0.70	0.66	0.61	0.57	0.52	0.48	0.43	0.39	0.36	0.32	0.29	0.26	0.23	0.21	0.19	0.17	0.15	0.14	0.12	0.11	0.10
16	0.64	0.60	0.56	0.52	0.48	0.44	0.40	0.36	0.33	0.29	0.26	0.24	0.21	0.19	0.17	0.15	0.14	0.13	0.11	0.10	0.09
18	0.59	0.55	0.51	0.48	0.44	0.40	0.37	0.33	0.30	0.27	0.24	0.22	0.20	0.18	0.16	0.14	0.13	0.11	0.10	0.09	0.08
20	0.54	0.50	0.47	0.44	0.40	0.37	0.34	0.30	0.28	0.25	0.22	0.20	0.18	0.16	0.14	0.13	0.12	0.10	0.09	0.08	0.08
22	0.49	0.46	0.43	0.40	0.37	0.34	0.31	0.28	0.25	0.23	0.21	0.18	0.17	0.15	0.13	0.12	0.11	0.10	0.09	0.08	0.07
24	0.45	0.42	0.39	0.37	0.34	0.33	0.28	0.26	0.23	0.21	0.19	0.17	0.15	0.14	0.12	0.11	0.10	0.09	0.08	0.07	0.06
26	0.41	0.39	0.36	0.34	0.31	0.29	0.26	0.24	0.22	0.20	0.18	0.16	0.14	0.13	0.11	0.10	0.09	0.08	0.07	0.06	0.06
28	0.37	0.35	0.33	0.31	0.29	0.27	0.24	0.22	0.20	0.18	0.16	0.15	0.13	0.12	0.10	0.09	0.08	0.07	0.07	0.06	0.05
30	0.34	0.32	0.31	0.29	0.27	0.25	0.23	0.21	0.19	0.17	0.15	0.14	0.12	0.11	0.10	0.09	0.08	0.07	0.06	0.06	0.05

轴向力影响系数φ(砂浆强度等级M2.5) 附表1.2

β	e/h或e/h_T																				
	0	0.025	0.05	0.075	0.10	0.125	0.15	0.175	0.20	0.225	0.25	0.275	0.30	0.325	0.35	0.375	0.40	0.425	0.45	0.475	0.50
≤3	1.0	0.99	0.97	0.94	0.89	0.84	0.79	0.73	0.68	0.62	0.57	0.52	0.48	0.44	0.40	0.37	0.34	0.32	0.29	0.27	0.25
4	0.96	0.92	0.87	0.82	0.77	0.71	0.66	0.60	0.55	0.50	0.45	0.41	0.37	0.34	0.31	0.28	0.26	0.23	0.21	0.20	0.18
6	0.91	0.86	0.81	0.76	0.70	0.65	0.59	0.54	0.49	0.45	0.40	0.37	0.33	0.30	0.27	0.25	0.22	0.20	0.19	0.17	0.15
8	0.84	0.80	0.75	0.69	0.64	0.59	0.54	0.49	0.44	0.40	0.36	0.33	0.30	0.27	0.24	0.22	0.20	0.18	0.16	0.15	0.13
10	0.78	0.73	0.68	0.63	0.58	0.53	0.48	0.44	0.40	0.36	0.32	0.29	0.26	0.24	0.21	0.19	0.17	0.16	0.14	0.13	0.12
12	0.71	0.66	0.62	0.57	0.52	0.48	0.44	0.40	0.36	0.52	0.29	0.26	0.24	0.21	0.19	0.17	0.15	0.14	0.13	0.11	0.10
14	0.64	0.60	0.56	0.52	0.47	0.43	0.40	0.36	0.32	0.29	0.26	0.24	0.21	0.19	0.17	0.15	0.14	0.12	0.11	0.10	0.09
16	0.58	0.54	0.50	0.47	0.43	0.39	0.36	0.32	0.29	0.26	0.24	0.21	0.19	0.17	0.15	0.14	0.12	0.11	0.10	0.09	0.08
18	0.52	0.49	0.45	0.42	0.39	0.32	0.32	0.29	0.27	0.24	0.22	0.19	0.17	0.16	0.14	0.13	0.11	0.10	0.09	0.08	0.07
20	0.46	0.43	0.41	0.38	0.35	0.29	0.30	0.27	0.24	0.22	0.20	0.18	0.16	0.14	0.13	0.11	0.10	0.09	0.08	0.07	0.07
22	0.42	0.40	0.37	0.35	0.32	0.29	0.27	0.24	0.22	0.20	0.18	0.16	0.14	0.13	0.12	0.10	0.09	0.08	0.07	0.07	0.06
24	0.38	0.36	0.34	0.31	0.29	0.27	0.25	0.22	0.20	0.18	0.16	0.15	0.13	0.12	0.11	0.09	0.08	0.08	0.07	0.06	0.05
26	0.34	0.32	0.31	0.29	0.27	0.25	0.23	0.21	0.19	0.17	0.15	0.14	0.12	0.11	0.10	0.09	0.08	0.07	0.06	0.06	0.05
28	0.31	0.29	0.28	0.26	0.24	0.23	0.21	0.19	0.17	0.16	0.14	0.13	0.11	0.10	0.09	0.08	0.07	0.06	0.06	0.05	0.05
30	0.28	0.27	0.25	0.24	0.22	0.21	0.19	0.17	0.16	0.14	0.13	0.12	0.10	0.09	0.08	0.07	0.07	0.06	0.05	0.05	0.04

轴向力影响系数φ　砂浆强度为1MPa)　　附表1.3

β	e/h或e/h_T																				
	0	0.025	0.05	0.075	0.10	0.125	0.15	0.175	0.20	0.225	0.25	0.275	0.30	0.325	0.35	0.375	0.40	0.425	0.45	0.475	0.50
≤3	1.00	0.99	0.97	0.94	0.89	0.84	0.79	0.73	0.68	0.62	0.57	0.52	0.48	0.44	0.40	0.37	0.34	0.32	0.29	0.27	0.25
4	0.94	0.89	0.85	0.79	0.74	0.68	0.63	0.57	0.52	0.48	0.43	0.39	0.35	0.32	0.29	0.26	0.24	0.22	0.20	0.18	0.17
6	0.87	0.82	0.77	0.71	0.66	0.61	0.55	0.50	0.46	0.42	0.38	0.34	0.31	0.28	0.25	0.23	0.20	0.19	0.17	0.15	0.14
8	0.78	0.74	0.69	0.64	0.59	0.54	0.49	0.44	0.40	0.36	0.33	0.30	0.27	0.24	0.22	0.19	0.18	0.16	0.14	0.13	0.12
10	0.70	0.65	0.61	0.56	0.52	0.47	0.43	0.39	0.35	0.32	0.29	0.26	0.23	0.21	0.19	0.17	0.15	0.14	0.12	0.11	0.10
12	0.62	0.58	0.54	0.50	0.46	0.42	0.38	0.35	0.31	0.28	0.25	0.23	0.20	0.18	0.16	0.15	0.13	0.12	0.11	0.10	0.09
14	0.54	0.51	0.47	0.44	0.41	0.37	0.34	0.31	0.28	0.25	0.23	0.20	0.18	0.16	0.15	0.13	0.12	0.10	0.09	0.08	0.08
16	0.47	0.45	0.42	0.39	0.36	0.33	0.30	0.27	0.25	0.22	0.20	0.18	0.16	0.14	0.13	0.12	0.10	0.09	0.08	0.07	0.07
18	0.42	0.39	0.37	0.35	0.32	0.29	0.27	0.24	0.22	0.20	0.18	0.16	0.14	0.13	0.12	0.10	0.09	0.08	0.07	0.07	0.06
20	0.37	0.35	0.33	0.31	0.29	0.26	0.24	0.22	0.20	0.18	0.16	0.14	0.13	0.12	0.10	0.09	0.08	0.07	0.07	0.06	0.05
22	0.32	0.31	0.29	0.27	0.26	0.24	0.22	0.20	0.18	0.16	0.15	0.13	0.12	0.10	0.09	0.08	0.07	0.07	0.06	0.05	0.05
24	0.29	0.28	0.26	0.25	0.23	0.21	0.20	0.18	0.16	0.15	0.13	0.12	0.11	0.09	0.08	0.08	0.07	0.06	0.05	0.05	0.04
26	0.26	0.25	0.23	0.22	0.21	0.19	0.18	0.16	0.15	0.13	0.12	0.11	0.10	0.09	0.08	0.07	0.06	0.05	0.05	0.04	0.04
28	0.23	0.22	0.21	0.20	0.19	0.18	0.16	0.15	0.13	0.12	0.11	0.10	0.09	0.08	0.07	0.06	0.06	0.05	0.04	0.04	0.04
30	0.20	0.20	0.19	0.18	0.17	0.16	0.15	0.14	0.12	0.11	0.10	0.09	0.08	0.07	0.06	0.06	0.05	0.05	0.04	0.04	0.03

轴向力影响系数φ（砂浆强度为0） 附表1.4

β	e/h或e/h_T																				
	0	0.025	0.05	0.075	0.10	0.125	0.15	0.175	0.20	0.225	0.25	0.275	0.30	0.325	0.35	0.375	0.40	0.425	0.45	0.475	0.50
≤3	1	0.99	0.97	0.94	0.89	0.84	0.79	0.73	0.68	0.62	0.57	0.52	0.48	0.44	0.40	0.37	0.34	0.32	0.29	0.27	0.25
4	0.83	0.78	0.73	0.68	0.63	0.57	0.52	0.48	0.43	0.39	0.35	0.32	0.29	0.26	0.23	0.21	0.19	0.17	0.16	0.14	0.13
6	0.68	0.64	0.59	0.55	0.51	0.46	0.42	0.38	0.35	0.31	0.28	0.25	0.23	0.20	0.18	0.16	0.15	0.13	0.12	0.11	0.10
8	0.55	0.51	0.48	0.44	0.41	0.37	0.34	0.31	0.28	0.25	0.23	0.20	0.18	0.16	0.15	0.13	0.12	0.11	0.10	0.09	0.08
10	0.44	0.41	0.39	0.36	0.33	0.31	0.28	0.25	0.23	0.21	0.19	0.17	0.15	0.13	0.12	0.11	0.10	0.09	0.08	0.07	0.06
12	0.35	0.33	0.31	0.29	0.27	0.25	0.23	0.21	0.19	0.17	0.16	0.14	0.12	0.11	0.10	0.09	0.08	0.07	0.06	0.06	0.05
14	0.28	0.27	0.26	0.24	0.23	0.21	0.19	0.18	0.16	0.15	0.13	0.12	0.10	0.09	0.08	0.07	0.07	0.06	0.05	0.05	0.04
16	0.23	0.22	0.21	0.20	0.19	0.18	0.16	0.15	0.14	0.12	0.11	0.10	0.09	0.08	0.07	0.06	0.06	0.05	0.04	0.04	0.04
18	0.19	0.19	0.18	0.17	0.16	0.15	0.14	0.13	0.12	0.11	0.10	0.09	0.08	0.07	0.06	0.05	0.05	0.04	0.04	0.03	0.03
20	0.16	0.16	0.15	0.15	0.14	0.13	0.12	0.11	0.10	0.09	0.08	0.08	0.07	0.06	0.05	0.05	0.04	0.04	0.03	0.03	0.03
22	0.14	0.14	0.13	0.13	0.12	0.11	0.11	0.10	0.09	0.08	0.07	0.07	0.06	0.05	0.05	0.04	0.04	0.03	0.03	0.03	0.02
24	0.12	0.12	0.11	0.11	0.11	0.10	0.09	0.09	0.08	0.07	0.06	0.06	0.05	0.05	0.04	0.04	0.03	0.03	0.03	0.02	0.02
26	0.10	0.10	0.10	0.10	0.09	0.09	0.08	0.08	0.07	0.06	0.06	0.05	0.05	0.04	0.04	0.03	0.03	0.03	0.02	0.02	0.02
28	0.09	0.09	0.09	0.09	0.08	0.08	0.07	0.07	0.06	0.06	0.05	0.05	0.04	0.04	0.03	0.03	0.03	0.02	0.02	0.02	0.02
30	0.08	0.08	0.08	0.08	0.07	0.07	0.07	0.06	0.06	0.05	0.05	0.04	0.04	0.03	0.03	0.02	0.02	0.02	0.02	0.02	0.01

矩形截面受压构件，当$\beta \leqslant 3$时的影响系数：

$$\varphi=\frac{1}{1+12(e/h)^2} \qquad (附1.1)$$

式中 e——轴向力的偏心距；

h——矩形截面偏心方向的边长；

β——构件的高厚比。

当$\beta>3$时的影响系数：

$$\varphi=\frac{1}{1+12\left\{\frac{e}{h}+\sqrt{\frac{1}{12}\left(\frac{1}{\varphi_0}-1\right)}\left[1+b\frac{e}{h}-\left(\frac{e}{h}-0.2\right)\right]\right\}^2} \qquad (附1.2)$$

式中轴心受压稳定系数φ_0为：

$$\varphi_0=\frac{1}{1+1.44a\beta^2} \qquad (附1.3)$$

式中 a——与砂浆强度有关的系数。

当砂浆强度等级≥M5时，$a=0.0015$；

当M2.5时，$a=0.002$；

当M1.0时，$a=0.003$；

当M0.4时，$a=0.0045$。

当计算T形截面的φ时，以折算厚度h_T代替公式（附1.2）中的h。$h_T=3.5i$，i为T形截面的回转半径。

附录二 本规程用词说明

一、为便于在执行本规程条文时区别对待，对要求严格程度的用词说明如下：

1. 表示很严格，非这样作不可的用词：

正面词采用“必须”；反面词采用“严禁”。

2. 表示严格，在正常情况下均应这样做的用词：

正面词采用“应”；反面词采用“不应”或“不得”。

3. 表示允许有选择，在条件许可时首先应这样做的用词：

正面词采用“宜”或“可”；反面词采用“不宜”。

二、条文中必须按指定的标准、规范或其他有关规定执行时，写法为“应按……执行”或“应符合……规定”，非必须按所指定的标准、规范或其他规定执行时，写法为“可参照……”。

附加说明

本规程主要起草人名单

主要起草人员： 中国建筑东北设计院 苑振芳 纪晓蕙
上海建筑材料工业学院 钱义良
上海同济大学 朱伯龙 程才渊 郑 颐
湖南大学 陈行之 梁建国
重庆建筑科学研究所 易先太 林文修
长沙城建科研所 徐 仁 袁策玉 黄晓晗

审 查 单 位： 全国砌体结构标准技术委员会

中国工程建设标准化协会标准

蒸压灰砂砖砌体结构设计与施工规程

CECS 20:90

条 文 说 明

目　次

第一章　总　　则………………………………… 6－18
第二章　材　　料………………………………… 6－19
第三章　设计与构造要求………………………… 6－20
第四章　抗震设计………………………………… 6－21
　第一节　一般规定……………………………… 6－21
　第二节　地震作用和抗震承载力验算………… 6－21
　第三节　构造柱及构造框架的构造要求……… 6－22
第五章　施工技术要求…………………………… 6－22

第一章　总　　则

第1.0.1条　蒸压灰砂砖（以下简称灰砂砖）由于其某些性能与普通粘土砖有较大差别，在使用中有些问题比较突出，影响其推广使用。本规程针对这些特点给予规定，以促进灰砂砖的推广应用，并保证其砌筑质量。

第1.0.2条　由于灰砂砖与普通粘土砖的性能上很多方面是相同的，因此本规程的条文主要是规定一些与普通粘土砖砌体不同的方面，相同的方面仍遵守与普通粘土砖的同样的规定。

第二章 材 料

第2.0.1条 由于计量单位的修改，过去对砖用标号的称呼已不适用，新的结构设计规范改用强度等级。对于砖，例如MU15，即指强度等级为15的砖，其平均强度相当于过去150号的砖，实际强度为15MPa。现行的灰砂砖国家标准仍用标号表示，今后修改将用强度等级MU××表示。

砂浆试块底模采用灰砂砖是考虑到取材方便，同时目前不少单位的试验资料也采用了灰砂砖为底模。试验表明，用同样的配比，采用灰砂砖为底模的砂浆强度较粘土砖为底模的砂浆强度约低6～20%。这就说明，采用粘土砖为底模的砂浆强度，如不作配比变更就用于灰砂砖，其强度则偏低了。因此采用灰砂砖为底模除取材方便外，还出于对砂浆强度保证的考虑。目前施工规范规定虽采用普通粘土砖为底模，这主要是针对普通粘土砖的。由于粘土砖本身影响砂浆强度的因素较多，变异较大，故施工规范也准备修改。

第2.0.2条 本条中未列入砂浆强度等级为M1级，而是另列砂浆强度为1MPa一栏，其原因是不建议用M1的砂浆，因为这样的砌体抗压强度较低，不宜采用。但有时需要验算的砌体，其砂浆强度较低，故列入砂浆强度为1MPa的砌体强度值。

对于灰砂砖砌体的抗压强度，由于随地区不同，有一定的波动，本规程表2.0.2的数值适用于一般情况，当具体条件特殊时，规程允许按实际试验结果，予以改变。

第2.0.3条 在砂砖砌体的抗剪强度较普通粘土砖砌体低，其值与表面的情况有关，有些单位提出与制砖用砂的颗粒度大小有关，其抗剪强度也有一定波动。本规程表2.0.3的数值适用于一般情况，当具体条件特殊时，规程允许按实际试验结果，予以改变。

第2.0.5条 对于冬期施工的灰砂砖砌体，目前还缺乏试验资料，本规程的规定是参照国外对普通粘土砖砌体的规定，并结合灰砂砖砌体的特点而制定的。

第2.0.6条 灰砂砖砌体的弹性模量和粘土砖砌体类似，但随灰砂砖产地不同而有所波动，但其波动范围上下在15%左右，其平均值和粘土砖接近，故采用了与砌体规范中粘土砖砌体相同的取值。

第三章　设计与构造要求

第3.0.2条　灰砂砖砌体除抗剪、抗弯强度较低，收缩较大外，其工作性能和粘土砖砌体类似，但考虑到灰砂砖砌体较粘土砖砌体对大偏心受力更敏感，为充分发挥其抗压强度，对其不利的受力状态加以限制，从而作了本条的规定。

第3.0.4条　长沙城建科研所的试验和调查发现，在潮湿环境下的灰砂砖砌体的强度没有明显的降低，灰砂砖在标准冻融试验下的性能均不低于相同等级的粘土砖，当其强度等级在M15～M20时，其抗冻性能是良好的。但考虑到灰砂砖应用的历史较短，从耐久性的要求，灰砂砖砌体材料的最低强度等级采用了较粘土砖更严的要求。

由于灰砂砖呈弱碱性，为防止含酸性介质地下水的地基土的侵蚀，出于安全考虑，在本规程表3.0.4后加了对侵蚀介质地基土的使用限制的注。

第3.0.5条　灰砂砖砌体的抗拉、抗弯、抗剪强度较低，砌体的干缩较大。湖南大学的试验发现，灰砂砖的收缩率，从饱和含水率（18.4%）到含水率为0（干燥状态），约为662×10^{-6}～811×10^{-6}，平均值约为738×10^{-6}，较粘土砖约大一倍。其收缩量越接近干燥状态则越大，在全部收缩量中大约有80%以上是在平均含水率为3.15%到完全干燥状态下完成的。这是灰砂砖墙体在干燥环境中开裂的一个主要原因，也是灰砂砖砌体裂缝较多的原因。为减少这种干缩裂缝可采取两个措施：一是控制灰砂砖上墙砌筑的时间（出釜后一个月），使砖的收缩量在砌筑前基本完成，本要求已在第五章的施工要求作了规定，二是本条提出的构造措施，这些措施对防止灰砂砖砌体的干缩裂缝有一定的作用。

第3.0.6条　根据灰砂砖砌体的特点，本应更严格地规定灰砂砖砌体房屋的最大温度缝的间距，如有些国家规定为9～12m，这对消除干缩和温度裂缝是非常有效的。但是考虑到我国的经济条件和实践，灰砂砖房屋的温度缝最大间距，仍基本参照了粘土砖砌体房屋的最大温度缝的限值，只是从改进的角度提出了本条的注。

第3.0.7条、第3.0.8条　这两条也是考虑到灰砂砖砌体较粘土砖砌体抗拉、抗弯、抗剪强度较低，砌体的干缩较大等不利因素而作的规定。

第3.0.9条　大量的试验和有限元分析已经证明，凡符合砌体规范第六章有关规定的墙梁均系组合墙梁的受力机构。在同时存在水平力的情况下，为保证墙梁的组合作用，关键是墙梁的托梁及以上计算高度的墙体不产生破坏其共同工作的水平和交叉裂缝。本条规定在地震区应采用框支墙梁，墙梁两端的框支柱向上延伸一至二层，与墙梁以上的楼层圈梁连成整体。这就使墙梁的托梁和墙体形成一个抗侧性能很好的构件。试验证明这种周边约束的墙片大大提高了砌体的延性，从而延缓和减少了墙体的开裂。由于框支墙梁框支柱的刚度要较墙梁的刚度小得多，水平地震作用时主要是框支柱产生的侧向变形，墙梁部分变形很少，就使墙梁上的墙体不会开裂或裂缝很小。根据《建筑抗震设计规范》（GBJ11-89）底层框架砌体房屋应设置足够的抗震横墙的规定，这样框支墙梁由于受到刚性楼盖的约束，实际并不会产生很大的位移，因此墙梁的墙体也不会开裂，这就确保了墙梁的组合作用。

偏洞口墙梁其洞口位置越偏，墙和梁的组合作用越小。考虑到灰砂砖砌体较粘土砖的抗拉、抗弯、抗剪强度较低，对偏洞口的尺寸作了较严的规定。

第四章 抗震设计

第一节 一般规定

第4.1.1条 本条是参照《建筑抗震设计规范》(GBJ11-89)而制定的。

第4.1.2条 同济大学所进行的灰砂砖墙片试验和非线性地震分析表明，当墙片配有封闭的钢筋混凝土边框、建筑物设置构造框架时，其强度、刚度和延性均优于同类无封闭钢筋混凝土边框的墙片和无构造框架的建筑物，且其抗剪强度和变形能力有较大的提高。从地震反应看，多层灰砂砖结构要大于粘土砖结构，破坏情况也较重，但加设了构造框架后，地震反应明显减小，震害减轻，抗震裂度可大致提高一度。考虑到灰砂砖的特点、施工及经济性，在灰砂砖砌体的使用范围上，按构造措施作了两种划分：

一、一般构造柱措施相应的使用范围，即表4.1.2上面一栏。这是根据所作的试验，灰砂砖砌体抗剪强度略高于混凝土小块，其整体性也优于小块，从而规定的与小块相似的构造措施。从表4.1.2和表4.3.1可看出这个范围是比较大的，而从这种构造措施反映的材料消耗也和一般粘土砖相当，因此这种划分对灰砂砖的推广应用是有利的。

二、特别构造框架相应的使用范围，即表4.1.2和表4.3.1下栏。这是根据试验，在构造上作了比《建筑抗震设计规范》(GBJ11-89)粘土砖砌体更严格的规定。除在构造框架柱和梁的截面及配筋加强外，着重从构造柱的布置上，由一般构造柱变为凡纵横墙相交处均布置构造柱，最终构成了沿建筑物三个方向的较弱的框架连成的砌体结构，这就是约束配筋砌体结构，同时在底层墙设了地圈梁，加强了构造框架柱在基础的锚固，以及框架柱梁节点的连接，这就大大提高了灰砂砖砌体结构的整体抗震性能。因此能使抗震强度较低、自重稍重的灰砂砖砌体结构得到较好的补偿，取得与一般构造措施的粘土砖结构相应的使用范围。但是，由于措施的加强，在材料消耗上(构造柱、圈梁混凝土及钢筋用量)与相同档次的粘土砖砌体相比，约增加25～30%，但这是为满足当前城市建设，即在有限的面积上尽可能建得高些的要求上而制定的。

另外，在确定灰砂砖砌体的应用范围时未包括9度区，这主要是考虑到我国9度区多分布在边远地区，在这样高的烈度区不采用灰砂砖，在使用范围上没有什么影响，这样划分也是合适的。

第4.1.3条～第4.1.7条 灰砂砖和粘土砖在砌体的砌筑、墙片的布置和受力状态等方面是基本一致的。因此上述条文参照了《建筑抗震设计规范》(GBJ11-89)的有关规定。

第二节 地震作用和抗震承载力验算

第4.2.1条～第4.2.7条 这些条文完全参照了《建筑抗震设计规范》(GBJ11-89)的有关规定。

第4.2.8条 根据同济大学所进行的8片大尺寸灰砂砖墙片在低周反复荷载作用下的抗震性能试验，取不同的砂浆等级和不同的垂直压应力，将试验结果进行回归分析得到ζ_N，它是根据剪模理论推导的，其值低于小块的取值。

第4.2.10条 根据同济大学所作的8片有封闭钢筋混凝土外框的灰砂砖墙片的抗震性能试验研究，以及中国建筑科学研究院等单位所进行的粘土砖墙片试验资料表明，采用本公式既能很好的反映墙片达到极限荷载时的受力状态，也能同试验结果很好地吻合。

从进行开洞有封闭外框的灰砂砖墙片的低周往复荷载试验观

察到，由于开洞的影响，当墙片达到极限荷载时，构造柱尚未达到其极限状态。因此在本公式计算整个墙片的极限荷载时，在墙片所承担的荷载部分引入了一个β系数，当墙体开洞时取β为0.7，是考虑构造柱和墙片并非同时达到其极限承载能力的影响。

第三节 构造柱及构造框架的构造要求

第4.3.1条 试验证明，灰砂砖砌体和粘土砖砌体既有相同之处，又有不同之处。因此本条文规定是在参照了《建筑抗震设计规范》(GBJ11-89)的有关规定的基础上，根据灰砂砖的特点，按照灰砂砖砌体较粘土砖砌体设置构造柱一圈梁系统较严的要求制定的，并规定了构造框架与构造柱的界限，这对在地震区推广应用灰砂砖是有利的。

第4.3.2条～第4.3.4条 上述几条的规定是根据试验结果，并按相似理论推算得到的，同时还参照了《建筑抗震设计规范》(GBJ11-89)的有关规定，目的是为了防止设置的构造框架太弱而不能起到增强结构抗震性能的作用。而且这些规定也符合灰砂砖房屋的结构构造要严于粘土砖房屋的构造要求。

第4.3.5条 试验表明，当构造柱和墙片能充分拉结，构造柱和圈梁的连接可靠时，才能在地震作用下对墙片产生有效的约束，保证墙和构造柱很好的工作，以补偿墙片在达到极限荷载后的强度损失及延性发挥，而且也能提高墙片的极限承载能力。

第五章 施工技术要求

第5.0.1条 由于灰砂砖的几何尺寸与普通粘土砖相同，且其主要力学性能如抗压强度也与之相近，因此灰砂砖砌体的施工与验收应符合现行《砖石工程施工与验收规范》(GBJ203-83)的有关规定。但灰砂砖在力学性质如抗剪强度以及其物理性能方面与普通粘土砖又有所不同，因此除应符合上述规范外，尚应符合本规定要求。

第5.0.2条 试验证明，灰砂砖出釜后由于含水率及含热量大，因此早期收缩值大，如果这时用于墙体将会出现明显的收缩裂缝，因此要求出釜后灰砂砖停放一定时间，一般一个月左右，灰砂砖可达到自然平衡含水率。为防止砌体的早期开裂，适当停放一定时间再砌筑墙体是有必要的。

第5.0.3条 施工实践证明，砖含水率为5％～8％是适宜的，同时也接近一般情况下灰砂砖的自然含水率（约5％）。干燥天气，提前一至二天浇水是易做到的。干砖和含饱和水的砖砌墙都会影响砂浆强度和增大墙体的开裂，所以应禁止用干砖或含饱和水的砖砌墙。雨天施工砂浆含水率无法控制，不仅不便操作，墙体易变形，还会出现类似的问题，故规定不宜在雨天砌筑。

第5.0.4条 混合砂浆是适用于粘土砖砌体的一种胶结材料，但与灰砂砖的粘结力较差，其抗剪强度比普通粘土砖低。为灰砂砖的推广应用，研究适合于灰砂砖材性的新型砂浆已经引起有关单位的重视，目前重庆建科所、长沙城建科研所等单位已在进行这方面的试验研究，为改善灰砂砖砌体的力学性能，不久将以新型砂浆来实现这一要求。考虑到以后的发展和新型砂浆目前尚未推广，故本条作为小注提出了采用高粘结性的专用砂浆的设想。虽然目前还普遍采用混合砂浆，但根据重庆建科所的试验和西德有关资料都说明，采用较大灰膏比的混合砂浆能改善灰砂砖砌体的力学性能，因此本条作了“宜采用较大灰膏比的混合砂浆”的规定。

第5.0.5条 现行《砖石工程施工及验收规范》对于砂浆饱满度已有明确要求，但对于灰砂砖由于表面光滑平整，水平灰缝的饱满程度直接影响其粘结性能，因此本条强调水平缝的砂浆饱满度不得低于80%。

第5.0.6条 灰砂砖由于其几何尺寸规矩，表面光滑平整，色调一致，不少地区外墙不作抹灰装饰，例如重庆等地。同时也有的地区，如长沙出现了清水砖墙渗水现象，其渗水的主要原因是灰缝不饱满，或砂浆强度等级较低。为克服清水墙渗水问题，本条规定清水墙作二次勾缝，同时规定了其强度、密实性和光滑程度都较好的勾缝砂浆。

第5.0.7条 灰砂砖吸水较慢，砂浆早期强度发展迟缓，施工实践证明，灰砂砖砌到一定高度容易产生砂浆流失现象，从而导致砌体变形，因此每天可砌高度应予以控制。

第5.0.8条 试验证明，灰砂砖与粘土砖对同一强度等级的砂浆，在砌体内的砂浆强度是不同的，前者比后者低，长沙的试验低10%～20%，重庆的试验低约30%，这就导致砌体强度及压缩变形的不一致。同时重庆建科所有关砌体的干燥收缩等试验证明，灰砂砖砌体与粘土砖砌体收缩率及其绝对收缩值也不同，为防止因此而产生的干缩开裂，本条规定了同层灰砂砖与其他品种的砖不得混砌。